工程施工放线快学快用系列丛书

水利水电工程施工放线快学快用

本书编写组　编

中国建材工业出版社

图书在版编目(CIP)数据

水利水电工程施工放线快学快用/《水利水电工程
施工放线快学快用》编写组编. —北京:中国建材工业
出版社,2012.10(2019.7重印)
(工程施工放线快学快用系列丛书)
ISBN 978-7-5160-0309-1

Ⅰ.①水… Ⅱ.①水… Ⅲ.①水利水电工程-工程施
工 Ⅳ.①TV5

中国版本图书馆CIP数据核字(2012)第225278号

水利水电工程施工放线快学快用
本书编写组 编

出版发行:中国建材工业出版社
地 址:北京市海淀区三里河路1号
邮 编:100044
经 销:全国各地新华书店
印 刷:河北鸿祥信彩印刷有限公司
开 本:850mm×1168mm 1/32
印 张:11.5
字 数:331千字
版 次:2012年10月第1版
印 次:2019年7月第2次
定 价:38.00元

内 容 提 要

　　本书根据水利水电工程测量最新标准规范进行编写，详细介绍了水利水电工程施工放线的基本理论和方式方法。全书内容包括概论、水准测量、角度测量、距离测量、全站仪测量、平面控制测量、高程控制测量、地形测量、施工放线基本工作、水工建筑物施工测量、安装与附属工程测量、渠道测量、线路测量、建筑物施工变形监测、竣工测量等。

　　本书着重于对水利水电工程施工放线人员技术水平和专业知识的培养，可供水利水电工程施工放线人员工作时使用，也可供高等院校相关专业师生学习时参考。

水利水电工程施工放线快学快用

编 写 组

主　编：岳翠贞

副主编：孙世兵　徐晓珍

编　委：李　慧　李建钊　徐梅芳　范　迪

　　　　訾珊珊　朱　红　王　亮　秦大为

　　　　甘信忠　张婷婷　葛彩霞　马　金

　　　　刘海珍　贾　宁

前　言

　　工程施工放线是指建设单位在工程场地平整完毕，规划要求应拆除原有建筑物(构筑物)全部拆除后，委托具有相应测绘资质的单位按工程测量的相关知识和标准规范，依据建设工程规划许可证及附件、附图所进行的施工图定位。施工放线的目的是通过对建设工程定位放样的事先检查，确保建设工程按照规划审批的要求安全顺利地进行，同时兼顾改善环境质量，避免对相邻产权主体的利益造成侵害。

　　所谓工程测量即是在工程建设的勘察设计、施工和运营管理各阶段，应用测绘学的理论和技术进行的各种测量工作。工程测量在工程建设中起着重要的作用，其贯穿于建筑工程建设的始终，服务于施工过程中的每一个环节。工程测量成果的好坏，直接或间接地影响到建设工程的布局、成本、质量与安全等，特别是工程施工放样，如出现错误，就会造成难以挽回的损失。

　　随着我国工程测绘事业的发展，科学技术的进步，工程施工放线的理论与方法也日趋成熟。为帮助广大工程技术及管理人员学习工程施工放线及工程测量的相关基础知识，掌握工程施工放线的方法，我们组织工程测量领域的专家学者和工程施工放线方面的技术人员编写了《工程施工放线快学快用系列丛书》，本套丛书包括以下分册：

　　1. 建筑工程施工放线快学快用

　　2. 市政工程施工放线快学快用

　　3. 公路工程施工放线快学快用

　　4. 水利水电工程施工放线快学快用

　　本套丛书同市面上同类图书相比，主要具有以下特点：

　　(1)明确读者对象，有针对性的进行图书编写。测量工作主要有两个方面：一是将各种现有地面物体的位置和形状，以及地面的起伏形态等，用图形或数据表示出来，为测量工作提供依据，称为测定或测绘；二是将规划设计和管理等工作行成的图纸上的建筑物、构筑物或其他图形的位置在现场标定出来，作为施工的依据，称为测设或放样。本套丛书即以测设为讲解对象，重点研究测量放线的理论依据与测设方法，以指导读者掌握施工放线的基本技能。

（2）编写内容注重结合实际需要。本套丛书以最新《工程测量规范》（**GB** 50026—2007）为编写依据，在编写上注重联系新技术、新仪器、新方法的实际应用，以使读者了解测绘科技的最新发展和动态，切实掌握适应现代科技发展的实用知识。

（3）紧扣快学快用的编写理念。本套丛书以"快学快用"为编写理念，在编写体例上对有关知识进行有条理的、细致的、有层次的划分，使读者对知识体系有更深入、更清晰的认知，从而达到快速学习、快速掌握、快速应用的目的。

（4）实例讲解，便于读者掌握。本套丛书列举了大量测量实例，通过具体的应用，教会读者如何进行相关的测量计算，如何操作仪器进行各种测设工作，并详述了测设中应引起注意的各种测量技巧，使读者达到学而致用的要求。

本套丛书在编写过程中，参考或引用了有关部门、单位和个人的资料，得到了相关部门及工程施工单位的大力支持与帮助，在此一并表示衷心的感谢。由于编者的水平有限，丛书中缺点及不当之处在所难免，敬请广大读者提出批评和指正。

编写组

目录

CONTENTS

第一章 概 论

第一节 水利水电工程测量概述

一、测量学的对象、内容和分类

测量学是研究地球的形状和大小以及确定地面点之间相对位置的科学。它研究的内容是测定空间点的几何位置、地球的形状、地球重力场及各种动力现象,研究采集和处理地球表面各种形态及其变化信息并绘制成图的理论、技术和方法以及各种工程建设中的测量工作的理论、技术和方法。

根据其研究对象和范围的不同,测量学包括普通测量学、大地测量学、摄影测量学、工程测量学和地图制图学等几个分支学科。

(1)普通测量学。普通测量学研究较小区域内的测量工作,主要是指用地面作业方法,将地球表面局部地区的地物和地貌等测绘成地形图,由于测区范围较小,可以不顾及地球曲率的影响,把地球表面当做平面对待。

(2)大地测量学。大地测量学研究测定地球的形状和大小,在广大地区建立国家大地控制网等方面的测量理论、技术和方法,为测量学的其他分支学科提供最基础的测量数据和资料。

(3)摄影测量学。摄影测量学研究用摄影或遥感技术来测绘地形图,其中的航空摄影测量是测绘国家基本地形图的主要方法。

(4)工程测量学。工程测量学研究各项工程建设在规划设计、施工放线和运营管理阶段所进行的各种测量工作,工程测量在不同的工程建设项目中其技术和方法有很大的区别。

(5)地图制图学。地图制图学研究各种地图的制作理论、工艺技术和应用的学科。其任务是编制与生产不同比例尺的地图。

二、水利水电工程测量的任务

水利水电工程测量是为水利水电工程建设服务的专门测量,属工程测量管理的范畴,主要解决水利水电工程建设在规划、设计、施工及管理阶段所进行的各种测量工作的理论、技术和方法。

水利水电工程测量的主要任务如下:

(1)测绘。其为水利工程规划设计提供所需的地形资料。规划阶段需提供中、小比例尺地形图及有关信息,建筑物设计时要测绘大比例尺地形图。

(2)测设。将图上设计好的建筑物或构筑物按其位置、大小测设到实地上,以便据此施工,也称为施工放线。

(3)变形观测。在施工过程及工程建成管理中,需要定期对建筑物的稳定性及变化情况进行监测,以确保工程质量和安全运行。

总之,工程的勘测、规划、设计、施工、竣工及运营后的监测、维护都需要测量工作。由此可见,测量工作贯穿于工程建设的始终。作为一名水利工作者,必须掌握必要的测量知识和技能,才能担负起工程勘测、规划设计、施工及管理等各项任务。

第二节　　地面点位置的确定

一、确定地面点位的原理

地球表面的形状是错综复杂的。在测量上,把地面上的固定性物体称为地物,如房屋、道路等;地面起伏变化的形态称为地貌,如高山、丘陵、平原等。地物和地貌总称为地形。要把地形反映到图上,是通过测定地面上地物和地貌的一些特征点的相互位置来实现的。同样,放线也是将设计图纸上建筑物轮廓的特征点测放到实地的。因此,点位关系是测量上要研究的基本关系。

确定地面点的位置,是将地面点沿铅垂线方向投影到一个代表地球表面形状的基准面上,地面点投影到基准面上后,要用坐标和高程来表示点位。测绘过程及测量计算的基准面,可认为是平均海洋面的延伸,穿过陆地和岛屿所形成的闭合曲面,这个闭合的曲面称为大地水准面。大范围内进行测量工作时,是以大地水准面作为地面点投影的基准面,如果在小范围内测量,可以把地球局部表面当做平面,用水平面作为地面点投影的基准面。

二、地面点位置的确定和表示

地面上一个点的位置需用三个独立的量来确定。在测量工作中,这三个量通常用该点在参考椭球面上的铅垂投影位置和该点沿投影方向到大地水准面的距离来表示。其中,前者由两个量构成,称为坐标;后者由一个量构成,称为高程。因此,要确定地面点必须建立坐标系统和高程系统。

(一)坐标系统

1. 大地坐标

地面点在参考椭球面上投影位置的坐标,可以用大地坐标系统的经度和纬度表示。如图 1-1 所示,O 为地球参考椭球面的中心,N、S 为北极和南极,NS 为旋转轴,通过旋转轴的平面称为子午面,它与参考椭球面的交线称为子午线,其中通过原英国格林尼治天文台的子午线称为首子午线。通过 O 点并且垂直于 NS 轴的平面称为赤道面,它与参考椭球面的交线称为赤道。地面点 P 的经度,是指过该点的子午面与首子午线之间的夹角,用 λ 表示,经度从首子午线起算,往东自 $0°$ ~$180°$称为东经,往西自 $0°$~$180°$称为西经。地面点 P 的纬度,是指该点的法线与赤道面间的夹角,用 φ 表示,纬度从赤道面起算,往北自 $0°$~$90°$称为北纬,往南自 $0°$~$90°$称为南纬。

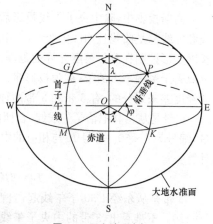

图 1-1 天文地理坐标

2. 高斯平面直角坐标

大地坐标只能确定地面点位，在椭球面上的位置，不能直接用于测绘地形图，因此，采用高斯投影的方法，将球面上的点位投影到高斯投影面上，从而转换成平面直角坐标。

高斯投影是正形投影，具有中央子午线保持不变形的特点。高斯投影是设想有一个椭圆柱面横套在地球椭球的外面，并与某一子午线相切，椭圆柱的中心轴通过椭球中心，与椭圆柱面相切的子午线称为中央子午线或轴子午线。然后将椭球面上中央子午线附近有限范围的点线按正形投影条件向椭圆柱面上投影，再沿着过极点的母线展开，即成为高斯投影的平面图形，如图1-2所示。

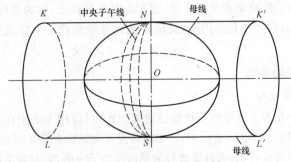

图1-2 高斯平面直角坐标的投影

高斯投影中，除中央子午线投影后为直线，且长度不变外，其他子午线和纬线都是曲线且均产生变形，离中央子午线愈远，变形愈大。为了把长度变形控制在测量精度允许的范围内，将地球椭球面按一定的经度差分成若干范围不大的带，称为投影带。投影带宽度是以相邻面子午间的经度差来划分的，有6°带和3°带两种，如图1-3所示。

6°带是从格林尼治子午线起，自西向东每隔经差6°为一带，共分成60带，编号为1~60。带号 K 与相应的中央子午线经度 L_0 的关系可用下式计算：

$$L_0 = 6K - 3$$

3°带是从东经 $1°30'$ 子午线起，自西向东每隔经差3°为一带，编号为1~120。不难看出，3°带的中央子午线经度一半与6°带中央子午线经度

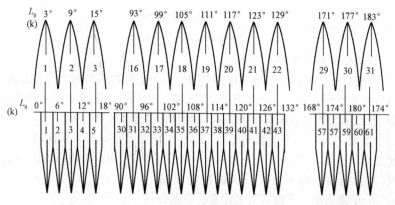

图 1-3 分带投影

相同,另一半是 6°带分带子午线的经度。带号 n 与相应的中央子午线经度 L_0 的关系可用下式计算:

$$L_0 = 3n$$

根据我国测图精度的要求,6°带满足 1:25000 或更小比例尺的精度,而 1:10000 以上的大比例尺测图,则须用 3°分带法。

以中央子午经和赤道投影后的交点 O 作为坐标原点,以中央子午线的投影为纵坐标轴 x,规定 x 轴向北为正;以赤道的投影为横坐标轴 y,规定 y 轴向东为正,从而构成高斯平面直角坐标系。在高斯平面直角坐标系中,位于赤道以北的点,x 坐标为正,y 坐标有正有负。为避免 y 坐标出现负值,将坐标纵轴向西平移 500km,也就是说,在 y 坐标的实际值上统统加上一个常数 50km。这种坐标称为国家统一坐标,如图 1-4 所示。

例如,A 点的高斯平面直角坐标为

$$x_A' = 3654312.309\text{m}$$
$$y_A' = 276359.458\text{m}$$

若该点位于第 19 带内,则 A 点的国家统一坐标值为

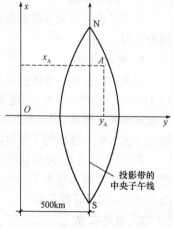

图 1-4 国家统一坐标系

$$x_A = 3654312.309\text{m}$$
$$y_A = 19223640.542\text{m}$$

3. 平面直角坐标

当测量区域较小时，可直接用与测区中心点相切的平面来代替曲面，然后在此平面上建立一个平面直角坐标系。因为它与大地坐标系没有联系，所以称为独立平面直角坐标系，也叫假定平面直角坐标系。

如图 1-5 所示，平面直角坐标系与高斯平面直角坐标系相同，规定南北方向为纵轴 x，东西方向为横轴 y；x 轴向北为正，向南为负，y 轴向东为正，向西为负。地面上某点 A 的位置可用 x_A 和 y_A 来表示。平面直角坐标系的原点 O 一般选在测区的西南角以外，使测区内所有点的坐标均为正值。

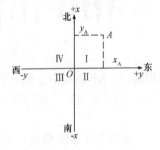

图 1-5　独立平面直角坐标系

为了定向方便，测量上的平面直角坐标系与数学上的平面直角坐标系的规定不同，x 轴与 y 轴互换，象限的顺序也相反。因为轴向与象限顺序同时都改变，测量坐标系的实质与数学上的坐标系是一致的，因此，数学中的公式可以直接应用到测量计算中。

(二)高程系统

高程是确定地面点高低位置的基本要求，分为绝对高程和相对高程两种类型。

1. 绝对高程

地面点到大地水准面的铅垂距离，称为该点的绝对高程，简称高程，用 H 表示。如图 1-6 所示，地面点 A、B 的高程分别为 H_A、H_B。数值越大表示地面点越高，当地面点在大地水准面的上方时，高程为正；反之，当地面点在大地水准面的下方时，高程为负。

我国于 20 世纪 80 年代采用青岛验潮站 1953—1977 年的验潮资料，测出水准原点的高程为 72.260m，并以该大地水准面为高程起算面，命名为"1985 年国家高程基准"。

2. 相对高程

如果有些地区引用绝对高程有困难时，可采用相对高程系统。相对高程是采用假定的水准面作为起算高程的基准面。地面点到假定水准面的垂直距离叫该点的相对高程。由于高程基准面是根据实际情况假定的,所以相对高程有时也称为假定高程。如图 1-6 所示,地面点 A、B 的相对高程分别为 H_A' 和 H_B'。

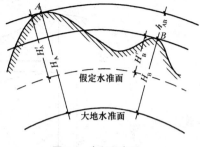

图 1-6 高程和高差

3. 高差

两个地面点之间的高程之差称为高差。高差有方向性和正负,但与高程基准无关。如图 1-6 所示,A 点至 B 点的高差为:

$$h_{AB} = H_B - H_A = H_B' - H_A'$$

当 h_{AB} 为正时,说明 B 点高程高于 A 点高程;当 h_{AB} 为负时,B 点高程低于 A 点高程。

三、用水平面代替水准面的限度

在实际测量工作中,当测区面积不大的情况下,为简化复杂的投影计算和绘图工作,可将椭球面视为球面,即用水平面代替水准面。用水平面代替水准面时应使投影后产生的误差不超过一定的限度,因此,应分析用水平面代替水准面对水平距离和高程的影响。

1. 对水平距离的影响

如图 1-7 所示,地面上 C、D 两点,沿铅垂线投影到大地水准面上得 a、b 两点,用过 a 点与大地水准面相切的水平面来代替大地水准面,D 点在水平面上的投影为 b'。设 ab 的长度(弧长)为 $\hat{L}$,ab' 的长度(水平距离)为 L',两者之差即为平面代替曲面所产生的距离误差,用 ΔL 表示。

$$\Delta L = L' - \hat{L} = R\tan\theta - R\theta = R(\tan\theta - \theta)$$

式中 θ——弧长 $\hat{L}$ 所对应的圆心角。

将 $\tan\theta$ 用级数展开并略去高次项得:

$$\tan\theta = \theta + \frac{1}{3}\theta^3 + \cdots = \theta + \frac{1}{3}\theta^3$$

又因

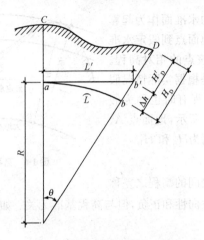

图 1-7　水平面代替水准面的影响

$$\theta = \frac{\hat{L}}{R}$$

则有距离误差

$$\Delta L = \frac{\hat{L}^3}{3R^2}$$

距离相对误差

$$\frac{\Delta L}{\hat{L}} = \frac{\hat{L}^2}{3R^2}$$

以不同的 $\hat{L}$ 值代入上式,求出距离误差和相对误差的结果见表 1-1。

表 1-1　　　　　平面代替曲面所产生的距离误差和相对误差

距离 $\hat{L}$(km)	距离误差 ΔL(m)	距离相对误差 $\Delta L / \hat{L}$
10	0.008	1:1220000
25	0.128	1:200000
50	1.027	1:49000
100	8.212	1:12000

从表 1-1 可见,当距离 $\hat{L}$ 为 10km 时,所产生的距离相对误差为 1:1220000,小于目前最精密的距离测量误差 1:1000000。因此,对距

测量来说,可以把 10km 为半径的范围作为水平面代替水准面的限度。

2. 对高程的影响

如图 1-7 所示,地面点 D 的绝对高程为该点沿铅垂线到大地水准面的距离 H_D,当用过 a 点与大地水准面相切的水平面代替大地水准面时, D 点的高程为 H_D',两者的差别为 bb',此即为用水平面代替大地水准面所产生的高程误差,用 Δh 表示。由图 1-7 可得:

$$(R+\Delta h)^2=R^2+L'^2$$

$$\Delta h=\frac{L'^2}{2R+\Delta h}$$

因为水平距离 L' 与弧长 $\hat{L}$ 很接近,取 $L'=\hat{L}$;又因 Δh 远小于 R,取 $2R+\Delta h=2R$,代入上式得

$$\Delta h=\frac{\hat{L}^2}{2R}$$

用不同的 $\hat{L}$ 代入上式,求出平面代替曲面所产生的高程误差见表 1-2。

表 1-2　　　　　　　　平面代替曲面所产生的高程误差

距离 $\hat{L}$/km	0.1	0.2	0.3	0.4	0.5	0.6	0.7	0.8	0.9
高程误差 Δh/m	0.0008	0.003	0.007	0.013	0.02	0.08	0.31	1.96	7.85

由上述可知,用平面代替曲面作为高程的起算面,对高程的影响是很大的,距离 200m 时,就有 3.0mm 的误差。因此,高程的起算面不能用切平面代替,应使用大地水准面。如果测区内没有国家高程点,也应采用通过测区内某点的水准面作为高程起算面。

第三节　测量工作基础知识

一、测量工作的原则和程序

测量的基本问题是测定地面点的平面位置和高程。具体来说,测量工作是通过水平角测量、水平距离测量和高程测量来确定点的位置。

测量工作应遵循的基本原则:在测量布局上,"由整体到局部";在测

量次序上，"先控制后碎部"。即先进行控制测量，再进行碎部测量。

在实际测量工作中，为防止误差积累，确保测量精度，先在整个测区内布设一些分布合理且具有控制意义的点，如图1-8中的 A、B、C、D、E、F 点，构成一个控制网（图中为闭合多边形），按要求精度测定出这些平面位置和高程，以控制整个测区，此项工作称为控制测量。

当精确求出这些控制点的平面位置和高程后，并将它们以一定比例缩绘到图上。以这些控制为测站测绘周围的地形，直至测完整个测区，该部分工作称为碎部测量，如图1-8所示。

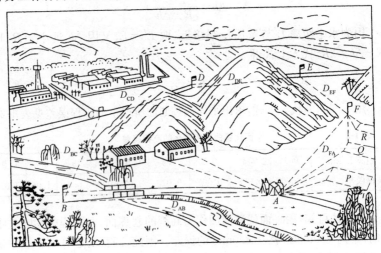

图1-8　测量程序示意图

二、测量的基本工作

为了保证全国各地区测绘的地形图能有统一的坐标系，并能减少控制测量误差积累，国家测绘局在全国范围内建立了能覆盖全国的平面控制网和高程控制网。在测绘地形图时，首先应在测区范围内布设测图控制网及测图用的图根控制点。这些控制网应与国家控制网联测，使测区控制网与国家控制网的坐标系统一致。

地面点的坐标和高程通常是通过观测有关要素后计算而得的。实际工作中，通常根据测区内或测区附件已知坐标和高程的点，测出这些已知点与待定点之间的几何关系，然后再确定待定点的坐标和高程。

如图 1-9 所示,设 A、B、C 为地面上的三点,投影到水平面上的位置分别为 a、b、c。若 A 点的位置已知,要确定 B 点的位置,除测出 A、B 的水平距离 D_{AB} 之外,还需知道 B 点在 A 点的哪一方向。图上 a、b 的方向可用过 a 点的指北方向与 ab 的水平夹角 α 表示,α 角称为方位角。已知 D_{AB} 和 α,B 点在图上的位置 b 即可确定。如果还需确定 C 点在图上的位置,则需测出 BC 的水平距离 D_{BC} 及 b 点上相邻两边的水平角 β。

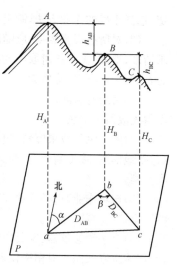

图 1-9　地面点位的确定

在图中还可以看出,A、B、C 三点的高程不同,要完全确定它们在三维空间内的位置,还需要测量高差 h_{AB} 和 h_{BC},根据已知点 A 的高程,推算 H_B、H_C。

因此,为确定地面某点的相对位置,必须测定水平距离、水平面及高程三个基本要素。由此可知,距离测量、角度测量及高程测量是测量的基本工作。

三、施工测量工作内容

(1)根据工程施工总布置图和有关测绘资料,布设施工控制网。

(2)针对施工各阶段的不同要求,进行建筑物轮廓点的放线及其检查工作。

(3)提供局部施工布置所需的测绘资料。

(4)按照设计图纸、文件要求,埋设建筑物外部变形观测设施,并负责施工期间的观测工作。

(5)进行收方测量及工程量计算。

(6)单项工程完工时,根据设计要求,对水工建筑物过流部位以及重要隐蔽工程的几何形体进行竣工测量。

四、施工测量人员工作准则

(1)在各项施工测量工作开始之前,应熟悉设计图纸,了解规范的规定,选择正确的作业方法,制定具体的实施方案。

(2)对所有观测数据,应随测随记、严禁转抄、伪造。文字与数字应力求清晰、整齐、美观。对取用的已知数据、资料均应由两人独立进行百分之百的检查、核对,确信无误后方可提供使用。

(3)对所有观测记录手簿,必须保持完整,不得任意撕页,记录中间也不得无故留下空页。

(4)施工测量成果资料(包括观测记簿、放线单、放线记载手簿)、图表(包括地形图、竣工断面图、控制网计算资料)应予统一编号,妥善保管,分类归档。

(5)现场作业时,必须遵守有关安全、技术操作规程,注意人身和仪器的安全,禁止冒险作业。

(6)对于测绘仪器、工具应精心爱护,及时维护保养,做到定期检验校正,保持良好状态。对精密仪器应建立专门的安全保管、使用制度。

第四节　测量误差

一、测量误差的定义

由测量实践证明,在实际测量工作中当对某一未知量(观测量),如距离、角度、高差等进行观测时,无论使用的仪器多么精密,采用的方法多么合理,所处的环境多么有利,观测者多么仔细,但各观测值之间总存在着差异,这种差异说明观测值含有观测误差。

这种差异实质上反映了各次测量所得的数值(称为观测值)与未知量的真实值(称为真值)之间的存在的差值,称为测量误差,即

$$测量误差 = 观测值 - 真值$$
$$\Delta_i = x - X (i = 1, 2, \cdots, n)$$

式中　　Δ_i——测量误差;

X——观测值的真值;

x——观测值。

二、测量误差产生的原因

测量误差的产生原因主要分为仪器条件、观测者的自身条件和外界条件三个方面。

(1)仪器条件。仪器在加工和装配等工艺过程中,不能保证仪器的结构能满足各种几何关系,这样的仪器必然会给测量带来误差。

(2)观测者的自身条件。由于观测者感官鉴别能力所限以及技术熟练程度不同,也会在仪器对中、整平和瞄准等方面产生误差。

(3)外界条件。主要是指观测环境中气温、气压、空气湿度和清晰度、风力以及大气折光等因素的不断变化,导致测量结果中带有误差。

三、测量误差的分类

测量误差按其对测量结果影响的性质,可分为系统误差和偶然误差。

(1)系统误差。在相同观测条件下,对某量进行一系列的观测,如果误差的大小及符号表现出一致性倾向,即按一定的规律变化或保持为常数,这种误差称为系统误差。例如,用一把名义长度为 30m,而实际长度为 30.010m 的钢尺丈量距离,每量一尺段就要少量 0.010m,这 0.010m 的误差,在数值上和符号上都是固定的,丈量距离愈长,误差也就愈大。

系统误差具有累积性,对测量成果影响较大,应设法消除或减弱。常用的方法有:对观测结果加改正数;对仪器进行检验与校正;采用适当的观测方法。

(2)偶然误差。在相同观测条件下,对某量进行一系列的观测,如果误差的大小及符号都没有表现出一致性的倾向,表面上看没有任何规律,这种误差称为偶然误差。例如,瞄准目标的照准误差;读数的估读误差等。

大量的实践证明,偶然误差具有如下特征:

1)在一定的观测条件下,偶然误差的绝对值不会超过一定的限值。

2)绝对值小的误差比绝对值大的误差出现的机会多(或概率大)。

3)绝对值相等的正、负误差出现的机会相等。

4)在相同条件下,同一量的等精度观测,其偶然误差的算术平均值,随着观测次数的无限增大而趋于零。

偶然误差是不可避免的。为了提高观测成果的质量,常用的方法是采用多余观测结果的算术平均值作为最后观测结果。

四、衡量观测值精度的标准与指标

(一)衡量精度的标准

为了说明测量结果的精确程度,必须建立一个统一的衡量精度的标准。通常用以下几种精度指标作为评定精度的标准。

1. 中误差

在相同观测条件下,进行一系列的观测,并以各个真误差平方和的平均值的平方根作为评定观测质量的标准,称为中误差 m,即

$$m = \pm\sqrt{\frac{[\Delta\Delta]}{n}}$$

式中　$\Delta\Delta$——某量的真误差。

由上式可见,中误差不等于真误差,它仅是一组真误差的代表值,中误差的大小反映了该组观测值精度的高低。因此,通常称中误差为观测值的中误差。

2. 相对误差

中误差和真误差都是绝对误差,误差的大小与观测量的大小无关。然而,有些量如长度,绝对误差不能全面反映观测精度,因为长度丈量的误差与长度大小有关。例如:分别丈量了两段不同长度的距离,一段为 200m,另一段为 300m,但中误差皆为 ±0.01m。显然不能认为这两段距离观测成果的精度相同。为此,需要引入"相对误差"的概念,以便能更客观地反映实际测量精度。

相对误差的定义为:中误差的绝对值与相应观测值之比,用 K 表示。相对误差习惯于用分子为 1 的分数形式表示,分母愈大,表示相对误差愈小,精度也就愈高。

3. 极限误差

偶然误差第一特性表明,在一定的观测条件下,误差的绝对值不会超过一定的限值。如果某个观测值的误差超过这个限值,就会认为这次观测的质量差或出现错误而舍弃不用。这个限值称为极限误差(或称容许误差)(图 1-10)。

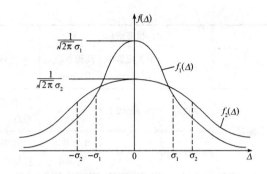

图 1-10　两组观测的误差分布曲线比较

根据大量实验统计证明，绝对值大于两倍中误差的偶然误差，出现的或然率不大于 5%；大于三倍中误差的偶然误差，出现的或然率不大于 0.3%。《水利水电工程测量规范（规划设计阶段）》(SL 197—1997)规定，以两倍中误差作为极限误差，即：

$$\Delta_极 = 2m$$

(二)主要精度指标

水利水电工程施工测量主要精度指标应符合表 1-3 的规定。

表 1-3　　　　　　　　　施工测量主要精度指标

序号	项　目	精度指标			说　明
		内容	平面位置中误差/mm	高程中误差/mm	
1	混凝土建筑物	轮廓点放线	±(20~30)	±(20~30)	相对于邻近基本控制点
2	土石料建筑物	轮廓点放线	±(30~50)	±30	相对于邻近基本控制点
3	机电设备与金属结构安装	安装点	±(1~10)	±(0.2~10)	相对于建筑物安装轴线和相对水平度
4	土石方开挖	轮廓点放线	±(50~200)	±(50~100)	相对于邻近基本控制点

(续)

序号	项　目		精度指标			说　明
		内容	平面位置中误差/mm		高程中误差/mm	
5	局部地形测量	地物点	±0.75(图上)		—	相对于邻近图根点
		高程注记点			1/3 基本等高距	相对于邻近调和控制点
6	施工期间外部变形观测	水平位移测点	±(3~5)		—	相对于工作基点
		垂直位移测点			±(3~5)	相对于工作基点
7	隧洞贯通	相向开挖长度小于 4km	贯通面	横向±50 纵向±100	±25	横向、纵向相对于隧洞轴线。高程相对于洞口高程控制点
		相向开挖长度 4~8km	贯通面	横向±75 ±150	±38	

五、误差传播定律

有些未知量往往不能直接测得,而是由某些直接观测值通过一定的函数关系间接计算而得到。由于直接观测值含有误差,因而它的函数必然要受其影响而存在误差,阐述观测值中误差与函数中误差之间关系的定律,称为误差传播定律。

1. 非线性函数

非线性函数即一般函数

设有函数　　　　　　$Z = f(x_1, x_2, \cdots, x_n)$

上式中 $x_1, x_2, \cdots, x_n$ 为独立观测值,其中误差为 $m_1, m_2, \cdots, m_n$。当观测值 x_i 含有真误差 Δx_i 时,函数 Z 也必然产生真误差 ΔZ,但这些真误差都是很小值,故对上式全微分,并以真误差代替微分,即

$$\Delta Z = \frac{\partial f}{\partial x_1} \Delta x_1 + \frac{\partial f}{\partial x_2} \Delta x_2 + \cdots + \frac{\partial f}{\partial x_n} \Delta x_n$$

上式中 $\dfrac{\partial f}{\partial x_1},\dfrac{\partial f}{\partial x_2},\cdots,\dfrac{\partial f}{\partial x_n}$ 是函数 Z 对 $x_1,x_2,\cdots,x_n$ 的偏导数,当函数值确定后,则偏导数值恒为常数,故上式可以认为是线性函数,于是有

$$m_Z=\pm\sqrt{\left(\frac{\partial F}{\partial x_1}\right)m_{x_1}^2+\left(\frac{\partial F}{\partial x_2}\right)m_{x_2}^2+\cdots+\left(\frac{\partial F}{\partial x_n}\right)m_{x_n}^2}$$

2. 实际测量中的函数

(1)倍数函数。设有倍数函数:

$$Z=kx$$

式中　k——常数,无误差;

　　　x——观测值(以下 k_i 和 x_i 亦同)。

当观测值 x 含有真误差 Δx 时,使函数 Z 也将产生相应的真误差 ΔZ,设 x 值观测了 n 次,则

$$\Delta Z_n=k\Delta x_n$$

将上式两端平方,求其总和,并除以 n,得

$$\frac{[\Delta Z\Delta Z]}{n}=k^2\frac{[\Delta x\Delta x]}{n}$$

根据中误差的定义,则有

$$m_Z^2=k^2 m_x^2$$

或

$$m_Z=km_x$$

(2)和差函数。设有函数:

$$Z=x\pm y$$

式中 x 和 y 均为独立观测值;Z 是 x 和 y 的函数。当独立观测值 x、y 含有真误差 Δx、Δy 时,函数 Z 也将产生相应的真误差 ΔZ,如果对 x、y 观测了 n 次,则

$$\Delta Z_n=\Delta x_n+\Delta y_n$$

将上式两端平方,求其总和,并除以 n,得

$$\frac{[\Delta Z\Delta Z]}{n}=\frac{[\Delta x\Delta x]}{n}+\frac{[\Delta y\Delta y]}{n}+\frac{2[\Delta x\Delta y]}{n}$$

根据偶然误差的抵消性和中误差定义,得

$$m_Z^2=m_x^2+m_y^2$$

或

$$m_Z=\pm\sqrt{m_x^2+m_y^2}$$

(3)一般线性函数。设有线性函数:

$$Z = k_1 x_1 + k_2 x_2 + \cdots + k_n x_n$$

式中 $x_1, x_2 \cdots, x_n$ 为独立观测值; $k_1, k_2 \cdots, k_n$ 为常数,则

$$m_Z^2 = (k_1 m_1)^2 + (k_2 m_2)^2 + \cdots + (k_n m_n)^2$$

式中 $m_1, m_2 \cdots, m_n$ 分别是 $x_1, x_2 \cdots, x_n$ 观测值的中误差。

3. 计算实例

【例 1-1】 在 $1:2000$ 地形图上,量得两点间的距离 $d = 30\text{mm}$,其中误差 $m_d = \pm 0.1\text{mm}$,求这两点间的实地距离 D 及其中误差 m_D。

【解】 实地距离 $D = 2000 \times 30 = 60000\text{mm} = 60\text{m}$

由　　$D = 2000d$ 知为倍数函数,得:

$$m_D = 2000 m_d = 2000 \times 0.1 = \pm 200\text{mm} = \pm 0.2\text{m}$$

【例 1-2】 同精度观测一个三角形的三个内角 a、b、c,已知测角中误差 $m = \pm 15''$,求三角形角度闭合差的中误差。将角度闭合差平均分至三个内角上,求改正后三角形各内角的中误差。

【解】 角度闭合差函数式:

$$f = a + b + c - 180°$$

为和差函数。$180°$ 为常数,无误差。

$$m_f^2 = m^2 + m^2 + m^2 = 3m^2$$

$$m_f = \sqrt{3}\, m = \pm 15'' \sqrt{3} = \pm 26.0''$$

改正后三角形内角:

$$a' = a - \frac{f}{3}$$

a 与 f 不独立,不能直接应用误差传播定律,故合并同类项:

$$a' = a - \frac{1}{3}(a + b + c - 180°) = \frac{2}{3}a - \frac{1}{3}b - \frac{1}{3}c + 60°$$

此为线性函数,式中 $60°$ 无误差,故得:

$$m_{a'}^2 = \left(\frac{2}{3}\right)^2 m^2 + \left(\frac{1}{3}\right)^2 m^2 + \left(\frac{1}{3}\right)^2 m^2 = \frac{2}{3}m^2$$

$$m_a' = \sqrt{\frac{2}{3}}\, m = \pm 15'' \sqrt{\frac{2}{3}} = \pm 12.2''$$

所以

$$m_b' = \pm 12.2''$$

$$m_c' = \pm 12.2''$$

【例1-3】　如图1-11所示,对三角形的两角一边进行了观测,其结果为:

$$\alpha=40°10'25''\pm10''$$

$$\beta=50°05'45''\pm20''$$

$$c=148.00\text{m}\pm0.05\text{m}$$

求 b 边的长度及其中误差 m_b。

【解】　(1) b 边的长度:

$$b=c\frac{\sin\beta}{\sin\gamma}=113.53\text{m}$$

(2)为求得 b 边的中误差 m_b,对函数式:

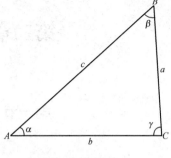

图1-11　三角形

$$b=c\frac{\sin\beta}{\sin\gamma}$$

进行全微分:

$$\mathrm{d}b=\frac{\sin\beta}{\sin\gamma}\mathrm{d}c+\frac{c}{\sin\gamma}\cos\beta\mathrm{d}\beta-c\sin\beta\frac{\cos\gamma}{\sin^2\gamma}\mathrm{d}\gamma$$

运用正弦定理将上式简化并整理得:

$$\mathrm{d}b=\frac{b}{c}\mathrm{d}c+b\cot\beta\mathrm{d}\beta-b\cot\gamma\mathrm{d}\gamma$$

由于 γ 是由 α、β 计算得来:

$$\gamma=180°-\alpha-\beta$$

$\mathrm{d}\gamma$ 与 $\mathrm{d}\beta$ 不独立,不能直接应用误差传播定律,对上式进行全微分得:

$$\mathrm{d}\gamma=-\mathrm{d}\alpha-\mathrm{d}\beta$$

$$\mathrm{d}b=\frac{b}{c}\mathrm{d}c+b\cot\gamma\mathrm{d}\alpha+b(\cot\beta+\cot\gamma)\mathrm{d}\beta$$

换成中误差关系式,并顾及 m_α,m_β 应以弧度为单位,得:

$$m_b^2=b^2\left[\frac{m_c^2}{c^2}+\cot^2\gamma\left(\frac{m_\alpha}{\rho''}\right)^2+(\cot\beta+\cot\gamma)^2\left(\frac{m_\beta}{\rho''}\right)^2\right]$$

将数值代入计算得:

$$m_b^2=113.53^2\times\left[\frac{5^2}{148.00^2}+(\cot89°44'50'')^2\times\left(\frac{10}{206265''}\right)^2+\right.$$

$$\left.(\cot50°05'45''+\cot89°44'50'')^2\times\left(\frac{20}{206265''}\right)^2\right]=15.57\text{cm}$$

所以 $m_b=\pm3.95\text{cm}$

第二章　水准测量

第一节　水准测量概述

一、水准测量的原理

水准测量是利用能提供一条水平视线的仪器,配合水准尺测定出的地面点间的高差,推算高程的一种方法。

如图 2-1 所示,已知 A 点的高程为 H_A,欲求 B 点的高程 H_B。首先安置水准仪在 A、B 两点之间,并在 A、B 两点上分别竖立水准尺,利用水平视线读出 A 点尺上的读数 a 及 B 点尺上的读数 b,由图可知 A、B 两点间高差为

$$h_{AB} = a - b$$

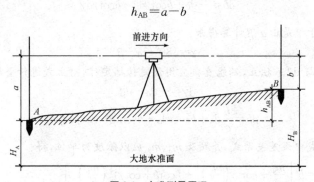

图 2-1　水准测量原理

按测量的前进方向规定 A 点为后视点,其水准尺读数 a 为后视读数;B 点为前视点,其水准尺读数 b 为前视读数。h_{AB} 则为未知点 B 对于已知点 A 的高差,它总是等于后视读数减去前视读数。当 $a > b$ 时,$h_{AB} > 0$,说明 B 点比 A 点高;反之,B 点低于 A 点。

若已知 A 点高程 H_A,则未知点的高程 H_B 为

$$H_B = H_A + h_{AB} = H_A + (a-b)$$

上述是直接利用实测高差 h_{AB} 计算 B 点的高程。在实际工作中,有时也可以通过水准仪的视线高 H_i 计算未知点 B 的高程 H_B,即:

$$H_i = H_A + a$$

$$H_B = H_i - b$$

由此得出 B 点高程若在一个测站上,要同时测算出若干个待定点的高程用视线高法较为方便。

$$H_B = H_A + a - b$$

若在一个测站上,要同时测算出若干个待定点的高程用视线高法较为方便。

二、水准测量技术要求

1. 等级水准测量技术要求

等级水准测量的主要技术要求应符合表 2-1 的规定。

表 2-1　　　　　　　　　等级水准测量的主要技术要求

等　　级		二	三	四	五
M_Δ/mm		$\leqslant\pm1$	±3	±5	±10
M_W/mm		$\leqslant\pm2$	±6	±10	±20
仪器型号		$DM_{0.5}$,DS_1	DS_1,DS_3	DS_3	DS_3
水准尺		因瓦	因瓦、双面	双面	双面、单面
观测方法		光学测微法	光学测微法中丝读数法	中丝读数法	中丝读数法
观测顺序		奇数站:后前前后偶数站:前后后前	后前前后	后后前前	—
观测次数	与已知点联测	往返	往返	往返	往返
	环线或附合	往返	往返	往	往
往返较差、环线或附合线路闭合差/mm	平丘地	$\pm4\sqrt{L}$	$\pm12\sqrt{L}$	$\pm20\sqrt{L}$	$\pm30\sqrt{L}$
	山地	—	$\pm3\sqrt{n}$	$\pm5\sqrt{n}$	$\pm10\sqrt{n}$

注:n 为水准路线单程测站数,每公里多于 16 站时,按山地计算闭合差限数。

2. 等级水准测量测站技术要求

等级水准测量测站的主要技术要求应符合表 2-2 的规定。

表 2-2 　　　　　　　　　等级水准测量测站的主要技术要求

等　　级	二		三		四	五
仪器型号	DS_{05}	DS_1	DS_1	DS_3	DS_3	DS_3
视线长度/m	≤60	≤50	≤100	≤75	≤80	≤100
前后视距差/mm	≤1.0		≤2.0		≤3.0	大致相等
前后视距累积差/m	≤3.0		≤5.0		≤10.0	
视线离地面最低高度/m	下丝≥0.3		三丝能读数		三丝能读数	—
基辅分划(黑红面)读数较差/mm	0.5		光学测微法 1.0 中丝读数法 2.0		3.0	
基辅分划(黑红面)所测高差较差/mm	0.6		光学测微法 1.5 中丝读数法 3.0		5.0	

注:当采用单面标尺四等水准测量时,变动仪器高度两次所测高差之差与黑红面所测高差之差的要求相同。

3. 仪器及水准尺技术要求

水准测量所使用的仪器及水准尺,应符合下列技术要求:

(1)水准仪视准轴与水准管轴的夹角:DS_{05}、DS_1 型仪器不应大于 $±15''$;DS_3 型仪器不应大于 $±20''$。

(2)二等水准采用补偿式自动安平水准仪,其补偿误差绝对值不应大于 $0.2''$。

(3)水准尺上的每米间隔平均长与名义长之差:对于因瓦水准尺不应大于 $±0.15mm$,对于双面水准尺不应大于 $±0.5mm$。

三、水准测量注意事项

(1)水准观测应在标尺成像清晰、稳定时进行,并用测伞遮阳,避免仪器被曝晒。因瓦水准尺应使用尺撑固定,不宜用手扶代替尺撑。

(2)应将尺垫安置稳妥,防止碰动,测站通知迁站时,后尺尺垫才能移动。严禁将尺垫安置在沟边或壕坑中。

（3）一测站观测时,不得再次调焦,旋转仪器的倾斜螺旋和测微螺旋时,其最后均为旋进方向。

（4）测段的往测与返测,测站数均应为偶数,否则应加入标尺零点差改正。由往测转向返测时,两标尺必须互换位置,并应重新安置仪器。

（5）因测站观测限差超限,在迁站前发现可立即重测。若迁站后发现,则应从水准点或间歇点（须经检测符合限差）起始,重新观测。

（6）往返测高差较差超限时应重测。二等水准重测后,应选用两次异向合格的结果。三、四等水准重测后,也可选用两次异向合格的结果。重测结果与原往返测量结果分别比较,其较差均不超限时,应取三次结果的平均数。

（7）使用自动安平水准仪时,读数前应按一下自动摆的按钮。

第二节　水准测量仪器及其使用

水准仪是能够为水准测量提供一条水平视线的仪器。目前,我国水准仪是按仪器精度从高到低划分为 DS_{05}、DS_1、DS_3 和 DS_{10} 四个等级。DS_{05}、DS_1 型为精密水准仪,用于国家一、二等水准测量及其他精密水准测量;DS_3 和 DS_{10} 型为普通水准仪,用于国家三、四等水准测量及一般工程水准测量,其中,"D"和"S"分别是"大地测量"、"水准仪"汉语拼音的第一个字母,下标是各等级水准仪每公里往返测高差中数的中误差（mm）。

水准仪按构造又可分为微倾水准仪、自动安平水准仪、电子水准仪和精密水准仪等。

一、DS_3 型微倾水准仪

DS_3 型微倾水准仪主要由望远镜、水准器和基座三部分组成,如图2-2所示。

1. 望远镜

望远镜是用来瞄准不同距离的水准尺并进行读数的。它由物镜、对光透镜、对光螺旋、固定螺钉、十字丝分划板以及目镜等组成,如图 2-3所示。

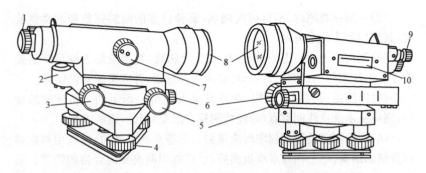

图 2-2　DS₃ 型微倾水准仪

1—目镜对光螺旋；2—圆水准器；3—微倾螺旋；4—脚螺旋；5—微动螺旋；
6—制动螺旋；7—对光螺旋；8—物镜；9—水准管气泡观察窗；10—管水准器

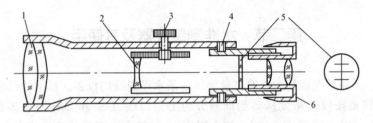

图 2-3　望远镜

1—物镜；2—对光透镜；3—对光螺旋；4—固定螺钉；5—十字丝分划板；6—目镜

　　物镜是用两片以上的透镜组组成，其作用是目标成像在十字丝平面上，形成缩小的实像。旋转对光螺旋，可使不同距离目标的影像清晰地位于十字丝分划板上。目镜也是由一组复合透镜组成，其作用是将物镜所成的实像连同十字丝一起放大成虚像，转动目镜调焦螺旋，可使十字丝影像清晰，称为目镜调焦。

　　从望远镜内所看到的目标放大虚像的视角 β 与眼睛直接观察该目标的视角 α 的比值，称为望远镜的放大率，一般用 V 表示，即：

$$V = \beta / \alpha$$

　　DS₃ 型水准仪望远镜的放大率一般为 25～30 倍。

　　十字丝分划板是安装在目镜筒内的一块光学玻璃板，上面刻有两条互相垂直的细线，称为十字丝。竖直的一条称为纵丝，水平的一条称为横丝或中丝,用以瞄准目标和读数用。与横丝平行的上、下两条对称的短线称为视距丝,用以测定距离。上视距丝简称为上丝,下视距丝简称为下丝。物镜光心与十字丝交点的连线称为望远镜的视准轴,观测时的视线即为视准轴的延长线。

2. 水准器

水准器是用来指示水准仪的视准轴是否水平或竖轴是否铅垂的一种装置。水准器分为管水准器和圆水准器两种。

(1)管水准器。水准管由玻璃圆管制成,上部内壁的纵向按一定半径磨成圆弧。如图 2-4 所示,管内注满酒精和乙醚的混合液,经过加热、封闭、冷却后,管内形成一个气泡。水准管内表面的中点 O 为零点,通过零点作圆弧的纵向切线 LL 称为水准管轴。从零点向两侧每隔 2mm 刻一个分划,每 2mm 弧长所对的圆心角称为水准管分划值(或灵敏度):

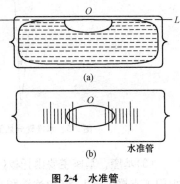

图 2-4 水准管

$$\tau = \frac{2\rho''}{R}$$

式中　τ——水准管分划值;

　　　R——水准管的圆弧半径;

　　　ρ''——206265"。

分划值的意义,可理解为当气泡移动 2mm 时,水准管轴所倾斜的角度,如图 2-5 所示。划分值越小,水准管越灵敏,用来平整仪器的精度越高。

(2)圆水准器。圆水准器是由玻璃制成,呈圆柱状,上部的内表面为一个半径为 R 的圆球面,中央刻有一个小圆圈,它的圆心 O 是圆水准器的零点,通过零点和球心的连线(O 点的法线)LL',称为圆水准器轴,如图 2-6 所示。当气泡居中时,圆水准器轴即处于铅垂位置。圆水准器的分划值一般为 $5'/2mm \sim 10'/2mm$,灵敏度较低,只能用于粗略整平仪器,使水准仪的纵轴大致处于铅垂位置,便于用微倾螺旋使水准管的气泡精确居中。

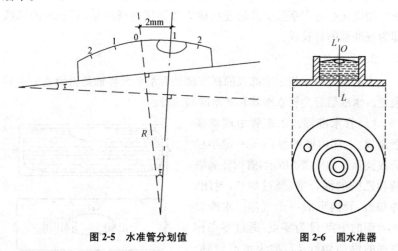

图 2-5　水准管分划值　　　　　　　　图 2-6　圆水准器

(3)基座。基座主要由托板(又叫轴座)、连接螺旋和脚螺旋组成。托板用来支撑仪器上部(望远镜和水准器),连接螺旋用来连接仪器与三脚架,转动脚螺旋可使圆水准气泡居中,从而整平仪器。

2. 水准尺和尺垫

(1)水准尺。水准尺是水准测量的主要工具,由干燥的优质木材、玻璃钢或铝合金等材料制成。其分为双面尺和塔尺两种,如图 2-7 所示。

1)双面水准尺。如图 2-7(a)所示,多用于三、四等水准测量,为不能伸缩和折叠的板尺,且两根尺为一对,尺的两面均有刻画,尺的正面是黑色注记,反面为红色注记,故又称红黑面尺。黑面的底部都从零开始,而红面的底部一般是一根为 4.687m,另一根为 4.787m。

2)塔尺。如图 2-7(b)所示,一般用于等外水准测量,长度有 2m 和 5m 两种,可以伸缩,尺面分划为 1cm 和 0.5cm 两种,每分米处注有数字,每米处也注有数字或红黑点表示数,尺底为零。

(2)尺垫。尺垫一般由一个三角形的铸铁制成。上部中央有一突起的半球体,如图2-8所示。为保证在水准测量过程中转点的高程不变,可将水准尺放在半球体的顶端。

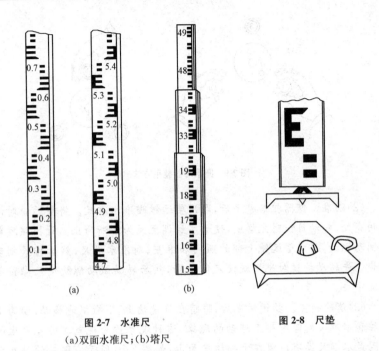

图 2-7 水准尺

(a)双面水准尺;(b)塔尺

图 2-8 尺垫

快学快用 1 DS₃ 型微倾水准仪的使用

(1)安装与粗平。在测站上打开三脚架,通过目测,使架头大致水平且高度适中(约在观测者的胸颈部),将仪器从箱中取出,用连接螺旋将水准仪固定在三脚架上。然后,根据圆水准器气泡的位置,上、下推拉,左、右微转脚架的第三只腿,使圆水准器的气泡尽可能位于靠近中心圈的位置,在不改变架头高度的情况下,放稳脚架的第三只腿。调节仪器脚螺旋使圆水准气泡居中,以达到水准仪的竖轴近似垂直,视线大致水平。其具体做法是:如图 2-9(a)所示,设气泡偏离中心于 a 处时,可以先选择一对脚螺旋①、②,用双手以相对方向转动两个脚螺旋,使气泡移至两脚螺旋连线的中间 b 处,如图 2-9(b)所示;然后,再转动脚螺旋③使气泡居中,如图 2-9(b)所示。如此反复进行,直至气泡严格居中。在整平中气泡移动方向始终与左手大拇指(或右手食指)转动脚螺旋的方向一致。

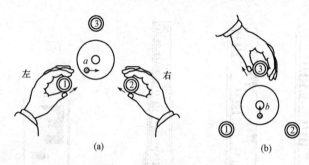

图 2-9　圆水准器整平方法

（2）瞄准。仪器粗略整平后，即用望远镜瞄准水准尺。将望远镜对向较明亮处，转动目镜对光螺旋，使十字丝调至最为清晰为止。放松照准部的制动螺旋，利用望远镜上部的照门和准星，对准水准尺，然后拧紧制动螺旋。先转动物镜对光螺旋使尺像清晰，然后转动微动螺旋使尺像位于视场中央。

（3）消除视差。物镜对光后，眼睛在目镜端上、下微微地移动，因为十字丝和水准尺的像有相互移动的现象，这种现象称为视差。视差产生的原因是水准尺没有成像在十字丝平面上，如图 2-10 所示。视差的存在会影响观测读数的正确性，必须加以消除。消除视差的方法是先进行目镜调焦，使十字丝清晰，然后转动对光螺旋进行物镜对光，使水准尺像清晰。

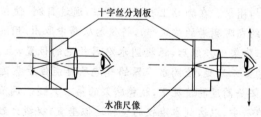

图 2-10　视差产生原因

（4）精平和读数。转动微倾螺旋时速度应缓慢，直至气泡稳定不动而又居中时为止。必须注意，当望远镜转到另一方向观测时，气泡不一定符合，应重新精平，符合气泡居中后才能读数。当气泡符合后，立即用十字丝横丝在水准尺上读数。读数前要认清水准尺的注记特征。望远镜中看到的水准尺是倒像时,读数应自上而下,从小到大读取,直接读取 m、dm、cm、mm(为估读数)四位数字,图 2-11 所示读数分别为 1.272m、5.958m、2.539m。

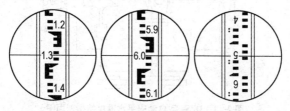

图 2-11　水准尺读数

二、自动安平水准仪

用普通水准仪进行水准测量,必须使水准管气泡严格居中才能读数,这种手动操作费时较多。为了提高工效,人们研制生产了一种称为自动安平水准仪的仪器——自动安平水准仪。

1. 自动安平水准仪的特点及构造

自动安平水准仪只有圆水准器,用自动补偿装置代替了水准管和微倾螺旋,使用时只要水准仪的圆水准气泡居中,使仪器粗平,然后用十字丝读数便是视准轴水平的读数。省略了精平过程,从而提高了观测速度和整平精度。自动安平水准仪的外形如图 2-12 所示。

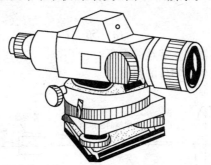

图 2-12　自动安平水准仪

图 2-13 所示为 DZS₃ 型自动安平水准仪的结构剖面图。

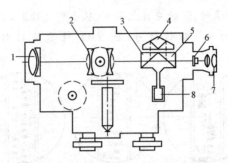

图 2-13   DZS₃ 型自动安平水准仪结构剖面图

1—物镜；2—调焦镜；3—直角棱镜；4—屋脊棱镜；5—直角镜；
6—十字丝分划板；7—目镜；8—阻尼器

2. 自动安平水准仪的原理

如图 2-14 所示，当视准轴水平时，物镜光心位于 O，十字丝交点位于 B，通过十字丝横丝在尺上的正确读数为 a。当视准轴倾斜一个微小角度 $\alpha(<10')$ 时，十字丝交点从 B 移至 A，通过十字丝横丝在尺上的读数，A 不再是水平视线的读数 a。为了能使十字丝横丝读数仍为水平视线的读数 a，可在望远镜的光路上加一个补偿器，通过物镜光心的水平视线经过补偿器的光学元件后偏转一个 β 角，这样在 A 点处十字丝横丝仍可读得正确读数 a。由于 α 角和 β 角都是很小的角值，如果下式成立，即能达到补偿的目的：

$$f\alpha = S\beta$$

式中 S——补偿器到十字丝的距离；

f——物镜到十字丝的距离。

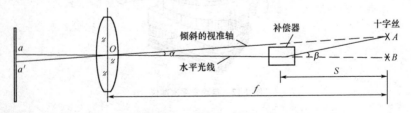

图 2-14   自动安平原理示意图

快学快用　2　自动安平水准仪的使用

　　自动安平水准仪的使用方法与普通水准仪的使用方法大致相同,但也有不同之处。自动安平水准仪的操作方法与普通水准仪的操作方法不同的是,自动安平水准仪经过圆水准器粗平后,即可观测读数。对于DZS₃型自动安平水准仪,在望远镜内设有警告指示窗。当警告指示窗全部呈绿色时,表明仪器竖轴倾斜在补偿器补偿范围内,即可进行读数。否则警告指示窗会出现红色,表明已超出补偿范围,应重新调整圆水准器。

三、电子水准仪

　　电子水准仪也称数字水准仪,除了在望远镜内安置自动安平补偿器外,还增加了分光镜和光电探测器等部件,配合使用条形码水准尺和图像处理电子系统,使水准测量自动化得以实现,从而大大提高了观测精度和速度。

1. 电子水准仪的特点及构造

　　使用电子水准仪进行水准测量时,无疲劳观测及操作,只要照准水准尺,聚焦后按动红色测量键即可完成标尺读数和视距测量;即使聚焦欠佳也不会影响标尺读数,但调焦清晰后可以提高测量速度;电子水准仪采用REC模块自动记录和存储数据或直接连电脑操作;含有用户测量程序、视准差检测改正程序及水准网平差程序;它能自动计算高差,并快速提取成果,提高生产效率。

　　电子水准仪外形如图 2-15 所示。

2. 电子水准仪的原理

　　数字水准仪的关键技术是自动电子读数及数据处理,目前各厂家采用的原理各有差异,下面简单介绍瑞士徕卡 NA 系列电子水准仪的原理。

　　如图 2-16 所示,当用望远镜照准标尺并调焦后,标尺上的条形码影像由望远镜接收后,探测器将采集到的标尺编码光信号转换成电信号,并与仪器内部存储的标尺编码信号进行比较。若两者信号相同,则读数可以确定。标尺和仪器的距离不同,条形码在探测器内成像的"宽窄"也不同,转换成的电信号也随之不同,这就需要处理器按一定的步距改变一次电信号的"宽窄",与仪器同步存储的信号进行比较,直至相同为止,这将花费较长时间。为了缩短比较时间,通过调焦,使标尺成像清晰。传感器

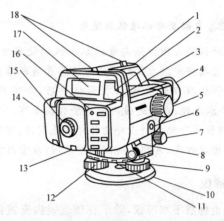

图 2-15　电子水准仪

1—提柄;2—水准器观察窗;3—圆水准器;4—物镜;5—对光螺旋;6—测量键;
7—水平微动螺旋;8—数据输出插口;9—脚螺旋;10—底板;11—水平底盘设置环;
12—水平度盘;13—分划板校正螺钉及护盖;14—电池盒;15—目镜;16—键盘;
17—显示屏;18—粗瞄器

采集调焦镜的移动量,对编码电信号进行缩放,使其接近仪器内部存储的信号。因此,可在较短时间内确定读数。

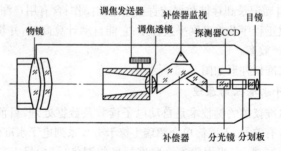

图 2-16　电子水准仪原理示意图

快学快用　3　电子水准仪的使用

电子水准仪有测量和放线等多种功能,并可以自动读数、计算和记录,通过各种操作模式来实现。仪器使用前应将电池充电。充电开始后充电器指示灯开始闪烁,充电时间约为 2h,当指示灯不闪烁时完成充电。

电子水准仪操作步骤与自动安平水准仪基本相同,只是电子水准仪使用的是条码尺。当瞄准标尺,消除视差后按 $\boxed{\text{Measure}}$ 键,仪器即自动读数。除此之外,仪器能将倒立在房间或隧道顶部的标尺识别,并以负数给出。电子水准仪也可与因瓦水准尺配合使用。

四、精密水准仪

精密水准仪主要用于国家一、二等级水准测量及精密工程测量,如建筑物变形观测,大型桥梁工程及精密安装工程等测量工作。

1. 精密水准仪的构造及特点

精密水准仪的构造与 DS₃ 型水准仪基本相同,也是由望远镜、水准器和基座三部分组成,如图 2-17 所示。

精密水准仪的结构精密,性能稳定,受温度变化影响小。与 DS₃ 型水准仪相比具有以下特点:

(1)望远镜性能好,物镜孔径大于 40mm,放大率一般大于 40 倍。

(2)望远镜筒和水准器套均用因瓦合金铸件构成,具有结构坚固、水准管轴与视准轴关系稳定的特点。

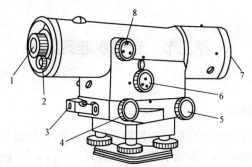

图 2-17　DS₁ 型水准仪

1—目镜;2—测微读数显微镜;3—十字水准器;4—微倾螺旋;
5—微动螺旋;6—测微螺旋;7—物镜;8—对光螺旋

(3)采用符合水准器,水准管的分划值为(6″～10″)/2mm;对于自动安平水准仪,其安平精度一般不低于 0.2″。

(4)为了提高读数精度,望远镜上装有平行玻璃测微器,最小读数为

0.05～0.1mm。

2. 精密水准尺

精密水准尺(又叫因瓦水准尺)。尺的长度受外界温度、湿度影响很小,尺面平直,刻画精密、最大误差每米不大于±0.1mm,并附有足够精度的圆水准器。精密水准尺一般都是线条式分划,在木制的尺身中间凹槽内,装有厚1mm、宽26mm 的因瓦带尺,尺底一端固定,另一端用弹簧拉紧,以保持因瓦带尺的平直和不受木质尺身伸缩的变化而变化。因瓦带尺上有左右两排分划,右边为基本分划,左边为辅助分划,彼此相差一个常数,相当于双面尺以供测量校核之用。

> **快学快用　4　精密水准仪的使用**

精密水准仪的操作方法和普通水准仪基本相同,也是粗平、瞄准、精平、读数四个步骤,但读数方法则不同。读数时,先转动微倾螺旋,从望远镜内观察使水准管气泡影像符合,再转动测微螺旋,使望远镜中的楔形丝夹住靠近的一条整分划线。其读数分为两部分:厘米以上的数由望远镜直接在尺上读取;厘米以下的数从测微读数显微镜中读取,估读至0.01mm。

第三节　普通水准测量

一、水准测点

用水准测量方法测定的高程控制点称为水准点,简记 BM。水准点可作为引测高程的依据。国家水准点按精度分为一、二、三、四等,与之相应的水准测量分为一、二、三、四等水准测量。国家水准点按国家规范要求应埋设永久性标石或标志。如图 2-18(a)所示,需要长期保存的水准点一般用混凝土或石头制成标石,中间嵌半球形金属标志,埋设在冰冻线以下0.5m 左右的坚硬土基中,并设防护井保护,称永久性水准点。亦可埋设在岩石或永久建筑物上,如图 2-18(b)所示。

工程施工测量所使用的水准点,常采用临时性标志,可用木桩打入地面,也可在突出的坚硬岩石或水泥地面等处用红油漆作标志。这些水准点的高程常采用普通水准测量方法来测定,如图 2-18(c)所示。

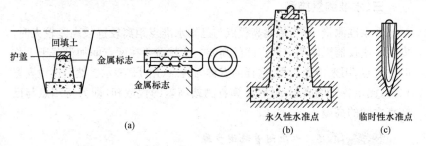

图 2-18　水准点

二、水准路线

水准路线是指由一系列水准点间进行水准测量所经过的路线。根据测区情况和作业要求,水准路线可布设成以下几种形式:

(1)附合水准路线。在两个已知点之间布设的水准路线,如图 2-19(a)所示。

(2)闭合水准路线。形成环形的水准路线,如图 2-19(b)所示。

(3)支水准路线。由一个已知水准点出发,而另一端为未知点的水准路线。该路线既不自行闭合,也不附合到其他水准点上,如图 2-19(c)所示。为了成果检核,支水准路线必须进行往、返测量。

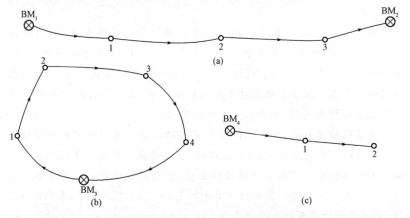

图 2-19　单一水准路线的三种布设形式

三、水准测量施测

在水准测量中,当待测高程点与已知水准点距离较远或高差较大时,安置一次仪器无法测定两点间的高差。这就需要在两点间加设若干个临时立尺点,用来传递高程,这样的点称为转点,用 TP 表示。然后逐段安置仪器,测定各段的高差,最后计算各测站高差的代数和,即为待测点与已知点之间的高差。

快学快用　5　水准测量施测步骤

如图 2-20 所示,已知水准点 A 的高程为 43.130m,要测定 B 点的高程,其施测步骤如下:

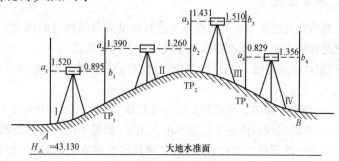

图 2-20　高差法计算

在距离 A 点约不超过 200m(根据水准测量的等级而定)处选定点 TP_1,在 A、TP_1 两点分别立水准尺。在点 A 和 TP_1 间 I 站安置水准仪。当仪器视线水平后,测得后视读数 $a_1 = 1.520$、前视读数 $b_1 = 0.895$。记录员将读数分别记录在水准测量手簿的相应栏中,见表 2-3,同时算出 A 点和 1 点之间的高差,即 $h_1 = a_1 - b_1 = 0.625$m。

水准仪搬至 II 站,A 点上的水准尺由持尺者沿着 AB 方向前进选择第二点 TP_2。在其上立尺,将测得的后、前视读数及算得高差记入第二测站的相应各栏中。然后又将仪器搬至 III、IV 测站继续观测。所有观测值和计算见表 2-3,其中计算校核中算出的 $\sum h = \sum a - \sum b$ 相等,表明计算无误,如不等则计算有错。

表 2-3 水准测量手簿

仪器型号_____ 观测员_____ 记录员_____ 天气_____ 日期_____

测 站	点 号	后视读数 (a)/m	前视读数 (b)/m	高差/m +	高差/m −	高程/m	备 注
I	A	1.520				43.130	已知水准点
	TP_1		0.895	0.625			
II	TP_1	1.390					
	TP_2		1.260	0.130			
III	TP_2	1.431					
	TP_3		1.510		0.079		
IV	TP_3	0.829					
	B		1.356		0.527	43.279	待定点
Σ		5.170	5.021	0.755	0.606		
计算检核		$\sum a - \sum b = 5.170 - 5.021 = +0.149$ $\sum h = 0.755 - 0.606 = +0.149$					$43.279 - 43.130$ $= +0.149$

四、水准测量校核方法

水准测量的校核方法有测站校核和水准路线成果校核两种。

快学快用 6 测站检核

水准测量中,常用的测站校核方法有双仪器高法和双面尺法两种。

(1)双仪高法。在同一个测站上,第一次测定高差后,变动仪器高度(大于 0.1m 以上),再重新安置仪器观测一次高差。两次所测高差的绝对值不超过 5mm,取两次高差的平均值作为该站的高差,如果超过 5mm,则需重测。

(2)双面尺法。在同一个测站上,仪器高度不变,分别利用黑、红两面水准尺测高差,若两次高差之差的绝对值不超过 5mm,则取平均值作为该站的高差,否则重测。

快学快用 7 路线成果检核

测站校核可以校核本测站的测量成果是否符合要求,但整个路线测量成果是否符合要求,甚至有错,则不能判定。如假设迁站后,转点位置发生移动,这时测站成果虽符合要求,但整个路线测量成果都存在差错,因此,还需要进行以下路线校核。

(1)附合水准路线。为使测量成果得到可靠的校核,最好把水准路线布设成附合水准路线。对于附合水准路线,理论上在两已知高程水准点间所测得各站高差之和应等于起讫两水准点间的高程之差。

如果它们不能相等,其差值称为高差闭合差,用 f_h 表示。

高差闭合差的大小在一定程度上反映了测量成果的质量。

(2)闭合水准路线。在闭合水准路线上也可对测量成果进行校核。对于闭合水准路线,因为它起始于同一个点,所以理论上全线各站高差之和应等于零,即 $\sum h = 0$。

如果高差之和不等于零,则其差值即 $\sum h$ 就是闭合水准路线的高差闭合差,即

$$f_h = \sum h$$

(3)支水准线路。支水准线路必须在起点、终点间用往返测进行校核。理论上往返测所得高差的绝对值应相等,但符号相反,或者是往返测高差的代数和应等于零,即

$$\sum h_{往} = -\sum h_{返}$$

或

$$\sum h_{往} + \sum h_{返} = 0$$

如果往返测高差的代数和不等于零,其值即为支水准线路的高差闭合差,即

$$f_h = \sum h_{往} + \sum h_{返}$$

有时也可以用两组并测来代替一组的往返测以加快工作进度。两组所得高差应相等,若不等,其差值即为支水准线路的高差闭合差。故

$$f_h = \sum h_1 - \sum h_2$$

闭合差的大小反映了测量成果的精度。在各种不同性质的水准测量中,都规定了高差闭合差的限值即容许高差闭合差,用 $f_{h容}$ 表示。一般图根水准测量的容许高差闭合差为

平地: $\qquad f_{h容} = \pm 40\sqrt{L} \ \text{mm}$

山地: $\qquad f_{h容} = \pm 12\sqrt{n} \ \text{mm}$

式中　L——附合水准路线或闭合水准路线的总长,对支水准线路,L 为测段的长,均以千米为单位;

　　　n——整个线路的总测站数。

五、水准测量成果计算

水准测量工作野外作业结束后,应检查水准测量手簿,并计算出各测段的高差。检查无误后,计算出高差闭合差。若闭合差在规定的范围内,则进行闭合差调整。最后计算各待测点的高程。

快学快用 8 *附合水准路线成果计算*

如图 2-21 所示,BM_A、BM_B 两个水准点,A 点高程为 46.345m,B 点高程为 49.039m。各测段的高差,分别为 h_1、h_2、h_3。表 2-4 为附合水准路线成果计算。

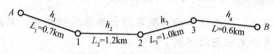

图 2-21 附合水准路线

表 2-4   附合水准路线成果计算表

点号	距离 L /km	实测高差 /m	改正值 /m	改正后高差 /m	高程 m	备 注
A	0.7	+2.675	0.006	2.681	46.345	
1	1.2	−4.367	0.010	−4.357	49.026	
2	1.0	+1.680	0.009	1.689	44.669	
3	0.6	+2.676	0.005	2.681	46.359	
B					49.039	
Σ	3.5	+2.664	0.030	2.694		

注:题中给出各测段的距离,说明是平坦地区。

(1)高差闭合差计算。

路线闭合法:

$$f_h = \sum h_{测} - (H_{终} - H_{始}) = 2.664 - (49.039 - 46.345) = -0.03m$$

容许闭合差:

$$f_{h容} = \pm 40\sqrt{L} = \pm 40\sqrt{3.5} = 75mm$$

(2)闭合差的调整。闭合差的调整可按测站数或测段长度成正比例且反符号进行分配。计算各测段的高差改正数,然后计算各测段的改正

后高差。高差改正值的计算公式为

$$u_i = -\frac{f_h}{\sum n} n_i$$

或

$$u_i = -\frac{f_h}{\sum L} L_i$$

式中　$\sum n$——测站总数；

　　　n_i——第 i 测段的测站数；

　　　$\sum L$——路线总长度；

　　　L_i——第 i 测段的路线长度。

快学快用 9　闭合水准路线成果计算

闭合水准路线成果计算的步骤与附合水准路线相同。只是需要注意闭合差的计算公式采用的不同。

闭合水准路线各段高差的代数和应等于零，即

$$\sum h = 0$$

由于测量含有误差，必然产生高差闭合差：

$$f_h = \sum h$$

快学快用 10　支水准路线成果计算

先计算得出高差闭合差，然后计算高差闭合差的容许值（路线长度和测站总数以单程计算）。若满足要求，则取各测段往返测高差的平均值（返测高差反符号）作为该测段的观测结果。最后依次计算各点高程。

六、水准测量误差

水准测量的误差主要来源于仪器误差、观测误差和外界条件的影响三个方面。

快学快用 11　仪器误差

仪器误差包括仪器校正后残余误差、对光误差和水准尺误差。

(1)残余误差。仪器虽经校正，但不可能绝对完善，还会存在一些残余误差，例如水准管轴与视准轴不平行的误差。这种误差的影响与距离成正比，只要观测时注意使前、后视距离相等，便可消除或减弱此项误差的影响。

(2)对光误差。由于仪器制造加工不够完善，当转动对光螺旋调焦

时,对光透镜产生非直线移动而改变视线位置,产生对光误差,即调焦误差。这项误差,仪器安置于距前、后视尺等距离处,后视完毕转向前视,必须重新对光,就可消除。

(3)水准尺误差。由于水准尺刻划不准确、尺寸变化、零点不准确等影响,会影响水准测量的精度,因此,水准尺须经过检验才能使用。至于尺的零部误差,可在一水准测段中使测站为偶然的方法予以消除。

快学快用 12　观测误差

观测误差是人为造成的,主要包括以下几个方面:

(1)气泡居中误差。利用附合水准器整平仪器的误差约为 $\pm 0.075\tau''$ (τ'' 为水准管分划值),若仪器至水准尺的距离为 D,则在读数上引起的误差为

$$m_{平} = \pm \frac{0.075\tau''}{\rho''} D$$

式中　ρ''——取 $206265''$。

(2)照准误差。在水准尺上估读毫米数的误差,与人眼的分辨力、望远镜的放大倍率以及视线长度有关,通常按下式计算:

$$m_{照} = \frac{60''}{V} \cdot \frac{D}{\rho''}$$

式中　V——望远镜的放大倍率;

　　　$60''$——人眼的极限分辨能力。

(3)估读误差。在以厘米分划的水准尺上估读毫米产生的误差。它与十字丝的粗细、望远镜放大倍率和视线长度有关。故对各等级的水准测量,规定了仪器应具有的望远镜放大倍率及视线的极限长度。

(4)水准尺倾斜误差。水准尺的左右倾斜,可及时纠正。若沿视线方向前后倾斜一个 θ 角,会导致读数偏大,如图 2-22 所示,若尺子倾斜时,读数为 a',尺子竖直读数为 a,则产生误差 $\Delta a = a' - a = a'(1-\cos\theta)$。将 $\cos\theta$ 按幂级数展开,只取前两项,即 $\cos\theta = 1 - \theta^2/2$,则有

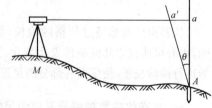

图 2-22　水准尺倾斜误差

$$m_{\theta} = \frac{b'}{2}\left(\frac{\theta}{\rho}\right)$$

当 $\theta = 3°30'$，$b' = 1$m 时，$m_\theta = 2$mm；若读数大于 1m，误差将超过 2mm。

(5)视差。十字丝平面与水准尺影像不重合，因此眼睛上下移动，读数也随之变动。若眼睛观察的位置不同，便读出不同的读数，因而也会产生读数误差。

快学快用 13　外界条件的影响

(1)仪器下沉和尺垫下沉产生的误差。由于仪器下沉，使视线降低，从而引起高差误差。若采用"后、前、前、后"的观测程序，可减弱其影响。若后者的转点处发生尺垫下沉，将使下一站后视读数增大，造成高程传递误差，且难以消除，因此，在测量时，应尽量将仪器脚架和尺垫在地面上踩实，使其稳定不动。

(2)地球曲率和大气折光的影响。用水平面(线)代替大地水准面在水准尺上读数自然会产生高差误差，大气折光也会使视线弯曲，改变水准尺的读数，对此均可采用前后视距相等的方法消除其影响。

(3)温度和风力的影响。温度的变化不仅引起大气折光的变化，当烈日照射水准管时，由于水准管本身和管内液体温度的升高，气泡向着温度高的方向移动，而影响视线水平。较大的风力，将使水准尺尺像跳动，难以读数。因此，水准测量时，应选择有利的观测时间。

第四节　微倾水准仪检验与校正

仪器出厂前都经过严格的检校，但经过搬运、长期使用等因素的影响，也有可能使之几何条件发生变化。因此，在进行测量之前，必须对仪器进行检验校正，使仪器各部分满足正确关系，才能保证测量精度。

一、水准仪主要轴线及其应满足的条件

图 2-23 所示为 DS₃ 型水准仪，其主要轴线有 CC 视准轴、LL 水准管轴、$L'L'$ 圆水准器轴、VV 仪器旋转轴(竖轴)。水准仪各轴线应满足下列条件，才能提供水平视线。

(1)圆水准器轴平行于竖轴，即 $L'L' /\!/ VV$。

(2)十字丝横丝应垂直于竖轴。

(3)水准管轴应平行于视准轴,即 $LL /\!/ CC$。

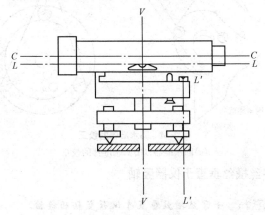

图 2-23 水准仪的轴线关系

二、圆水准轴平行于仪器竖轴

圆水准器是用来粗略整平水准仪的,如果圆水准轴 $L'L'$ 与仪器竖轴 VV 不平行,则圆水准器气泡居中时,仪器竖轴不在竖直位置。因此,只有将此项校正做好,才能较快地使符合水准气泡居中。

快学快用 14 圆水准轴平行于仪器竖轴的检验

安装仪器后,转动三个脚螺旋,使圆水准器气泡居中,然后将望远镜旋转 180°,若气泡仍然居中,表明条件满足。如果气泡偏离中央位置,则应进行校正。

快学快用 15 圆水准轴不平行于仪器竖轴的校正

水准仪校正时应调整圆水准器下面的三个校正螺丝,圆水准器校正结构如图 2-24(a)所示。校正前应先稍松动中间的固紧螺丝,然后调整三个校正螺丝,使气泡向居中位置移动偏离量的一半,即从 a 移向 b 的位置,如图 2-24(b)所示。这时,圆水准器轴 $L'L'$ 与 VV 平行。然后再用脚螺旋整平,使圆水准器气泡居中,竖轴 VV 则处于竖直状态。校正工作一般都难于一次完成,需反复进行直至仪器旋转到任何位置圆水准器气泡皆居中时为止。最后应注意打紧固紧螺丝。

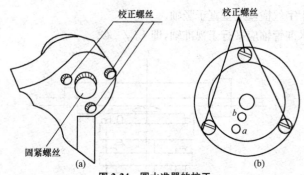

图 2-24　圆水准器的校正
(a)圆水准器;(b)圆水准器的校正

三、十字丝横丝垂直于仪器竖轴

快学快用 16　十字丝横丝垂直于仪器竖轴的检验

整平仪器后用十字丝横丝的一端对准一个清晰固定点 M,如图 2-25(a)所示,旋紧制动螺旋,再用微动螺旋,使望远镜缓慢移动,如果 M 点始终不离开横丝,则说明条件满足,如图 2-25(b)所示。如果离开横丝,则需要校正,如图 2-25(c)、(d)所示。

(a)　　　　　　　(b)　　　　　　　(c)　　　　　　　(d)

图 2-25　十字丝的检验与校正

快学快用 17　十字丝横丝不垂直仪器竖轴的校正

旋下十字丝护罩,松开十字丝分划板座固定螺丝,微微转动十字丝环,使横丝水平(M 点不离开横丝为止),然后将固定螺丝拧紧,旋上护罩。

四、水准管轴平行于视准轴

快学快用 18　水准管轴平行于视准轴的检验

如图 2-26(a)所示,设水准管轴不平行于视准轴,二者在竖直面内投影的夹角为 i。选择相距 80～100m 的 A、B 两点,两端钉木桩并在其上竖立水准尺。将水准仪安置在与 A、B 点等距离处的 M 点,采用变动仪器高法或双面尺法测出的 A、B 两点的高差,若两次测得的高差不超过 3mm,则取其平均值作为最后结果 h_{AB},由于水准仪距两把水准尺的距离相等,所以 i 角引起的前、后视水准的读数误差相等,可以在高差计算中抵消,故 h_{AB} 为两点间的正确高差。

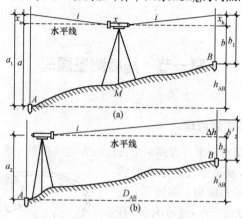

图 2-26　水准管的检验与校正

如图 2-26 所示,将水准仪搬至后视 A 附近(约 2~3m),精平仪器后在 A、B 尺上读数 a_2、b_2,由此计算出的高差 $h'_{AB}=b'_2-a_2$,两次设站观测的高差之差为

$$\Delta h = h'_{AB} - h_{AB}$$

由图 2-26(b) 可以写出 i 角的计算公式为

$$i'' = \frac{\Delta h}{D_{AB}} \rho''$$

式中　ρ''——取 206265"。

当 $i > 20''$ 时,则应进行校正。

快学快用 19　水准管轴不平行于视准轴的校正

校正转动微倾螺旋使中丝对准 B 点尺上正确读数 b_2,此时 CC 处于水平位置,但水准管气泡必然偏离中心。用拨针拨动水准管一端的上、下两个校正螺丝,使气泡的两个半像符合。在松紧上、下两个校正螺丝前,应稍旋松左、右两个螺丝。

这项检验校正要反复进行,直至 i 角误差小于 20" 为止。最后拧紧校正螺丝。

第三章　角度测量

第一节　角度测量原理

一、水平角测量原理

水平角是指地面上一点到两个目标的方向线在同一水平面上的垂直投影间的夹角，或是经过两条方向线的竖直面所夹的两面角。如图 5-1 所示，A、B、C 为地面三点，过 AB、AC 直线的竖直面，在水平面 P 上的交线 ab、ac 所夹的角 β，就是直线 AB 和 AC 之间的水平角。

水平角角值 $\beta=$ 右目标读数 b_1 — 左目标读数 a_1

若 $b_1 < a_1$，则 $\beta = b_1 + 360° - a_1$。水平角无负值。

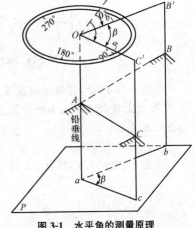

图 3-1　水平角的测量原理

二、竖直角测量原理

竖直角是指在同一竖直面内，一点到目标的方向线与水平线的夹角，又称倾斜角或竖角，用 α 表示。如图 3-2 所示，竖直角有仰角和俯角之分，夹角在水平线之上为正（＋），称为仰角，如 α_A 为 $48°30'36''$；夹角在水平线之下为负（－），称为俯角，如 α_B 为 $-29°16'24''$。竖直角值为 $-90° \sim +90°$。

如图 3-2 所示，如果在过 O 点的铅垂面上，装置一个垂直圆盘，使其中心过 O 点，这个盘称为竖盘。操作仪器使过地面目标直线 OA 的竖直面与竖盘平行，则直线 OA 方向与水平方向在竖盘上的投影所夹的角即为 OA 方向的竖直角，其角值用该两方向的度盘读数之差计算。因在此两方向中必有一个方向为水平方向,故设计经纬仪时,提供了此水平方向为固定主向,将其竖直度盘读数在视线水平的情况下,固定为 90° 的整数倍,因而在实际测竖直角时,只需观测目标点的一个方向值,便可计算出目标方向的竖角。

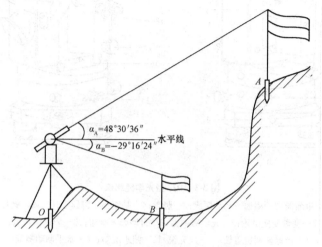

$\alpha_A = 48°30'36''$

$\alpha_B = -29°16'24''$ 水平线

图 3-2　竖直角测量原理

第二节　角度测量仪器及其使用

根据角度测量原理研制出的能同时完成水平角和竖直角测量的仪器称为经纬仪。经纬仪可分为光学经纬仪和电子经纬仪两种。

光学经纬仪是常用的测量水平角和竖直角的仪器,我国的经纬仪按测角精度分为 DJ_{07}、DJ_1、DJ_2、DJ_6、DJ_{15} 等几个等级,其中"D"和"J"分别为大地测量和经纬仪汉语拼音的第一个字母,后面的数字代表仪器的测量精度。一般工程上常用的经纬仪是 DJ_6 型和 DJ_2 型光学经纬仪。

一、DJ_6 型光学经纬仪

(一)DJ_6 型光学经纬仪的构造

DJ_6 型光学经纬仪由照准部、水平度盘和基座三大部分组成,如图3-3所示。

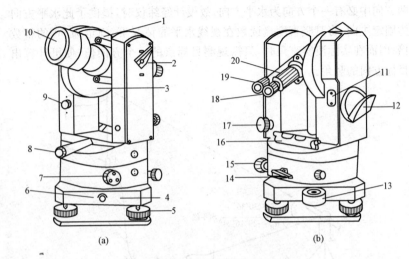

图 3-3　DJ$_6$ 型光学经纬仪

1—粗瞄器;2—望远镜制动螺旋;3—竖盘;4—基座;5—脚螺旋;6—固定螺旋;
7—度盘变换手轮;8—光学对中器;9—自动归零旋钮;10—望远镜物镜;
11—指标差调位盖板;12—反光镜;13—圆水准器;14—水平制动螺旋;
15—水平微动螺旋;16—照准部水准管;17—望远镜微动螺旋;
18—望远镜目镜;19—读数显微镜;20—对光螺旋

1. 照准部

照准部由望远镜、横轴、竖直度盘、读数显微镜、照准部水准管和竖轴等部分组成,如图 3-3 所示。

(1)望远镜。用来照准目标,它与横轴固连在一起,绕横轴而俯仰,可利用望远镜制动螺旋和微动螺旋控制其俯仰转动。

(2)横轴。横轴是望远镜俯仰转动的旋转轴,由左右两支架所支承。

(3)竖直度盘。竖直度盘用光学玻璃制成,用来测量竖直角。

(4)读数显微镜。其用来读取水平度盘和竖直度盘的读数。

(5)照准部水准管。用来置平仪器,使水平度盘处于水平位置。

(6)竖轴。竖轴插入竖轴轴套内旋转,其几何中心线称为竖轴。

2. 水平度盘

水平度盘是用光学制成的圆盘,如图 3-4 中 17 所示,在其上刻有分划,从 0°～360°,顺时针方向注记,用来测量水平角。水平度盘固定在度盘轴套上,并套在竖轴轴套 14 的外面,绕轴套 14 旋转。测角时,水平度盘不随照部转动,见图 3-4 中的中间部分。在水平角测量时,有时需要改变度盘的位置,因此,经纬仪装有度盘变换手轮,旋转手轮可进行读数设置。有些仪器装有金属圆盘,用于复测,称为复测盘。

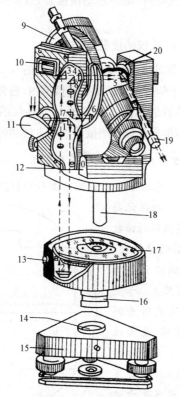

图 3-4　DJ₆ 型光学经纬仪部件及光路图

1、2、3、5、6、7、8—光学读数系统棱镜;4—分微尺指标镜;

9—竖直度盘;10—竖盘指标水准管;11—反光镜;12—照准部水准管;

13—度盘变换手轮;14—竖轴轴套;15—基座;16—外轴;

17—水平度盘;18—旋转轴;19—读数显微镜;20—望远镜;

3. 基座

基座用来支承整个仪器,并借助中心螺旋使经纬仪与脚架结合。其上有三个脚螺旋,转动脚螺旋可使照准部水准管气泡居中,以此用来整平仪器。竖轴轴套与基座固连在一起。轴座连接螺旋拧紧后,可将照准部固定在基座上,使用仪器时,切勿松动该螺旋,以免照准部与基座分离而坠落。

(二)DJ₆型光学经纬仪的读数方法

DJ₆型光学经纬仪的水平度盘和竖直度盘的分划线通过一系列的棱镜和透镜作用,成像于望远镜旁的读数显微镜内,观测者用读数显微镜读取读数。由于测微装置的不同,DJ₆型光学经纬仪的读数方法分为分微尺测微器读数方法和单平板玻璃测微器读数方法两种。

> **快学快用 1** 分微尺测微器及其读数方法

DJ₆型光学经纬仪采用分微尺测微器进行读数。这类仪器的度盘分划值为1°,按顺时针方向注记每度的度数。在读数显微镜的读数窗上装有一块带分划的分微尺,度盘上的分划线间隔经显微物镜放大后成像于分微尺上。如图3-5所示,读数显微镜内所看到的度盘和分微尺的影像,上面注有"H"(或水平)为水平度盘读数窗,注有"V"(或竖直)为竖直度盘读数窗,分微尺的长度等于放大后度盘分划线间隔1°的长度,分微尺分为60个小格,每小格为

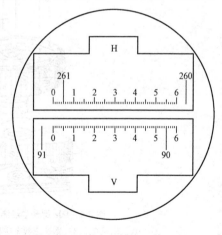

图3-5 分微尺读数窗

1'。分微尺每10小格注有数字,表示0'、10'、20'、…、60',注记增加方向与度盘相反。读数装置直接读到1',估读到0.1'(6")。

读数时,分微尺上的0分划线为指标线,它在度盘上的位置就是度盘读数的位置。如在水平度盘的读数窗中,分微尺的0分划线已超过261°,

水平度盘的读数应该是 261°多。所多的数值,再由分微尺的 0 分划线至度盘上 261°分划线之间有多少小格来确定。图 3-5 中为 4.4 格,所以为 04′24″。水平度盘的读数应是 261°04′24″。

快学快用 2　单平板玻璃测微器及其读数方法

单平板玻璃测微器的组成部分主要包括平板玻璃、测微尺、连接机构和测微轮。当转动测微轮时,平板玻璃和测微尺即绕同一轴作同步转动。如图 3-6(a)所示,光线垂直通过平板玻璃,度盘分划线的影像未改变原来位置,与未设置平板玻璃一样,此时测微尺上读数为零,如按设在读数窗上的双指标线读数应为 92°＋a。转动测微轮,平板玻璃随之转动,度盘分划线的影像也就平行移动,当 92°分划线的影像夹在双指标线的中间时,如图 3-6(b)所示,度盘分划线的影像正好平行移动一个 a,而 a 的大小则可由与平板玻璃同步转动的测微尺上读出,其值为 18′20″。所以整个读数为 92°＋18′20″＝92°18′20″。

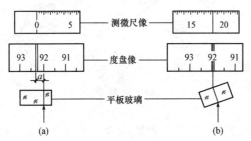

图 3-6　单平板玻璃测微器原理

快学快用 3　DJ₆ 型光学经纬仪的使用

经纬仪的使用包括仪器的安置、瞄准和读数。

(1)仪器的安置。经纬仪的安置具体可分为对中和整平两个步骤。对中的目的是使仪器中心与测站点的标志中心位于同一铅垂线上;整平的目的是使仪器的竖轴铅垂、水平度盘水平。经纬仪的安置方法有垂球法和光学对中器法两种。

1)垂球法。

①对中。将三脚架升到合适高度并张开三脚架安置在测点上方,安置应注意使架头大致水平。在三脚架的连接螺旋上挂上锤球,平移或转动三脚架,使锤球尖大致对准测点。然后连接经纬仪,并踩实三脚架。装上仪器调整脚螺旋,使圆水准管气泡居中。旋松连接螺旋,双手扶基座在架头上轻轻移动仪器,使锤球尖基本对准测点,然后再旋紧连接螺旋。

②整平。松开水平制动螺旋,转动照准部,让水准管大致平行于任意两个脚螺旋的连接,如图 3-7(a)所示,两手同时向内或向外旋转这两个脚螺旋使气泡居中。气泡的移动方向与左手大拇指(或右手食指)移动的方向一致。将照准部旋转90°,水准管处于原位置的垂直位置,如图 3-7(b)所示,用另一个脚螺旋使气泡居中。反复操作,直至照准部转到任何位置,气泡都居中为止。

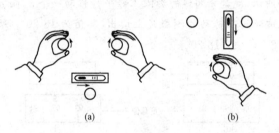

图 3-7　整平

2)光学对中器法。张开三脚架,使架头中心粗略对准地面点,装上仪器,然后转动光学对中器目镜,使其十字丝分划板清晰,推拉对中器,使地面清晰。固定一个架腿,移动另外两个架腿使对中器十字丝中心对准地面点。伸缩三脚架腿,使圆气泡大致居中,然后转动脚螺旋,使圆气泡精确居中。松开连接螺旋,在架头上平移仪器,使对中器中心对准地面点。若不能对中,则可转动脚螺旋对中,然后粗平。精确整平操作方法与挂垂线对中安置仪器的整平操作相同。平移对中和精确整平应反复进行,直到对中、整平均达到要求为止。

(2)照准。

1)目镜调焦。在瞄准目标前,应松开照准部制动螺旋和望远镜制动螺旋,先检查望远镜十字丝的成像是否清晰。若不清晰,可将望远镜对向明亮的背景,调整目镜调焦螺旋,使十字线成像清晰。

2)粗略照准。转动照准部,用望远镜上的瞄准器先大致瞄准目标,旋紧照准部制动螺旋和望远镜制动螺旋。

3)物镜调焦。转动物镜调焦螺旋,使目标清晰,并消除视差。

4)精确瞄准。用照准部微动螺旋和望远镜微动螺旋精确照准目标。测量水平角时,用十字丝的竖丝平分或夹准目标,且尽量对准目标底部。测量竖直角时,用十字丝的横丝对准目标。

(3)读数。调节反光镜和读数显微镜目镜,使读数窗内亮度适中,度盘和分微尺分划线清晰,然后读数。

二、DJ₂型光学经纬仪

图3-8所示为我国苏州第一光学仪器厂生产的DJ₂型光学经纬仪,其结构与DJ₆型基本相同,只是读数装置和读数方法有所不同。

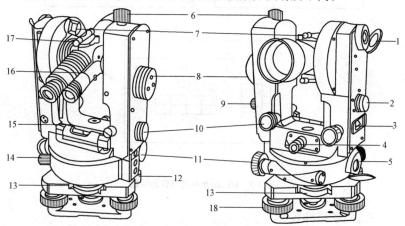

图3-8　DJ₂型光学经纬仪

1—竖盘反光镜;2—竖盘指标水准管观察镜;3—竖盘指标水准管微动螺旋;
4—光学对中器目镜;5—水平度盘反光镜;6—望远镜制动螺旋;7—光学瞄准器;
8—测微轮;9—望远镜微动螺旋;10—换像手轮;11—水平微动螺旋;
12—水平度盘变换手轮;13—中心锁紧螺旋;14—水平制动螺旋;15—照准部水准管;
16—读数显微镜;17—望远镜反光扳手轮;18—脚螺旋

快学快用　4 **DJ₂型光学经纬仪的读数方法**

读数前应首先运用换像手轮和相应的反光镜,使读数显微镜中显示需要读数的度盘像,如图 3-9(a)所示为水平度盘的像。读数时,转动测微手轮使度盘对径 180°处的影像相对移动,直至右下窗中的对径分划线重合,如图 3-9(b)、(c)所示,而后读取上窗中央或中央左边的度值和窗内小框中 $10'$ 的倍数值,再后读取测微尺上小于 $10'$ 的分值和秒值,两者相加而得整个读数。例如,图 3-9(b)所示水平度盘读数为 $140°00'+01'55''=140°01'55''$;图 3-9(c)所示竖直度盘读数为 $64°50'+06'16''=64°56'16''$。

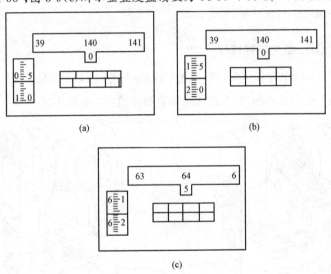

图 3-9　DJ₂型光学经纬仪的读数

三、电子经纬仪

1. 电子经纬仪的构造

电子经纬仪是用光电测角代替光学测角的经纬仪,它具有与光学经纬仪类似的结构特征,使用方法也基本相同,最主要的不同点在于它用电子测角系统代替光学读数系统。图 3-10 所示为国产 ET-02 型电子经纬仪的外形。

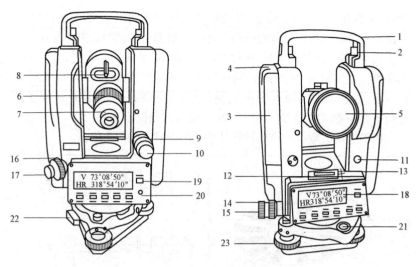

图 3-10 ET-02 型电子经纬仪

1—手柄;2—手柄固定螺丝;3—电池盒;4—电池盒按钮;5—物镜;6—物镜调焦螺旋;
7—目镜调焦螺旋;8—光学瞄准器;9—望远镜制动螺旋;10—望远镜微动螺旋;
11—光电测距仪数据接口;12—管水准器;13—管水准器校正螺丝;14—水平制动螺旋;
15—水平微动螺旋;16—光学对中器物镜调焦螺旋;17—光学对中器目镜调焦螺旋;18—显示窗;
19—电源开关键;20—显示窗照明开关键;21—圆水准器;22—轴套锁定钮;23—脚螺旋

2. 电子经纬仪的测角原理

图 3-11 所示为电子经纬仪测角原理示意图。测角时度盘由马达带动的额定转速不断旋转,而后由光栅扫描产生电信号取得角值。度盘刻有 1024 个分划,每个分划间隔为 $n\varphi_0$,内含有一条黑色反射线和一个白色空隙,相当于不透光与透光区。盘上装有两个指示光栅,L_S 为固定光栅,安置在度盘的外缘,相当于光学经纬仪度盘的零位,L_R 为可动光栅,随照准部转动,安置在度盘的内缘,表示望远镜照准某方向后 L_S 和 L_R 之间角度,计取通过两指示光栅间的分划信息,即可求得角值。

由图 3-11 可知 $\varphi=n\varphi_0+\Delta\varphi$,即 φ 角等于 n 个整分划间隔 φ_0 与不足整分划间隔 $\Delta\varphi$ 之和。它是通过测定光电扫描的脉冲信息 $nT_0+\Delta T=T$,分别由粗测和精测同时获得。

(1)粗测。在度盘同一径向的外边缘上设有两个标记 a 和 b,度盘旋转时,从标记 a 通过 L_S 时起,计数器开始计取整间隔 φ_0 的个数,当另一标记 b 通过 L_R 时计数器停止计数,此时计数器所得到的数值即为 n。

(2)精测。度盘转动时,通过光栏 L_S 和 L_R 处于同一位置,或间隔的角度是分划间隔 φ_0 的整倍数,则 S 和 R 同相,即二者相位差为零;如果 L_S 相对于 L_R 移动的间隔不是 φ_0 的整倍数,则分划通过 L_S 和分划通过 L_R 之间就存在着时间差 ΔT,即 S 和 R 之间存在相位差 $\Delta\varphi$。

粗测和精测数据经微处理器处理后组合成完整的角值。

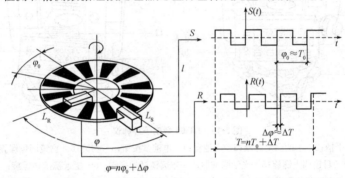

图 3-11　电子经纬仪的测角原理示意图

(1)仪器的设置。电子经纬仪在首次使用前,应进行仪器设置。使用中,如果无变动要求,则不必重新进行仪器设置。不同生产厂家或不同型号的仪器,其设置项目和设置方法有所不同,应根据说明进行设置。设置项目一般包括:最小显示读数、测距仪连接选择、竖盘补偿器、仪器自动关机等。

(2)开机。如图 3-12 所示,PWR 为电源开关键。当打开仪器时,显示窗中字符"HR"右边的数字表示当前视线方向的水平度盘读数,字符"V"右边显示"OSET",表示应令竖盘指标归零(图3-13)。

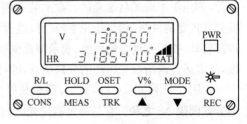

图 3-12　ET-02 型电子经纬仪操作面板

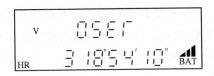

图 3-13 ET—02 型电子经纬仪开机显示内容

（3）键盘功能。在面板的七个键中,除 PWR 键外,其余六个键都具有两种功能,一般情况下,执行按钮上方所注文字的第一功能(测角操作),若先按 MODE 键,则执行按键下方所注文字的第二功能(测距操作)。现仅介绍第一功能键的操作。

R/L——水平角右(左)旋选择键。按该键可使仪器在右旋或左旋之间转换。

HOLD——水平度盘读数锁定键。连续按该键两次,水平度盘读数被锁定。

OSET——水平度盘置零键。连续按该键两次,此时视线方向的水平度盘读数被置零。

V%——竖直角以角度制显示或以斜率百分比显示切换键。

※键——显示窗和十字丝分划板照明切换开关。

第三节　水平角测量

水平角测量的方法有多种,可根据所使用的仪器和要求的精度而定。常用的水平观测方法有测回法和方向观测法。

一、测回法

测回法适用于观测由两个方向所构成的水平角。

快学快用　6　测回法观测步骤

如图 3-14 所示,欲测地面上 OA、OB 两个方向间的水平角 β,具体观测步骤如下:

（1）盘左位置：松开照准部制动螺旋，瞄准左边的目标 A，对望远镜应进行调焦并消除视差，使测钎和标杆准确地夹在双竖丝中间，为了降低标杆或测钎竖立不直的影响，应尽量瞄准测钎和标杆的根部。读取水平度盘读数 $a_左$，并记录。

（2）顺时针方向转动照准部，用同样的方法瞄准目标 B，读取水平度盘读数 $b_左$。

（3）盘右位置：倒转望远镜，使盘左变成盘右。按上述方法先瞄准右边的目标 B，读记水平度盘读数 $b_右$。

（4）逆时针方向转动照准部，瞄准左边的目标 A，读记水平度盘读数 $a_右$。

以上操作为盘右半测回或下半测回，测得的角值为：

$$\beta_右 = b_右 - a_右$$

盘左和盘右两个半测回合在一起叫做一测回。两个半测回测得的角值的平均值就是一测回的观测结果，即：

$$\beta = (\beta_左 + \beta_右)/2$$

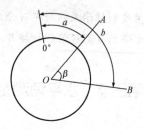

图 3-14　测回法

当水平角需要观测几个测回时，为了减低度盘分划误差的影响，在每一测回观测完毕之后，应根据测回数 n，将盘起始位置读数变换 $180°/n$，再开始下一测回的观测。如果要测三个测回，第一测回开始时，度盘读数可配置在 $0°$ 稍大一些，在第二测回开始时，度盘读数可配置在 $60°$ 左右，在第三测回开始时，度盘读数应配置在 $120°$ 左右。

测回法观测记录见表 3-1。

表 3-1　　　　　　　　　　　　**测回法观测手簿**

仪器等级:**DJ₆**　　　　　　　　　　仪器编号:

观测者:　　　　　　　　　　　　记录者:

观测日期:　　　　　　　　　　　天　气:**晴**

测站	测回数	竖盘位置	目标	水平度盘读　数 (° ′ ″)	半测回角　值 (° ′ ″)	半测回互　差 (″)	一测回角值 (° ′ ″)	各测回平均角值 (° ′ ″)
O	1	左	A	0 02 17	48 33 06	18	48 33 15	48 33 03
			B	48 35 23				
		右	A	180 02 31	48 33 24			
			B	228 35 55				
	2	左	A	90 05 07	48 32 48	6	48 32 51	
			B	138 37 55				
		右	A	270 05 23	48 32 54			
			B	318 38 17				

二、方向观测法

方向观测法适用于观测两个以上的方向所形成的多个角度测量。

快学快用　7　方向观测法观测步骤

如图 3-15 所示,在测站点 O 上,用方向观测法观测 A、B、C、D 各方向之间的水平角,其操作步骤如下:

(1)安置经纬仪于 O 点,盘左位置,将度盘置于略大于 $0°$ 处,观测所选定的起始方向 A,读取水平度盘读数 a。

(2)顺时针方向转动照准部,依次瞄准 B、C、D 点,分别读取读数 b、c、d。

(3)为了校核再次照准目标 A,读取读数 a',此次观测称归零。a 与 a'

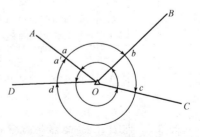

图 3-15　方向观测法

之差的绝对值称上半测回归零差,归零差不超过表3-2的规定,则进行下半测回观测,如归零差超限,此时半测回应重测。上述操作称上半测回。

表3-2 水平角方向观测法的技术要求

仪 器	半测回归零差 (″)	一测回内2c互差 (″)	同一方向值各测回互差 (″)
DJ$_2$	12	18	12
DJ$_6$	18		24

(4)纵转望远镜成盘右位置。逆时针方向依次瞄准 A、D、C、B 点,并读数,称下半测回。如需观测几个测回,则各测回仍按 $180°/n$ 变动水平度盘起始位置。

方向观测法记录见表3-3。

表3-3 方向观测法观测手簿

仪器等级: 仪器编号: 观测者:

观测日期 天 气: 记录者:

测站	测回数	目标	读 数		2c (″)	平均读数 (° ′ ″)	归零方向值 (° ′ ″)	各测回归零方向值之平均值 (° ′ ″)
			盘左 (° ′ ″)	盘右 (° ′ ″)				
1	2	3	4	5	6	7	8	9
O	1	A	0 01 27	180 01 51	−24	(0 01 45) 0 01 42	0 00 00	
		B	43 25 17	223 25 37	−20	43 25 26	43 23 41	
		C	95 34 56	275 35 24	−28	95 35 08	95 33 23	
		D	150 00 33	330 01 02	−29	150 00 50	149 59 05	
		A	0 01 37	180 02 01	−24	0 01 48		0 00 00
								43 23 40
								95 33 20
	2	A	90 00 38	270 01 07	−29	(90 00 47) 90 00 50	0 00 00	149 59 04
		B	133 24 13	313 24 41	−28	133 24 26	43 23 39	
		C	185 33 53	5 34 15	−22	185 34 05	95 33 18	
		D	239 59 36	60 00 00	−24	239 59 50	149 59 03	
		A	90 00 26	270 00 58	−32	90 00 44		

根据表 3-3 说明方向观测法的计算步骤：

(1)计算两倍照准差($2c$)值,即

$$2c=盘左读数－(盘右读数\pm180°)$$

(2)计算各方向的平均读数,即

$$平均读数=[盘右读数+(盘右读数\pm180°)]/2$$

(3)计算归零后的方向值,即

归零后的方向值＝各方向的平均读数－起始方向的平均读数(括号内)

(4)计算各测回归零后方向值的平均值,即各测回同一方向归零后的方向值的平均值。

(5)计算各方向间水平角值,即相邻两方向各测回归零方向值的平均值相减。

第四节 竖直角测量

一、竖直度盘和读数系统的构造

竖直度盘简称竖盘。图 3-16 所示为 DJ$_6$ 到光学经纬仪的竖盘构造示意图。竖直度盘固定在望远镜横轴一端,与横轴垂直,其圆心在横轴上,随望远镜在竖直面内一起旋转。竖盘指标水准管 7 与一系列棱镜透镜组成的光具组 10 为一整体,它固定在竖盘指标水准管微动架上,即竖盘水准管微动螺旋可使竖盘指标水准管做微小的仰俯转动,当水准管气泡居中时,水准管轴水平,光具组光轴 4 处于铅垂位

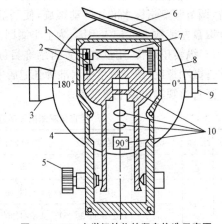

图 3-16 DJ$_6$ 光学经纬仪的竖盘构造示意图

1—竖盘指标水准管;2—竖盘指标水准管校正螺丝;
3—望远镜;4—光具组光轴;5—竖盘指标水准管微动螺旋;
6—竖盘指标水准管反光镜;7—竖盘指标水准管;
8—竖盘;9—目镜;10—光具组透镜棱镜

置,作为固定的指标线,用以指示竖盘读数。

竖直度盘按 0°～360° 刻划注记,有顺时针方向和逆时针方向两种注记形式。图 3-17(a)所示为顺时针方向注记,盘左位置视线水平时,竖盘读数均为 90°,盘右位置水平视线时竖盘读数均为 270°。因此,测量竖直角时,只要测出视线倾斜时的读数,即可得竖直角。

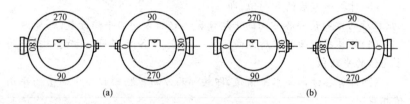

图 3-17　竖直度盘注记的形式
(a)顺时针方向;(b)逆时针方向

二、竖直角的观测步骤

(1)将经纬仪安置在测站点上,经对中整平后,量取仪器高。

(2)用盘左位置瞄准目标点,使十字丝中横丝切准目标的顶端或指定位置,调节竖盘指标水准管微动螺旋,使竖盘指标水准管气泡严格居中,并读取盘左读数 L 并记入手簿,为上半测回。

(3)纵转望远镜,用盘右位置再瞄准目标点相同位置,调节竖盘指标水准管微动螺旋,使竖盘指标水准管气泡居中,读取盘右读数 R。

竖直角观测记录手簿见表 3-4。

表 3-4　　　　　　　　　　竖直角观测记录手簿

测站	目标	竖盘位置	竖盘读数	半测回竖直角	指标差	一测回竖直角
1	2	3	4	5	6	7
O	A	左	81°18′42″	+8°41′18″	+6″	+8°41′24″
		右	278°41′30″	+8°41′30″		
	B	左	124°03′30″	−34°03′30″	+12″	−34°03′18″
		右	235°56′54″	−34°03′06″		

三、竖直角的计算

盘左、盘右对同一目标各观测一次,组成一个测回。一测回竖直角值(盘左、盘右竖直角值的平均值即为所测方向的竖直角值):

$$\alpha=\frac{\alpha_{左}+\alpha_{右}}{2}$$

快学快用 8 竖直角 $\alpha_{左}$ 与 $\alpha_{右}$ 的计算

盘左位置,将望远镜大致放平,看一下竖盘读数接近 0°、90°、180°、270° 中的哪一个,盘右水平线方向值为 270°,然后将望远镜慢慢上仰(物镜端抬高),看竖盘读数是增加还是减少,如果是增加,则为逆时针方向注记 0°~360°,竖直角计算公式为:

$$\begin{cases}\alpha_{左}=L-90°\\\alpha_{右}=270°-R\end{cases}$$

如果是减少,则为顺时针方向注记 0°~360°,竖直角计算公式为:

$$\begin{cases}\alpha_{左}=90°-L\\\alpha_{右}=R-270°\end{cases}$$

第五节　角度测量误差分析

一、水平角测量误差

水平角测量误差来源主要有仪器误差、观测误差和外界条件的影响三个方面,见表 3-5。

表 3-5　　　　　　　　　　　　水平角测量误差

序　号	类　　别	说　　　　　明
1	仪　器误差	仪器误差来源于仪器的制造加工不完善和仪器检校不完善,其误差主要包括三轴误差(即视准轴误差、横轴误差、竖轴误差)、度盘偏心差及度盘刻画误差等。 仪器制造加工不完善的误差,如度盘刻画的误差及度盘偏心差等。前者可采用度盘不同位置进行观测(按 $180°/n$ 计算各测回度备盘起始读数)加以削弱;后者采用盘左盘右取均值予以消除。 仪器校正不完善的误差,其视准轴不垂直于横轴及横轴不垂直于竖轴的误差,可采用盘左盘右取平均值予以消除。但照准部水准管轴不垂直于竖轴的误差,不能用盘左盘右的观测方法消除。因为,水准管气泡居中时,水准管轴虽水平,竖轴却与铅垂线间有一夹角 θ,水平度盘不在水平位置而倾斜一个 θ 角,用盘左盘右来观测,水平度盘的倾角 θ 没有变动,俯仰望远镜产生的倾斜面也未变,而且瞄准目标的俯仰角越大,误差影响也越大,因此测量水平角时观测目标的高差较大时,更应注意整平
2	观　测误差	(1)对中误差。仪器对中时,垂球尖没有对准测站点标志中心,产生仪器对中误差。对中误差对水平角观测的影响与偏心距成正比,与测站点到目标点的距离成反比,所以要尽量减少偏心距,对边长越短且转角接近 $180°$ 的观测更应注意仪器的对中。 (2)整平误差。观测时照准部水准管气泡居中,竖轴将处于倾斜位置,这种误差与上面分析的水准管轴不垂直于竖轴的误差性质相同。由于不能采用适当的观测方法加以消除,当观测目标的竖直角越大其误差影响也越大,故观测目标的高差较大时,应特别注意仪器的整平,一般每测回观测完毕,应重新整平仪器再进行下一个测回的观测。 (3)目标偏心误差。测角时,通常用标杆或测钎立于被测目标点上作为照准标志,若标杆倾斜,而又瞄准标杆上部时,则使瞄准点偏离被测点产生目标偏心误差。目标偏心对水平角观测的影响与测站偏心距影响相似。测站点到目标点的距离越短,瞄准位置越高,引起的测角误差越大。在观测水平角时,应仔细地把标杆竖直,并尽量瞄准标杆底部。当目标较近,又不能瞄准其底部时,最好采用悬吊垂球,瞄准垂球线。

（续）

序　号	类　　别	说　　　　明
2	观测误差	（4）照准误差。人眼的分辨力为 $60''$，用放大率为 V 的望远镜观测，则照准目标的误差为 $60''/V$。DJ$_6$ 型经纬仪放大倍率一般为 28 倍，即 $V=28$，即照准误差 $m_v=\pm2.1''$。但观测时应注意消除视差，否则照准误差将增大。 （5）读数误差。该项误差主要取决于仪器的读数设备及读数的熟练程度。在光学经纬仪按测微器读数，一般可估读至分微尺最小格值的 1/10，若最小格值为 $1'$，则读数误差可认为是 $\pm1'/10=\pm6''$。但读数时应注意消除读数显微镜的视差
3	外界条件的影响	外界条件的影响是多方面的。如大气中存在温度梯度，视线通过大气中不同的密度层，传播的方向将不是一条直线而是一条曲线，故观测时对于长边应特别注意选择有利的观测时间（如阴天）。此外，视线离障碍物应在 1m 以外，否则旁折光会迅速增大。 在晴天由于受到地面辐射热的影响，照准目标的像会产生跳动；大气温度的变化会导致仪器轴系关系的改变；土质松软或风力的影响，使仪器的稳定性变差。 因此，在这些不利的观测条件下，视线应离地面在 1m 以上；观测时必须打伞保护仪器，仪器从箱子里拿出来后，应放置半小时以上，令仪器适应外界温度再开始观测；安置仪器时应将脚架踩实置稳等。设法避免或减小外界条件的影响才能保证应有的观测精度

二、竖直角测量误差

竖直角测量误差主要来源于仪器误差、观测误差以及外界条件的影响等几个方面，见表 3-6。

表 3-6　　　　　　　　　　　　　　竖直角测量误差

序　号	类　别	说　明
1	仪器误差	仪器误差主要有度盘刻划误差、度盘偏心差及竖盘指标差。在目前仪器制造工艺中,度盘刻划误差是较小的,一般不大于 $0.2''$。度盘偏心差可采用对向观测取平均值加以消减(即由 A 观测 B,再由 B 观测 A)。而竖盘指标差可采用盘左盘右观测取平均值加以消除
2	观测误差	观测误差主要有照准误差、读数误差和竖盘指标水准管整平误差。其中前两项误差与水平角测量误差基本相符,至于指标水准管的整平误差,除观测时认真整平外,还应注意打伞保护仪器,切忌仪器局部受热
3	外界条件的影响	外界条件的影响与水平角测量时基本相同,但其中大气折光的影响在水平角测量中产生的是旁折光,在竖直角测量中产生的是垂直折光。在一般情况下,垂直折光远大于旁折光,故在布点时应尽可能避免长边,视线应尽量离地面高一点(应大于 1m),且避免通过水面,尽可能选择有利时间进行观测,并采用对向观测方法以削弱其影响

第六节　经纬仪的检验与校正

一、经纬仪主要轴线及其应满足的条件

如图 3-18 所示,经纬仪的主要轴线有:视准轴 CC、照准部水准管轴 LL、望远镜旋转轴(横轴)HH、照准部的旋转轴(竖轴)VV。

经纬仪各主要轴线应满足下列条件:

(1)竖轴应垂直于水平度盘且过其中心;

(2)照准部管水准器轴应垂直于仪器竖轴($LL \perp VV$);

(3)视准轴应垂直于横轴($CC \perp HH$);

(4)横轴应垂直于竖轴($HH \perp VV$);

(5)横轴应垂直于竖盘且过其中心。

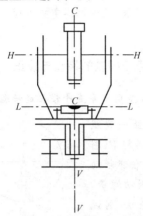

图 3-18 经纬仪主要轴线关系

由于经纬仪需要长期在野外使用,其轴线关系可能被破坏,从而产生测量误差。因此,为了确保观测成果的可靠,满足测量规范要求,在正式作业前必须对使用的经纬仪进行检验与校正。

在检验与校正之前应对仪器外观各部位做全面检查。安置仪器后,应先检查仪器脚架各部分性能是否良好,然后检查仪器各螺丝是否有效,照准部和望远镜转动是否灵活,望远镜成像与读数系统成像是否清晰等,当确认各部分性能良好后,方可进行仪器的检校,否则应及时处理所发现的问题。

二、照准部水准管轴垂直于竖轴的检验与校正

快学快用 9 照准部水准管轴垂直于竖轴的检验

初步整平仪器后,转动照准部使水准管平行于任意一对脚螺旋的连线,调节该两个脚螺旋,使水准管气泡居中,然后将照准部旋转180°,若气泡仍然居中,表明条件满足($LL \perp VV$),否则需校正。

快学快用 10 照准部水准管轴不垂直于竖轴的校正

转动与水准管平行的两个脚螺旋,使气泡向中间移动偏离距离的1/2,剩余的1/2偏离量用校正针拨动水准管的校正螺丝,达到使气泡居中。

此项校正，由于是目估 1/2 气泡偏移量，因此，检验校正需反复进行，直至照准部旋转到任何位置，气泡偏离中央不超过一格为止，最后勿忘将旋松的校正螺丝旋紧。

三、十字丝竖丝垂直于横轴的检验与校正

快学快用 11 十字丝竖丝垂直于横轴的检验

整平仪器后，用竖丝一端照准一个固定清晰的点状目标 P（图 3-19），拧紧望远镜和照准部制动螺旋，然后转动望远镜微动螺旋，如果该点始终不离开竖丝，则说明竖丝垂直于横轴，否则需要校正。

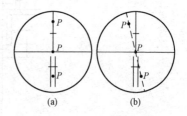

图 3-19　十字丝竖丝垂直于横轴检验

快学快用 12 十字丝竖丝不垂直于横轴的校正

取下目镜端的十字丝分划板护盖，放松四个压环螺丝（图 3-20），微微转动十字丝环，使竖丝与照准点重合，直至望远镜上下微动时，P 点始终在竖丝上移动为止。然后拧紧四个压环螺丝，旋上护盖。若每次都用十字丝交点照准目标，即可避免此项误差。

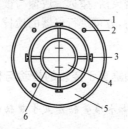

图 3-20　十字丝竖丝垂直于横轴校正
1—望远镜筒；2—压环螺丝；3—十字丝校正螺丝；
4—十字丝划板；5—压环；6—分划板座

四、视准轴垂直于横轴的检验与校正

视准轴不垂直于横轴所偏离的角度称为照准误差，通常用 c 表示。

它是由于十字丝交点不正确而产生的。

快学快用 13 *视准轴垂直于横轴的检验*

（1）在较平坦地区，选择相距约 100m 的 A、B 两点，在 AB 的中点 O 安置经纬仪，在 A 点设置一个照准标志，B 点水平横放一根水准尺，使其大致垂直于 OB 视线，标志与水准尺的高度基本与仪器同高。

（2）盘左位置视线大致水平照准 A 点标志，拧紧照准部制动螺旋，固定照准部，纵转望远镜在 B 尺上读数 B_1［图 3-21(a)］；盘右位置再照准 A 点标志，拧紧照准部制动螺旋，固定照准部，再纵转望远镜在 B 尺上读数 B_2［图 3-21(b)］。若 B_1 与 B_2 为同一个位置的读数（读数相等），则表示 $CC \perp HH$，否则需校正。

快学快用 14 *视准轴不垂直于横轴的校正*

如图 3-21(b)所示，由 B_2 向 B_1 点方向量取 $B_1B_2/4$ 的长度，定出 B_3 点，用校正针拨动十字丝环上的左、右两个校正螺丝，使十字丝交点对准 B_3 即可。校正后勿忘将旋松的螺丝旋紧。此项校正也需反复进行。

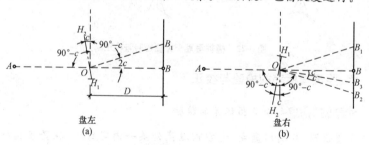

图 3-21　视准轴垂直于横轴检验与校正

五、横轴垂直于竖轴的检验与校正

快学快用 15 *横轴垂直于竖轴的检验*

（1）如图 3-22 所示，安置经纬仪距较高墙面 30m 左右处，整平仪器。

（2）盘左位置，望远镜照准墙上高处一点 M（仰角 30°～40°为宜），然后将望远镜大致放平，在墙面上标出十字丝交点的投影 m_1［图 3-22(a)］。

（3）盘右位置，再照准 M 点，然后再把望远镜放置水平，在墙面上与 m_1 点同一水平线上再标出十字丝交点的投影 m_2，如果两次投点的 m_1 与

m_2 重合,则表明 $HH \perp VV$,否则需要校正。

快学快用 16　**横轴不垂直于竖轴的校正**

　　首先在墙上标定出 $m_1 m_2$ 直线的中点 m[图 3-22(b)],用望远镜十字丝交点对准 m,然后固定照准部,再将望远镜上仰至 M 点附近,此时十字丝交点必定偏离 M 点,而在 M' 点,这时打开仪器支架的护盖,校正望远镜横轴一端的偏心轴承,使横轴一端升高或降低,移动十字丝交点,直至十字丝交点对准 M 点为止。对于光学经纬仪,横轴校正螺旋均由仪器外壳包住,密封性好,仪器出厂时又经过严格检查,若不是巨大震动或碰撞,横轴位置不会变动。一般测量前只进行此项检验,若必须校正,应由专业检修人员进行。

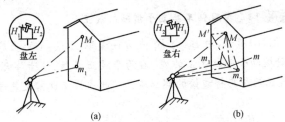

图 3-22　横轴垂直于竖轴检验与校正

六、竖盘指标差的检验与校正

快学快用 17　**竖盘指标差的检验**

　　安置仪器,分别用盘左、盘右瞄准高处某一固定目标,在竖盘指标水准管气泡居中后,各自读取竖盘读数 L 和 R。根据下式计算指标差 x 值,若 $x=0$,则条件满足,如 $x>\pm 1'$ 时,应进行校正。

$$x = \frac{1}{2}(\alpha_{右} - \alpha_{左}) = \frac{1}{2}(R + L - 360°)$$

快学快用 18　**竖盘指标差的校正**

　　保持盘右位置和照准目标点不动,先转动竖盘指标水准管微动螺旋,使盘右竖盘读数对准正确读数($R-x$),此时竖盘指标水准管气泡偏离居中位置,然后用校正拨针拨动竖盘指标水准管校正螺钉,使气泡居中。反复进行几次,直至满足要求。

第四章　距离测量

第一节　钢尺量距

一、量距工具

钢尺量距所用的工具主要为钢(卷)尺,此外,还有花杆、测钎等辅助工具。

1. 钢(卷)尺

钢(卷)尺一般用薄钢片制成,常用的钢尺宽 10~15mm,厚 0.2~0.4mm,长度有 20m、30m、50m 等几种,卷放在圆形盒内或金属架上,如图 4-1 所示。钢尺的基本分划为厘米,在每米及每分米处有数字标记。一般钢尺在起点处一分米内刻有毫米分划,有的钢尺整个尺长内都刻有毫米分划。

由于尺的零点位置的不同,有端点尺和刻线尺的区别。端点尺是以尺的最外端作为尺的零点如图 4-2(a)所示;刻线尺是以尺前端的一刻线作为尺的零点,如图 4-2(b)所示。

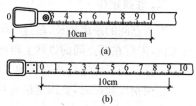

(a)

(b)

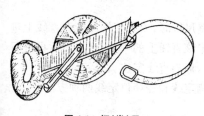

图 4-1　钢(卷)尺　　　　　图 4-2　端点尺和刻画尺

2. 花杆

花杆是施工测量定位放线工作中必不可少的辅助工具(图 4-3),其作用是标定点位和指引方向。它的构造为空心铝合金圆杆或实心圆木杆，直径约为 3cm 左右，长度为 1.5～3m 不等，杆的下部为锥形铁脚，以便标定点位或插入地面，杆的外表面每隔 20cm 分别涂成红色和白色。

在实际测量中花杆常被用于指引目标（标点）、定向、穿线。例如地面上有一点，以钉小钉的木桩标定在地面上，从较远处是无法看到此点的，那么在点上立一花杆并使锥尖对准该点，花杆竖直时，从远处看到花杆就相当于看到了该点，起到了导引目标的作用（标点）。

3. 测钎

测钎一般用钢筋制成，长度为 40cm 左右，下部削尖以便插入地面，上部为 6cm 左右的环状，以便于手握。每 12 根为一组，测钎用于记录整尺段和卡链及临时标点使用，如图 4-4 所示。

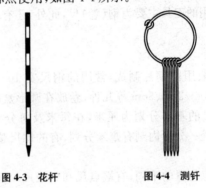

图 4-3　花杆　　　　　　图 4-4　测钎

二、直线定位

当两点间的距离较长，超过一个整尺段时，为了使钢尺能在直线上进行丈量，需要在两点间的直线上再标定该直线上的一些点位，然后再进行分段丈量。用以标定这条直线的工作，称为直线定位。

在用钢尺量距时，直线定位有目测定线和经纬仪定线两种方法。

快学快用 1 目测定线

目测定线就是用目测的方法，用标杆将直线上的分段点标定出来。如图 6-3 所示，MN 是地面上互相通视的两个固定点，1、2、…为待定分段点。定线时，先在 M、N 点上竖立标杆，测量员位于 M 点后 1～2m 处，视线将 M、N 两标杆同一侧相连成线,然后指挥测量员乙持标杆在 2 点附近左右移动标杆,直至标杆的同侧重合到一起时为止。同法可定出 MN 方向上的其他分段点。定线时要将标杆竖直。在平坦地区,定线工作常与丈量距离同时进行,即边定线边丈量。

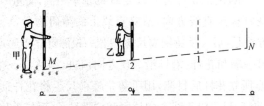

图 4-5 目测定线

快学快用 2 **经纬仪定线**

如果量距的精度要求较高或两端点距离较长时,宜采用经纬仪定线。如图 4-6 所示,欲在 MN 直线上定出 1、2、3…点,在 M 点安置经纬仪,对中、整平后,用十字丝交点瞄准 N 点标杆根部尖端,然后制动照准部,望远镜可以上、下移动,并根据定点的远近进行望远镜对光,指挥标杆左右移动,直至 1 点标杆下部尖端与竖丝重合为止。其他 2、3…点的标定,只需将望远镜的俯角变化,即可定出。

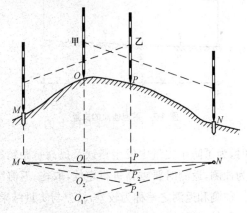

图 4-6 过高地定线

三、钢尺量距的一般方法

1. 平坦地面的丈量方法

如图 4-7 所示,用钢卷尺丈量 A 至 B 的水平距离,丈量时可用目测法在 AB 间用花杆标定直线方向,清除直线上的障碍物后,可开始进行量距。其操作方法是:后尺手持钢卷尺零端和一根测钎立于起点 A 处,前尺手持钢卷尺另一端和花杆,沿钎沿 AB 方向前进,当达到一整尺段 1 处,后尺手在 A 点所立花杆后目测,用手势指挥前尺手将花杆插在 AB 的直线上 1,然后前、后尺手沿直线方向拉紧和拉平尺子,后尺手将零点对准 A 点,前尺手将测钎对准尺子末端刻画处插于地上,这样就完成了第一整尺段的丈量工作。用同样方法继续向前。最后量取不足一整尺的距离 q。则所量直线 AB 的长度 D 可按下式计算。

$$D=nl+g$$

式中　　n——尺段数;

　　　　l——钢尺长度;

　　　　g——不足一整尺的余长。

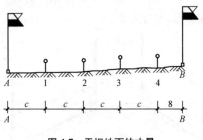

图 4-7　平坦地面的丈量

实际测量时,为了防止丈量中发生错误及提高量距精度,距离要往、返丈量。上述为往测,返测时要重新进行定线,取往、返测距离的平均值作为丈量结果。往测和返测之差称为较差,较差与丈量结果之比,称为丈量的相对误差,用以衡量精度。

相对误差通常以分子为 1 的分数形式表示,设 K 为相对误差,则

$$K=\frac{|D_{往}-D_{返}|}{D_{平}}=\frac{1}{\dfrac{D_{平}}{|D_{往}-D_{返}|}}$$

式中　$D_{平}=\dfrac{1}{2}(D_{往}+D_{返})$。

例如:一直线的距离,往测为 207.654m,返测为 207.582m,往返平均值 $D_{平}=207.618$m,则相对误差为

$$K=\frac{|207.654-207.582|}{207.618}\approx\frac{1}{2884}$$

在平坦地区,钢尺量距的相对误差一般不应大于 1/3000,在量距困难地区,其相对误差也不应大于 1/1000。当量距的相对误差没有超出上述规定时,可取往、返测距离的平均值作为成果。

2. 倾斜地面的丈量方法

(1)平量法。倾斜地面由于高差较大,整尺法量距有困难,可采用分段丈量。如图 4-8(a)所示,在 AB 两点间根据地面高低变化情况定出 1、2、…等桩使其在 AB 线上。丈量时,尺面抬高的一端悬挂垂球线,用垂球尖将尺段的末端投到地面上,另一端直接对准另一桩上点,两人均匀拉紧使尺面水平,读出该段长度 l_1,依此方法丈量下去,则 AB 两点间水平距离为

$$D=l_1+l_2+\cdots+l_n$$

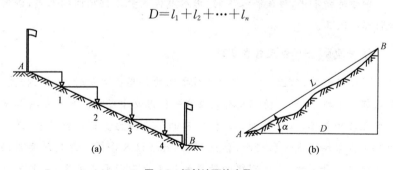

图 4-8　倾斜地面的丈量

(a)平量法;(b)斜量法

(2)斜量法。如图 4-5(b)所示,当倾斜地面的坡度均匀时,可以沿着

斜坡丈量出 AB 倾斜距离 L，并测出地面倾斜角 a，然后计算 AB 的水平距离 D。即

$$D=L\cos\alpha$$

四、钢尺量距的精密方法

钢尺量距的一般方法，量距精度只能达到 $1/1000\sim1/5000$。如果量距精度要求在 $1/5000$ 以上时，就需要采用精密量距方法。用钢卷尺进行精密量距的步骤为定线，测定桩顶高程，量距，尺段长度计算。

快学快用 3 钢尺精密量距定线

（1）清理场地。丈量前清除在基线方向内的障碍物和杂草，保证视线通畅。

（2）直线定线。按基线两端点的固定桩用经纬仪定线。沿定线方向用钢卷尺进行概量，每隔一整尺段打一木桩，桩顶高出地面 $3\sim5cm$。并在每个桩顶按视线划出基线方向的短直线，另绘一正交的短线，其交点即为钢卷尺读数的标志。

快学快用 4 测定桩顶高程

由于地面不平，桩顶高程不同，用水准仪测量各桩顶间的高差，以便进行倾斜改正。

快学快用 5 钢尺精密量距

用检定过的钢尺丈量相邻两木桩之间的距离。丈量时，拉伸钢尺置于相邻两木桩顶上，并使钢尺有刻画线一侧贴切十字线。后尺手将弹簧秤挂在尺的零端，以便施加钢尺检定时的标准拉力。钢尺拉紧后，两端同时根据十字交点读取读数，估读到 $0.5mm$ 记入手簿。每尺段要移动钢尺位置丈量三次，三次测得的结果的较差视不同要求而定，一般不得超过 $2\sim3mm$，否则要重量。如在限差以内，则取三次结果的平均值，作为此尺段的观测成果（表 4-1）。每量一尺段都要读记温度一次，估读到 $0.5℃$。

按上述由直线起点丈量到终点是为往测，往测完毕后立即返测。

表 4-1　　　　　　　　　　　基线丈量记录与计算表

尺段	次数	前尺读数/m	后尺读数/m	尺段长度/m	尺段平均长度/m	温度 t 温度改正 Δl_t /℃	高差 h 倾斜改正 Δl_h /m	尺长改正 Δl/mm	改正后的尺段长度/m	附　注
A－1	1	29.930	0.064	29.866		25℃	+0.272			
	2	45	81	64						
	3	50	85	65	29.8650	+2.1	−1.2	+2.5	29.8684	钢尺名义长度 l_0 为30m，实际长度 l 为30.0025m；检定钢尺时的温度 t_0 为20℃，检定钢尺时的拉力为100N①
1－2	1	29.920	0.015	29.905		27℃	+0.174			
	2	30	24	06						
	3	39	33	06	29.9057	+2.7	−0.5	+2.5	29.9104	
⋮										
14－B	1	1.880	0.076	1.804		27℃‰	−0.065			
	2	70	64	05						
	3	60	55	05	1.8050	+0.2	−1.2	+0.2	1.8042	

往测长度 421.751m；返测长度 421.729m；基线长度 421.740m

① 1kgf＝9.80655N，可近似取 1kgf 为 10N。

快学快用 6　精密量距尺段长度计算

精密量距时，每次往测和返测的结果，应进行尺长改正、温度改正和倾斜改正，以便算出直线改正后的水平距离。各项改正数的计算方法如下。

(1)尺长改正。由于钢尺的名义长度和实际长度不一致，丈量时就会产生误差。设钢尺在标准温度、标准拉力下的实际长度为 l，名义长度为 l_0，则一整尺的尺长改正数为：

$$\Delta l = l - l_0$$

每量1m的尺长改正数为

$$\Delta l_{\text{米}} = \frac{l - l_0}{l_0}$$

丈量 D' 距离的尺长改正数为

$$\Delta l_l = \frac{l - l_0}{l_0} \cdot D'$$

钢尺的实长大于名义长度时,尺长改正数为正,反之为负。

(2)温度改正。钢尺量距时的温度和标准温度不同引起的尺长变化进行的距离改正称温度改正。一般钢尺的线膨胀系数采用 $\alpha = 1.25 \times 10^{-5}$ 或者写成 $\alpha = 0.0000125/(\text{m} \cdot \text{℃})$,表示钢尺温度每变化 1℃ 时,每 1m 钢尺将伸长(或缩短)0.0000125m,所以尺段长 L_i 的温度改正数为:

$$\Delta L_i = \alpha(t - t_0)L_i$$

(3)倾斜改正。设量得的倾斜距离为 D',两点间测得高差为 h,将 D' 改算成水平距离 D 需加倾斜改正 Δl_h,一般用下式计算:

$$\Delta l_h = -\frac{h^2}{2D'}$$

倾斜改正数 Δl_h 永远为负值。

(4)计算全长。将改正后的各尺段长度加起来即得 MN 段的往测长度,同样还需返测 MN 段长度并计算相对误差,以衡量丈量精度。

五、钢尺检定

在精密量距之前,应用钢尺进行检定。求出它在标准拉力和标准温度下的实际长度,以便对丈量结果加以改正。

所谓尺长方程式,是在标准拉力下(30m 钢尺用 100N,50m 钢尺用 150N)钢尺的实长与温度的函数关系式。其形式为:

$$l_t = l_0 + \Delta l + \alpha l_0(t - t_0)$$

式中　l_t——钢尺在温度 t℃ 时的实际长度;

　　　l_0——钢尺的名义长度;

　　　Δl——尺长改正数,即钢尺在温度 t_0 时的改正数,等于实际长度减去名义长度;

　　　α——钢尺的线膨胀系数,其值取为 $1.25 \times 10^{-5}/$℃;

　　　t_0——钢尺检定时的标准温度(20℃);

　　　t——钢尺使用时的温度。

　快学快用　**7**　钢尺检定方法

（1）在两固定标志的检定场地进行检定，检定时要用弹簧秤（或挂重锤）施加一定的拉力（30m 钢尺 10kg，50m 钢尺 15kg），同时在检定时还要测定钢尺的温度。取多次丈量结果的平均值作为名义长度，最后通过计算给出钢尺的尺长方程式。

（2）在精度要求不高时，可用检定过的钢尺作为标准尺来进行检定，检定宜在室内水泥地面上进行，首先在地面上作两标志点，使其间距约为一整尺长，并取平均值作为丈量的结构。通过对比来求得待检定钢尺的尺长改正数，同时给出尺长方程式。

【例 4-1】　钢尺的名义长度为 30m，在标准拉力下，在某检定场进行检定，已知两固定标志间的实际长度为 60.0442m，丈量结果为60.0314m，检定时的温度为 12℃，求该钢尺 20℃时的尺长方程式。

【解】　钢尺在 12℃时的尺长改正数为

$$\Delta l = \frac{l-l_0}{l_0} \cdot l_i = \frac{60.0442-60.0314}{60.0314} \times 30 = 0.0064\text{m}$$

钢尺在 12℃时的尺长方程式为

$$l_t = 30 + 0.0064 + 1.25 \times 10^{-5} \times 30 \times (t-12)$$

钢尺在 20℃时的长度

$$l_{20℃} = 30 + 0.0064 + 1.25 \times 10^{-5} \times 30 \times (20-12)$$
$$= 30 + 0.0094\text{m}$$

钢尺在 20℃时的尺长方程式为

$$l_t = 30 + 0.0094 + 1.25 \times 10^{-5} \times 30 \times (t-20)$$

【例 4-2】　设 1 号钢尺为标准尺，尺长方程式为

$$l_{t_1} = 30 + 0.003 + 1.25 \times 10^{-5} \times 30 \times (t-20)$$

用其在地面上作两标记点，在标准拉力下丈量距离为 30m，用 2 号钢尺在标准拉力下，多次丈量两标志的距离为 29.997m，设检定时的温度变化很小，略而不计，则可得到被检定钢尺的尺长方程式为

$$l_{t_2} = l_{t_1} + (30-29.997)$$
$$= 30 + 0.006 + 1.25 \times 10^{-5} \times 30 \times (t-20)$$

六、钢尺量距的误差分析

在进行距离丈量时，影响钢尺量距的因素很多。为了保证丈量所需

要的精度,必须了解丈量中的主要误差来源,并采取相应的措施消减其影响。

快学快用 8 **钢尺量距尺长误差**

钢尺必须经过检定以求得其尺长改正数。尺长误差具有系统积累性,它与所量距离成正比。精密量距时,钢尺虽经检定并在丈量结果中进行了尺长改正,其成果中仍存在尺长误差,因为一般尺长检定方法只能达到±0.5mm左右的精度。一般量距时可不作尺长改正;当尺长改正数大于尺长 1/10000 时,应加尺长改正。

快学快用 9 **钢尺量距定线误差**

在量距时,由于钢尺没有准确地安放在待量距离的直线方向上,所量的是折线,不是直线,造成量距结果偏大产生误差。

快学快用 10 **钢尺量距温度误差**

在测量温度时,温度计显示的是空气环境温度,不是钢尺本身的温度,阳光暴晒时,钢尺温度与环境温度可相差达5℃,所以量距宜在阴天进行。

快用快用 11 **钢尺量距拉力误差**

钢尺具有弹性,受拉会伸长。钢尺在丈量时所受拉力应与检定时拉力相同。一般最大拉力误差可达50N左右,对于 30m 长的钢尺可产生±1.9mm的误差。所以在精密量距时需要用弹簧秤来控制拉力大小。

快学快用 12 **钢尺量距钢尺倾斜误差**

如果钢尺量距时钢尺不水平,或测量距离时两端高差测量有误差,都会对量距产生误差,使距离测量值偏大。对于精密量距,则应测出尺段两端高差,进行倾斜改正。

快学快用 13 **钢尺量距丈量本身误差**

丈量误差包括钢尺刻画对点的误差、插测钎的误差及钢尺读数误差等。这些误差是由人的感官能力所限而产生,误差有正有负,在丈量结果中可以抵消一部分。因此在量距时应尽量认真操作。

第二节　视距测量

一、视距测量原理

视距测量是利用经纬仪同时测定测站点至观测点之间的水平距离和高差的一种方法,这种方法虽然精度较低,但具有操作方便、速度快、不受地面高低起伏限制等优点,故在低精度测量工作中得到广泛应用。

1. 视线水平时距离与高差的测量原理

如图 4-9 所示,A、B 两点间的水平距离 D 与高差 h 分别为:

$$D = KL$$
$$h = i - v$$

式中　D——仪器到立尺点间的水平距离;

　　　K——视距乘常数,通常为 100;

　　　L——望远镜上下丝在标尺上读数的差值,称视距间隔或尺间隔;

　　　h——A、B 点间高差(测站点与立尺点之间的高差);

　　　i——仪器高(地面点至经纬仪横轴或水准仪视准轴的高度);

　　　v——十字丝中丝在尺上读数。

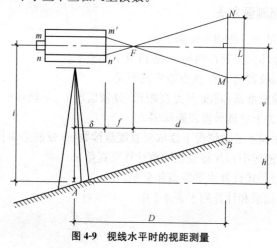

图 4-9　视线水平时的视距测量

水准仪视线水平是根据水准管气泡居中来确定。经纬仪视线水平，是根据在竖盘水准管气泡居中时，用竖盘读数为 90°或 270°来确定。

2. 视线倾斜时水平距离与高差的测量原理

如图 4-10 所示，A、B 两点间的水平距离 D 与高差 h 分别为：

$$D = KL\cos^2\alpha$$

$$h = \frac{1}{2}KL\sin2\alpha + i - v$$

式中　α——视线倾斜角（竖直角）。

其他符号与前面所讲意义相同。

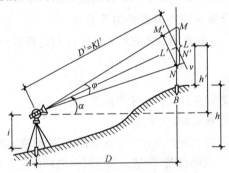

图 4-10　视线倾斜时的视距测量

二、视距测量方法

视距测量的方法和步骤如下：

(1)将经纬仪安置在测站 A，进行对中和整平。

(2)量取仪器高 i，在 B 点竖立视距尺。

(3)转动照准部，瞄准 B 点视距尺，分别读出上、下丝和中丝读数，将下丝读数减去上丝读数得视距间隔 l。

(4)在中丝不变的情况下读取竖直度盘读数(读数前必须使竖盘指标水准管的气泡居中)，并将竖盘读数计算竖直角 α。

(5)根据公式计算水平距离和交差。

视距测记录和计算列于表 4-2 中。

表4-2 视距测量记录表

测点	下丝读数 上丝读数 尺间隔 l/m	中丝读数 v/m	竖盘读数 L	垂直角 α	水平距离 D/m	初算高差 h'/m	高差 h/m	高程 H/m	备注
1	2.237 0.663 1.574	1.45	874 112	+21 848	157.14	+6.35	+6.35	+51.72	盘左位置
2	2.445 1.555 0.890	2.00	951 736	−51 736	88.24	−8.18	−8.73	+36.64	

测站:A 测站高程:+45.37m 仪器高:1.45m 仪器:DJ₆

三、视距测量误差分析

快学快用 14 视距测量读数误差

视距丝的读数是影响视距精度的重要因素,视距丝的读数误差与尺子最小分划的宽度、距离的远近、成像清晰情况有关。在视距测量中一般根据测量精度要求来限制最远视距。

快学快用 15 视距乘常数 K 的误差

通常认定视距乘常数 $K=100$,但由于视距丝间隔有误差,视距尺有系统性刻划误差,以及仪器检定的各种因素影响,都会使 K 值不为100。K 值一旦确定,误差对视距的影响是系统性的。

快学快用 16 视距测量标尺倾斜误差

如果视距尺发生倾斜,将给测量带来不可忽视的误差影响,故测量时立尺要尽量竖直。在山区作业时,由于地表有坡度而给人一种错觉,使视距尺不易竖直,因此,应采用带有水准器装置的视距尺。

快学快用 17 外界条件对视距测量的影响

外界条件的影响包括大气竖直折光的影响和空气对流使视距尺的成像不稳定产生的影响。

（1）大气竖直折光的影响。大气密度分布是不均匀的，特别在晴天接近地面部分密度变化更大，使视线弯曲，给视距测量带来误差。根据试验，只有在视线离地面超过 1m 时，折光影响才比较小。

（2）空气对流使视距尺的成像不稳定。此现象在晴天，视线通过水面上空和视线离地表太近时较为突出，成像不稳定造成读数误差的增大，对视距精度影响很大。

第三节　电磁波测距

电磁波测距是以电磁波（光波或微波）作为载波，传输光信号来测定两点之间距离的一种方法，也就是利用光的传播速度和时间来测量距离。与传统的钢尺量距和视距测量相比，它具有测程长、精度高、速度快和不受地形影响等优点。

目前，电磁波测距仪按其所采用的光源或分为三种：一是用微波段的无线电波作为载波的微波测距仪；二是用激光作为载波的激光测距仪；三是用红外光作为载波的红外测距仪。后两种又统称光电测距仪。微波和激光测距仪金属长程测距，测程可达 60km，一般用于大地测量。红外测距仪属中、短程测距，测程一般在 15km 以内，一般用于小地区控制测量、地形测量和各种工程测量。

一、红外线测距仪的测距原理

红外测距仪以砷化镓发光二极管作为光源。若给砷化镓发光二极管注入一定的恒定电流，它发出的红外光的光强恒定不变。若改变注入电流的大小，砷化镓发光二极管发射的光强也随之变化。注入电流越大，光强越强；注入电流越小，光强越弱。若在发光二极管上注入的是频率为 f 的交变电流，则其光强也按频率 f 发生变化，这种光称为调制光。相位法测距仪发出的光就是连续的调制光。如图 4-11 所示，用测距仪测定 A、B 两点间的距离 D，在 A 点安置测距仪，在 B 点安置反射镜。由仪器发射调制光，经过距离 D 到达反射镜，经反射回到仪器接收系统。如果能测出调制光在距离 D 上往返传播的时间 t，则距离 D 即可按下式求得：

$$D = \frac{1}{2} c \cdot t$$

式中　c——光波在大气中的传播速度；

　　　t——光波在测程上往、返传播所需时间。

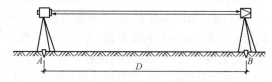

图 4-11　红外光电测距

二、红外线测距仪的基本构造

（1）测距仪。图 4-12 所示为 D3030E/D2000 型红外测距仪，它的单棱镜测程为 1.5～1.8km，三棱镜测程为 2.5～3.2km，测距标准差为 $\pm(5 + 3 \times 10^{-6} D)$ mm。

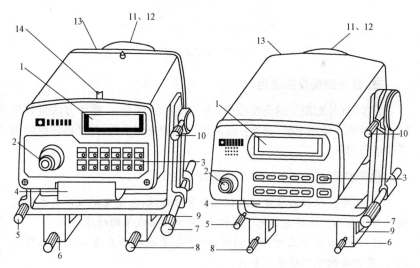

图 4-12　D3030E/D2000 红外测距仪

（a）D3030E 示意图；（b）D2000 示意图

1—显示器；2—照准望远镜；3—键盘；4—电池；5—照准轴水平调整螺旋；6—座架；

7—俯仰螺旋；8—座架固定螺旋；9—间距调整螺丝；10—俯仰角锁定螺旋；

11—物镜；12—物镜罩；13—RS-232 接口；14—粗瞄器

(2)棱镜反射镜(简称棱镜)。用红外测距仪测距时,棱镜是不可或缺的合作目标。

构成反射棱镜的光学部分是直角光学玻璃锥体,它如同在正方体玻璃上切下的一角,如图 4-13 所示。图中 *ABC* 为透射面,呈等边三角形;另外三个面 *ABD*、*BCD* 和 *CAD* 为反射面,呈等腰直角三角形。反射面镀银,面与面之间相互垂直。这种结构的棱镜,无论光线从哪个方向入射透射面,棱镜必将入射光线反射回入射光的发射方向。因此,测量时,只要棱镜的透射面大致垂直于测线方向,仪器便会得到回光信号。

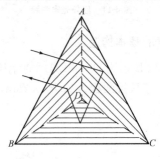

图 4-13　棱镜反射镜

三、红外测距仪的使用

目前,红外测距仪的类型较多,由于仪器结构不同,操作方法也差异较大。因此在使用之前,必须仔细阅读仪器的使用手册,并严格按照使用手册进行操作。

快学快用 18　红外测距仪使用注意事项

(1)不要将仪器对准玻璃或让视线穿过玻璃,避免反射镜后有类似玻璃材质的物体。这样会引起干扰眩光,影响测量成果的精度。

(2)开机后不要立即开始测量,由于电子线路还未进入正常工作状态,故前两次的观测结果应舍去。

(3)严防将仪器头对准太阳及或其他强光源,以免损坏光电器件,在野外测量时应进行打伞遮阳。

(4)仪器不使用时,应将电池盒取下,保存期超过两周应定期充电。

第五章 全站仪测量

第一节 概 述

一、全站仪简介

全站仪的全称为全站型电子速测仪,是由机械、光学、电子元件组合而成的测量仪器。它在测站上除了能迅速测定斜距、竖直角、水平角之外,还可即时算出平距、高差、高程和坐标等相关数据并显示于屏幕上。由于只需一次安置,仪器便可以完成测站上所有的测量工作,故被称为"全站仪"。广泛应用于地上建筑物和地下隧道施工等精密工程测量或变形监测领域。

全站仪自动化程度高,功能多,精度高,通过配置适当的接口,可使野外采集的测量数据直接进入计算机进行数据处理或进入自动化绘图系统。与传统的方法相比,省去了大量的中间人工操作环节,使劳动效率和经济效益明显提高,同时也避免了人工操作、记录等过程中出现较高的差错率。

早期的全站仪由于其体积大,重量大,价格昂贵等因素并未得到广泛推广。目前的全站仪是将电子经纬仪、光电测距仪和微处理机融为一体,不能分离,称为整体式或集成式全站仪,其表现特征是小型、轻巧、精密、耐用,并具有强大的软件功能,比前者性能更稳定,使用更方便。

二、全站仪的工作特点

(1)采用先进的同轴双速制、微动机构,使照准更加快捷、准确。

(2)具有完善的人机对话控制面板,由键盘和显示窗组成,除照准目标以外的各种测量功能和参数均可通过键盘来实现。仪器两侧均有控制面板,操作方便。

(3)设有双轴倾斜补偿器,可以自动对水平和竖直方向进行补偿,以消除竖轴倾斜误差的影响。

(4)机内设有测量应用软件,能方便地进行三维坐标测量、放线测量、后方交会、悬高测量、对边测量等多项工作。

(5)具有双路通视功能,仪器将测量数据传输给电子手簿式计算机,也可接收电子手簿式计算机的指令和数据。

第二节　全站仪的构造及功能

一、全站仪外部构造

全站仪是由电子测角、电子测距、电子补偿、微机处理装置四大部分化成,它本身就是一个带有特殊功能的计算机控制系统。GTS-310 型全站仪的外貌和结构如图 5-1 所示,其结构与经纬仪相似。

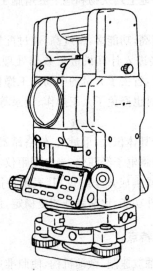

图 3-20　GTS-310 型全站仪

二、全站仪基本功能

全站仪的基本功能见表 5-1。

表 5-1　　　　　　　　　　　　　　全站仪的基本功能

序　号	主要功能	功能介绍
1	角度测量	望远镜照准目标后,自动显示视线方向的水平度盘和竖盘读数
2	距离测量	望远镜照准棱镜后,直接测得仪器至棱镜的倾斜距离,输入相应的竖直角可获得两者之间的水平距离
3	高差测量	当测定仪器至棱镜的倾斜距离或水平距离及相应的竖直角后,再输入仪器高和棱镜高,即可获得两者之间的高差
4	三维坐标测量与放线	根据测站点已知的平面坐标和高程,通过水平角、竖直角和距离测量,可迅速获得待测点的三维坐标。若输入待放线点的坐标值,将获得有关放线数据,进行实地放线
5	悬高测量	架空的电线或远离地面的管道,无法在其上安置棱镜,又要测定其高度时,可在待测目标之下安置棱镜,用仪器照准棱镜进行距离测量和竖直角测量,再转动望远镜照准待测点测定其竖直角,输入仪器高和棱镜高即可确定待测点的高度
6	自由设站	仪器设于未知点对若干个已知点测定其相应的角度、距离和高差,反求得测站点坐标和高程
7	偏心测量	当待测点不能安置棱镜时,可将棱镜安置在待测点的旁边,与悬高测量相类似,测出相应的角度、距离和高差,最后确定待测点的坐标和高程
8	面积测量	对任一闭合多边形,测定其边界上若干点的坐标,从而求得其面积
9	导线测量	依次测定导线各边的边长和夹角,输入相应的方位角,经过平差计算求得各导线点的坐标并自动记录和存储
10	数字化测图	利用全站仪可进行数字化测图

三、全站仪键盘功能

仪器的键盘设置情况如图 5-2 所示。键盘分为两部分,一部分为操作键,在显示屏的右上方,共有 6 个键。另一部分为功能键(软键),在显示屏的下方,共有 4 个键。

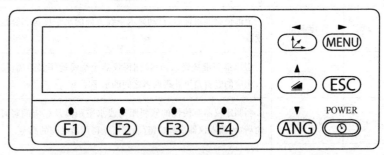

图 5-2 全站仪键盘

1. 操作键

操作键功能简述见表 5-2。

表 5-2 操作键

按键	名 称	功 能
↙	坐标测量键	坐标测量模式
◢	距离测量键	距离测量模式
ANG	角度测量键	角度测量模式
MENU	菜单键	在菜单模式和正常测量模式之间切换,在菜单模式下设置应用测量与照明调节方式
ESC	退出键	·返回测量模式或上一层模式 ·从正常测量模式直接进入数据采集模式或放线模式
POWER	电源键	电源接通/切断 ON/OFF
F1~F4	软键(功能键)	相当于显示的软键信息

2. 功能键(软键)

全站仪功能键(软键)信息显示在显示屏的底行,软件功能相当于显示的信息(图 5-3)。

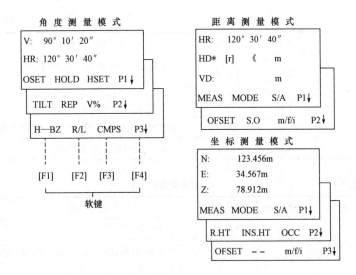

图 5-3 全站仪功能键

3. 测量模式

全站仪角度测量模式、坐标测量模式、距离测量模式的功能简述分别见表 5-3～表 5-5。

表 5-3　角度测量模式

页数	软键	显示符号	功　能
1	F1	OSET	水平角置为 0°00′00″
	F2	HOLD	水平角读数锁定
	F3	HSET	用数字输入设置水平角
	F4	P1↓	显示第 2 页软键功能
2	F1	TLLT	设置倾斜改正开或关（ON/OFF）（若选择 ON，则显示倾斜改正值）
	F2	REP	重复角度测量模式
	F3	V%	垂直角/百分度（%）显示模式
	F4	P2↓	显示第 3 页软键功能

（续）

页数	软键	显示符号	功　能
3	F1	H－BZ	仪器每转动水平角90°是否要发出蜂鸣声的设置
	F2	R/L	水平角右/左方向计数转换
	F3	CMPS	垂直角显示格式（高度角/天顶距）的切换
	F4	P3↓	显示下一页（第1页）软键功能

表 5-4　　　　　　　　　　坐标测量模式

页数	软键	显示符号	功　能
1	F1	MEAS	进行测量
	F2	MODE	设置测距模式，Fine/Coarse/Tracking（精测/粗测/跟踪）
	F3	S/A	设置音响模式
	F4	P1↓	显示第2页软键功能
2	F1	R. HT	输入棱镜高
	F2	INS. HT	输入仪器高
	F3	OCC	输入仪器站坐标
	F4	P2↓	显示第3页软键功能
3	F1	OFSET	选择偏心测量模式
	F3	m/f/i	距离单位米/英尺/英寸切换
	F4	P3↓	显示下一页（第1页）软键功能

表 5-5　　　　　　　　　　距离测量模式

页数	软键	显示符号	功　能
1	F1	MEAS	进行测量
	F2	MODE	设置测距模式，Fine/Coarse/Tracking（精测/粗测/跟踪）
	F3	S/A	设置音响模式
	F4	P1↓	显示第2页软键功能

（续）

页数	软键	显示符号	功　　能
2	F1	OFSET	选择偏心测量模式
	F2	S. O	选择放线测量模式
	F3	m/f/i	距离单位米/英尺/英寸切换
	F4	P2↓	显示下一页（第1页）软键功能

四、全站仪的主要技术指标

GTS-310 系列全站仪的主要技术指标见表 5-6。

表 5-6　　　　　　　GTS-310 系列全站仪的主要技术指标

仪器类型　　　　项　目	GTS-311	GTS-312	GTS-313
放大倍数	30×	30×	30×
成像方式	正像	正像	正像
视场角	1°30′	1°30′	1°30′
最短视距	1.3m	1.3m	1.3m
角度（水平角、竖直角）最小显示	1″	1″	5″
角度（水平角、竖直角）标准差	±2″	±3″	±5″
自动安平补偿范围	±3′	±3′	±3′
测程（km）　　单棱镜	2.4/2.7	2.2/2.5	1.6/1.9
测程（km）　　三棱镜	3.1/3.6	2.9/3.3	2.4/2.6
测程（km）　　九棱镜	3.7/4.4	3.6/4.2	3.0/3.6
测距标准差 测距时间（精测）	$\pm(2+2\times10^{-6}D)$mm 3.0s（首次 4s）		
水准器分划值　　圆水准器	10′/2mm		
水准器分划值　　长水准器	30″/2mm		
使用温度范围	−20℃～+50℃		

第三节　全站仪的使用

一、全站仪基本操作与使用方法

全站仪具有角度测量、距离测量、三维坐标测量、导线测量、交会定点测量和放线测量等多种用途。不同型号的全站仪的具体操作和使用方法会有较大的差异,但它们的基本操作和使用方法却大致相同。

快学快用　1　全站仪水平角测量

(1)按角度测量键,使全站仪处于角度测量模式,照准第一个目标 A。

(2)设置 A 方向的水平度盘读数为 $0°00'00''$。

(3)照准第二个目标 B,此时显示的水平度盘读数即为两方向间的水平夹角。

快学快用　2　全站仪距离测量

(1)设置棱镜常数。测距前须将棱镜常数输入仪器中,仪器会自动对所测距离进行改正。

(2)设置大气改正值或气温、气压值。光在大气中的传播速度会随大气的温度和气压而变化,15℃和 760mmHg 是仪器设置的一个标准值,此时的大气改正值为 0ppm。实测时,可输入温度和气压值,全站仪会自动计算大气改正值(也可直接输入大气改正值),并对测距结果进行改正。

(3)量仪器高、棱镜高并输入全站仪。

(4)距离测量。照准目标棱镜中心,按测距键,距离测量开始,测距完成时显示斜距、平距、高差。

快学快用　3　全站仪坐标测量

(1)设定测站点的三维坐标。

(2)设定后视点的坐标或设定后视方向的水平度盘读数为其方位角。当设定后视点的坐标时,全站仪会自动计算后视方向的方位角,并设定后视方向的水平度盘读数为其方位角。

(3)设置棱镜常数。

(4)设置大气改正值或气温、气压值。

(5)量仪器高、棱镜高并输入全站仪。

(6)照准目标棱镜,按坐标测量键,全站仪开始测距并计算显示测点的三维坐标。

二、全站仪使用注意事项

(1)开工前应检查仪器箱背带及提手是否牢固。

(2)开箱后提取仪器前,要检查仪器在箱内放置的方式和位置,装卸仪器时,必须握住提手,不可握住显示单元的下部。切不可拿仪器的镜筒,否则会影响内部固定部件,从而降低仪器的精度。应握住仪器的基座部分,或双手握住望远镜支架的下部。仪器使用完毕后,先盖上物镜罩,并擦去表面的灰尘。装箱时各部位要放置妥帖,合上箱盖时应无障碍。

(3)在太阳光照射下测量,应给仪器带上遮阳罩,以免影响观测精度。在杂乱环境下测量,仪器要有专人守护。当仪器架设在光滑的表面时,要将三脚架三个脚联起来,以防滑倒。

(4)当架设仪器在三脚架上时,尽可能用木制三脚架,若使用金属三脚架应避免产生振动,否则会影响测量精度。

(5)测站之间距离较远时,搬站时应将仪器卸下,装箱后背着走,并检查仪器箱是否锁好,安全带是否系好。测站之间距离较近时,搬站时可将仪器连同三脚架一起靠在肩上,但仪器要尽量保持直立放置。

(6)搬站之前,应检查仪器与脚架的连接是否牢固,搬运时,应拧紧制动螺旋,使仪器在搬站过程中不产生晃动。

(7)仪器任何部位发生故障,不能勉强使用,应立即进行检修,避免加剧仪器的损坏程度。

(8)光学元件应保持清洁,如沾染灰沙必须用毛刷或柔软的擦镜纸进行清理。禁止用手指抚摸仪器的任何光学元件表面。清洁仪器透镜表面时,应先用干净的毛刷扫去灰尘,再用干净的无线棉布沾酒精由透镜中心向外一圈圈地轻轻擦拭。清洁仪器箱时,不可用稀释剂或汽油,而应用干净的布块沾中性洗涤剂擦洗。

(9)在潮湿环境中工作,作业结束后,要用软布擦干仪器表面的水分及灰尘后装箱。

(10)冬天室内外温差较大时,仪器搬出室外或搬入室内后不可立即开箱,应间隔一定时间后再开箱。

第六章　平面控制测量

第一节　平面控制测量概述

一、平面控制测量基本规定

测定控制点平面位置的测量工作,称为平面控制测量。平面控制网是施工测量的基准,必须从网点的稳定、可靠、精确及经济等方面综合考虑决定。平面控制测量应遵守下列基本规定:

(1)平面控制网的精度指标及布设密度,应根据工程规模及建筑物对放线点位的精度要求确定。

(2)平面控制网的等级,依次划分为二、三、四、五等测角网、测边网、边角网或相应等级的光电测距导线网,其适用范围按表6-1执行。

表 6-1　　　　　　　各等级首级平面控制网适用范围

工程规模	混凝土建筑物	土石建筑物
大型水利水电工程	二	二~三
中型水利水电工程	三	三~四
小型水利水电工程	四~五	五

对于特大型的水利水电工程,也可布设一等平面控制网,其技术指标应专门设计。各种等级(二、三、四、五)、各种类型(测角网、测边网、边角网或导线网)的平面控制网、均可选为首级网。

(3)平面控制网的布设梯级,可根据地形条件及放线需要决定,以1~2级为宜。但无论采用何种梯级布网,其最末级平面控制点相对于同级起始点或邻近高一级控制点的点位中误差不应大于±10mm。

(4)首级平面控制网的起始点,应选在坝轴线或主要建筑物附近,以使最弱点远离坝轴线或放线精度要求较高的地区。

(5)独立的平面控制网,应利用勘测设计阶段布设的测图控制点,作为起算数据,在条件方便时,可与邻近的国家三角点进行联测。其联测精度应不低于国家四等网的要求。

(6)平面控制网建立后,应定期进行复测,尤其在建网一年后或大规模开挖结束后,必须进行一次复测。若使用过程中发现控制点有位移迹象时,应及时复测。

(7)平面控制网的观测资料,可不作椭圆投影改正。采用平面直角坐标系统在平面上直接进行计算。但观测边长应投影到测区所选定的高程面上。

二、平面控制网技术设计

(1)平面控制网的技术设计应在全面了解工程建筑物的总体布置、工区的地形特征及施工放线精度要求的基础上进行。设计前应搜集下列资料。

1)施工区现有地形图和必要的地质资料。

2)规划设计阶段布设的平面和高程控制网成果。

3)枢纽建筑物总平面布置图。

4)有关的测量规范和招投标文件资料。

(2)四等以上平面控制网布设前,应按下列程序进行精度估算,选定最优方案。

1)在图上或野外实地选点、确定各待定平面控制点的近似坐标。

2)选定网的等级和类型,确定各观测量的先验权。

3)解算未知参数的协因数阵,计算各点的点位中误差或误差椭圆元素并与规范的规定精度作比较。

4)若不能满足规范要求时,调整图形结构、改变网的类型或改变各观测元素的先验权,重复上述 2)、3)项工作,直至满足规定的精度为止。

(3)直线形建筑物的主轴线或其平行线,应尽量纳入平面控制网内。

(4)布设测角网的技术要求如下:

1)测角网宜采用近似等边三角形、大地四边形、中心多边形等图形组成。三角形内角不宜小于 30°。如受地形限制,个别角也不应小于 25°。

2)测角网的起始边,应采用光电测距仪测量,坡度应满足下列要求:

①二等起始边坡度应小于 5°；

②三等起始边坡度应小于 7°；

③四等起始边坡度应小于 10°。

当测距边坡度超过以上规定时,天顶距的观测精度或水准测量精度,应另作专门计算。

3)各等级测角网的主要技术要求应符合表 6-2 的规定。

表 6-2　　　　　　　　　　　　测角网的主要技术要求

等级	边长 /m	起始相对 中误差	测角中误差 (″)	三角形最大 闭合差(″)	测回数	
					DJ$_1$	DJ$_2$
二	500～1500	1/30 万	±1.0	±3.5	9	—
三	300～1000	1/15 万(首级) 1/13 万(加密)	±1.8	±7.0	6	9
四	200～800	1/10 万(首级) 1/7 万(加密)	±2.5	±9.0	4	6
五	100～500	1/4 万	±5.0	±15.0	—	4

(5)布设测边网的技术要求如下:

1)测边网也应重视图形结构。三角形各内角宜在 30°～100°之间,当图形欠佳时,要加测对角线边长或采取其他措施加以改善。

2)对于四等以上测边网,要在一些三角形中,以相应等级测角网的测角精度观测一个较大的角度(接近 100°)作为校核。

3)测边网中的每一个待定点上,至少要有一个多余观测。不允许布设无多余观测的单三角锁。

4)各等级测边网的布设应符合表 6-3 的要求。

(6)布设边角网的技术要求:

1)边角网的测角与测边的精度匹配,应符合下列要求:

$$\frac{m_\beta}{\sqrt{2}\rho''} = \frac{m_S}{S \times 10^3} \quad 或 \quad \frac{m_i}{\rho''} = \frac{m_S}{S \times 10^3}$$

式中　m_β、m_i——相应等级控制网的测角中误差、方向中误差(″);

　　　　m_S——测距中误差(mm);

　　　　S——测距边长(m);

ρ''——$206265''$。

2)各等级边角网、测边网的主要技术要求应符合表 6-3 的规定。

表 6-3　　　　　　　　边角网、测边网的主要技术要求

等级	边长/m	测角中误差（″）	平均边长相对中误差	测距仪等级 mm/km	测　回　数		
					边长	天顶距	
						DJ$_1$	DJ$_2$
二	500～1500	±1.0	1/25 万	1～2	往返各 2	4	
三	300～1000	±1.8	1/15 万	2	往返各 2	3	4
四	200～800	±2.5	1/10 万	2～3	往返各 2	—	3
五	100～500	±5.0	1/5 万	3～4	往返各 2	—	2

注：光电测距仪一测回的定义为：照准一次，读数四次。

3)边角网方向观测的测回数，应符合表 6-2 的要求。

4)各站仪器高、棱镜高（觇牌高）的丈量误差对于二、三等网不应大于 1mm，四等不应大于 2mm。

5)除二、三等网以外，可用不同时段的单向测距，代替往返测距。

(7)三、四、五等平面控制网，可用相应等级的导线网来代替。导线网的布设，应符合以下规定：

1)当导线网作为首级控制时，应布设成环形结点网，各导线环的长度不应大于表 6-4 中规定总长的 0.7 倍。

2)加密导线，宜以直伸形状布设，附合于首级网点上。各导线点相邻边长不宜相差过大。

3)导线网的精度指标和技术要求，应符合表 6-4 的规定。

表 6-4　　　　　　　　光电测距附合(闭合)导线技术要求

等级	附图(闭合)导线总长/km	平均边长/m	测角中误差（″）	测距中误差/mm	全长相对闭合差	方位角闭合差（″）	测距要求	
							测距仪等级	测回数
三	3.2	400		5	1/55000		2	2
	3.5	600	1.8	5	1/60000	±3.6$\sqrt{n}$	2	2
	5.0	800		2	1/70000		1	2

（续）

等级	附图（闭合）导线总长/km	平均边长/m	测角中误差（″）	测距中误差/mm	全长相对闭合差	方位角闭合差（″）	测距要求	
							测距仪等级	测回数
四	1.8	300		7	1/35000		3	2
	3.0	500	2.5	5	1/45000	$\pm5\sqrt{n}$	2	2
	3.5	700		5	1/50000		2	2
五	2.0	200		10	1/18000		3～4	2
	2.4	300	5	10	1/20000	$\pm10\sqrt{n}$	3～4	2
	3.0	500		7	1/25000		3	2

注：表中所列的技术要求，符合最弱点点位中误差不大于 10mm（三、四等）和 ±20mm（五等）。

（8）五等测角网的起始边，可用鉴定过的钢尺丈量，钢尺的鉴定期一般不超过一年。鉴定相对中误差不大于 1：100000。其主要技术要求应符合表 6-5 的规定。

表 6-5　　　　　　　　钢尺丈量起始边的主要技术要求

作业尺数	丈量总次数	定线误差/mm	尺段高差误差/mm	读定次数/mm	估读/mm	温度读至（℃）	同尺各次或同段各尺较差/mm	丈量方法	边长丈量较差相对中误差
2	2	50	3	3	0.5	0.5	2	悬空	1：30000

三、平面控制网选点、埋设及标志

（1）平面控制点应选在通视良好、交通方便，地基稳定且能长期保存的地方。视线离障碍物（距上、下和旁侧）不宜小于 2.0m。

（2）对于能够长期保存、离施工区较远的平面控制点，应着重考虑图形结构和便于加密；而直接用于施工放线的控制点则应着重考虑方便放线，尽量靠近施工区并对主要建筑物的放线区组成的图形有利。

控制点的分布，应做到坝轴线以下的点数多于坝轴线以上的点数。

（3）位于主体工程附近的各等级控制点和主轴线标志点，应埋设具有强制归心装置的混凝土观测墩。其他部位可根据情况埋设暗标或半永久标志。对于首级网，同一等级的控制点应埋设相同类型的标志。

（4）各等级控制点周围应有醒目的保护装置，以防止车辆或机械的碰撞。在有条件的地方可建造观测棚。

（5）观测墩上的照准标志，可采用各式垂直照准杆，平面觇牌或其他形式的精确照准设备。照准标志的形式、尺寸、图案和颜色，应与边长和观测条件相适应，图样如图 6-1～图 6-3 所示。

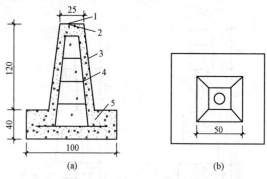

(a)　　　　　　　　　　(b)

图 6-1　混凝土标墩(单位:cm)

(a)剖面图；(b)平面图

1—标心；2—标盘；3—标身；4—钢筋；5—底座

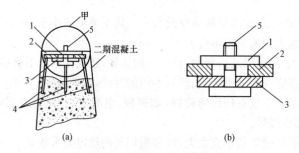

(a)　　　　　　　　　　(b)

图 6-2　混凝土标墩上部结构

(a)剖面图；(b)甲大样图

1—标盘；2—供调大孔环；3—卡环；4—钢筋；5—螺栓

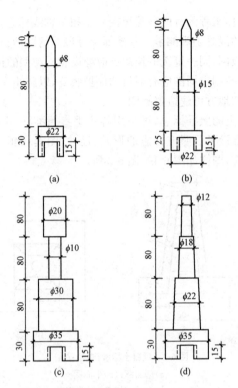

图 6-3　照准标志(单位:cm)

(6)照准标志底座平面应埋设水平。其不平度应小于 $10'$。照准标志中心线与标志点的偏差不得大于 1.0mm。

(7)对于测边网或边角网,其点位的选择,还应注意以下事项:

1)视线应避免通过吸热、散热不同的地区,如烟囱等。

2)视线上不应有任何障碍物,如树枝、电线等,并应避开强电磁场的干扰,如高压线等。

3)测距边的倾角不宜太大,可参照相关的规定要求放宽 $3°\sim4°$。

四、平面控制网主要轴线的测设

(1)大坝、厂房、船闸、钢管道、机组、各种泄水建筑物如隧洞、水闸等的主要轴线点,均应由等级控制点进行精确的测定。

主要轴线点相对于邻近等级控制点的点位中误差,应符合表 6-6 的规定。

表 6-6　　　　　　　　　　　主要轴线点点位中误差限值

轴线类别	相对于邻近控制点点位中误差/mm	轴线类别	相对于邻近控制点点位中误差/mm
土建轴线	±17	安装轴线	±10

(2)轴线点的测设方法应按等级控制网的要求,进行加密。事先应进行精度估算,确定作业方法和选用仪器的等级和型号。

(3)根据轴线点的设计坐标值,进行初步实地定点。按规定精确测定该点的坐标值。当实测坐标值与设计坐标值之差大于表 6-6 的限值时,将该点改正至设计位置,并重新进行检测,直至符合规定的要求为止。

(4)轴线点应埋设固定标志。主要轴线每条至少要设三个固定标志。

五、平面控制网的维护管理

(1)平面控制网建成后,在使用阶段应加强维护管理,包括以下两方面的工作:

1)对控制网进行复测,发现和及时改正可能发生的位移。

2)随着工程的进展及时扩展、加密网点以满足放线的需要。

(2)平面控制网建成后,在下列情况下应进行复测:

1)平面控制网建成一年以后。

2)开挖工程基本结束、进入混凝土工程和金属结构、机电安装工程开始之时。

3)处于高边坡部位或离开挖区较近的控制点,应适当增加复测次数。

4)发现网点有被撞击的迹象或在其周围有裂缝或有新的工程活动时。

5)遇明显有感地震。

6)利用控制网点作为起算数据进行布设局部专用控制网时。

(3)控制网复测可根据情况,采用全网复测或局部网点复测方式,复测的精度不宜低于建网时的精度。

(4)复测时采用的固定点(或拟稳点),应根据点位的可靠性及在网中的位置决定,复测网平差时可多选几个固定点(或拟稳点),通过观察改正数的大小及分布逐步淘汰位移点或增加固定点,正确鉴别网点的位移情况。

(5)随着工程的进展,应根据放线的需要逐步加密、补充控制点,使施工放线直接在控制点或其加密点上进行,以提高轮廓点放线的精度及其可靠性。

第二节　导线测量

一、导线测量概述

将测区内相邻控制点连成直线而构成的折线,称为导线。这些控制点,称为导线点。导线测量就是依次测定各导线边的长度和各转折角值,并根据起算数据,推算各边的坐标方位角,从而求出导线点的坐标。

导线测量根据所使用的仪器、工具的不同,可分为经纬仪钢尺导线和光电测距导线两种。它是建立小地区平面控制网的主要方法之一。特别是地物分布较复杂的建筑区、视线障碍较多的隐蔽区和带状地区,多采用导线测量的方法。

导线测量的主要技术要求见表 6-7。

表 6-7　　　　　　　　　导线测量的主要技术要求

等级	导线长度/km	平均边长/km	测角中误差(″)	测距中误差/mm	测距相对中误差	测回数			方位角闭合差(″)	导线全长相对闭合差
						DJ$_1$	DJ$_2$	DJ$_6$		
三等	14	3	±1.8	±20	≤1/150000	6	10	—	3.6$\sqrt{n}$	≤1/55000
四等	9	1.5	±2.5	±18	≤1/80000	4	6	—	5$\sqrt{n}$	≤1/35000
一级	4	0.5	±5	±15	≤1/30000		2	4	10$\sqrt{n}$	≤1/15000
二级	2.4	0.25	±8	±15	≤1/14000		1	3	16$\sqrt{n}$	≤1/10000
三级	1.2	0.1	±12	±15	≤1/7000		1	2	24$\sqrt{n}$	≤1/5000

注:表中 n 为测站数。

根据测区的不同情况和要求,导线可布设成下列三种形式:

(1)闭合导线。起止于同一已知点的导线,组成闭合多边形,这种导线称为闭合导线。如图 6-4 所示,导线从已知高级控制点 B 和已知方向 AB 出发,经过导线 1、2、3、4 后,最后回到已知点 B 形成一闭合多边形。它本身存在着严密的几何条件,具有检核作用。

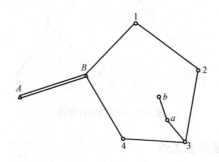

图 6-4　闭合导线

(2)附合导线。布设在两已知点间的导线,称为附合导线。如图 6-5 所示,导线从一高级控制点 B 和已知方向 AB 出发,经过 1、2、3、4 点,最后附合到另一已知高级控制点 C 和已知方向 CD。此种布设形式,同样具有检核观测成果的作用。

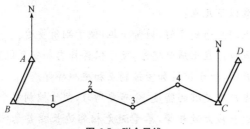

图 6-5　附合导线

(3)支导线。从一个已知点和一个已知边的方向出发,既不附合到另一已知点,又不回到原起始点的导线,称为支导线。如图 6-4 中的 3-a-b。3 点为已知点,a、b 为支导线,支导线没有图形检核条件,发生错误不易发现,故其边数一般不超过 4 条。

（4）无定向附合导线。如图 6-6 所示，由一个已知点 A 出发，经过若干个导线点 1、2、3，最后附合到另一个已知点 B 上，但起始边方位角不知道，且起、终两点 A、B 不通视，只能假设起始边方位角，这样的导线称为无定向附合导线。其适用于狭长地区。

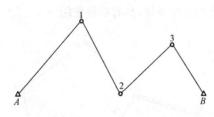

图 6-7　无定向附合导线

二、导线测量外业工作

导线测量的外业工作包括踏勘选点、边角观测和连测。

快学快用 1　导线测量踏勘选点

在去测区踏勘选点之前，先到有关部门收集原有地形图，高一级控制点的坐标和高程，以及这些已知点的位置详图。在原有地形图上拟定导线布设的初步方案，然后到实地踏勘修改并确定导线点位，选点时应合理确定点位，注意以下几点：

（1）导线点间应通视良好，地势平坦，便于测角量边。

（2）导线点应选在土质坚实处，便于保存标志和安置仪器。

（3）视野开阔，便于扩展加密控制点和施测碎部。

（4）导线点应有足够的密度，分布要均匀，便于控制整个测区。

（5）导线边长应大致相等，尽量避免相邻边长相差悬殊，以保证和提高测角精度。

快学快用 2　导线测量边角观测

（1）测边。导线边长可用电磁波测距仪或全站仪单向施测完成，也可用经检定过的钢尺往返丈量完成。

（2）测角。导线的转折角有左、右之分，以导线为界，按编号顺序方向前进,在前进方向左侧的角称为左角,在前进方向右侧的角称为右角。对于附合导线,可测左角,也可测右角,但是全线要统一。对于闭合导线,可测其内角,也可测其外角,若测其内角并按逆时针方向编号,其内角均为左角,反之均为右角。

(3)定向。为了控制导线的方向,在导线起、止的已知控制点上,必须测定连接角,此项工作称为导线定向,或称导线连接测量。定向的目的是为了确定每条导线边的方位角。

快学快用　3　导线与高级控制网连测

如图 6-7 所示,导线与高级控制网连接时,需观测连接角 β_A、β_1 和连接边 D_{A1},用于传递坐标方位角和坐标。若测区及附近无高级控制点,在经过主管部门同意后,可用罗盘仪观测导线起始边的方位角,并假定起始点的坐标为起算数据。

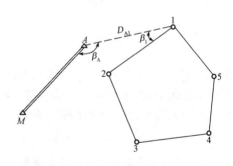

图 6-7　连测示意图

二、导线测量内业计算

导线测量内业计算的目的就是计算出各导线点的坐标。计算之前,应仔细检查导线测量外业记录的数据是否齐全,有无记错、算错,成果是否符合精度要求,起算数据是否准确。然后绘制导线略图,将各项数据注于图上相应位置。

(一)闭合导线坐标计算

闭合导线是由导线点组成的一多边形,因此它必须满足两个几何条件：一是多边形内角和的条件；二是坐标条件，即由起始点的已知坐标，逐点推算导线点的坐标，到最后一点继续推算起始点的坐标，推算得出的坐标应等于已知坐标。

以图 6-9 所示的闭合导线为例，介绍闭合导线内业计算的步骤，具体运算过程及结果参见表 6-3。

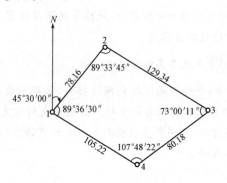

图 6-8　闭合导线草图

计算之前，首先将导线草图中的点号、角度的观测值、边长的量测值以及起始边的方位角、起始点的坐标等填入"闭合导线坐标计算表"中，见表 6-8 中的第 1 栏、第 2 栏、第 6 栏、第 5 栏的第一项、第 13、14 栏的第一项所示。

快学快用　4　闭合导线角度闭合差的计算与调整

闭合导线在几何上是一个 n 边形，其内角和的理论值为：

$$\sum \beta_{理} = (n-2) \times 180°$$

但在实际观测过程中，由于存在着误差，使实测的多边形的内角和不等于上述的理论值，二者的差值称为闭合导线的角度闭合差，习惯以 f_β 表示。即有：

$$f_\beta = \sum \beta_{测} - \sum \beta_{理} = \sum \beta_{测} - (n-2) \times 180°$$

式中　　$\sum \beta_{理}$ ——转折角的理论值；

　　　　$\sum \beta_{测}$ ——转折角的外业观测值。

表 6-8

闭合导线坐标计算表

点号	观测角β (° ′ ″)	改正数 (″)	改正后角值 (° ′ ″)	坐标方位角α (° ′ ″)	距离D /m	纵坐标增量Δx 计算值 /m	改正数 /cm	改正后 /m	横坐标增量Δy 计算值 /m	改正数 /cm	改正后 /m	坐标值 x/m	坐标值 y/m	点号
1	2	3	4	5	6	7	8	9	10	11	12	13	14	15
1												320.00	280.00	1
				45 30 00	78.16	+54.78	+2	+54.80	+55.75	−1	55.74			
2	89 33 45	+18	89 34 03									374.80	335.74	2
				135 55 57	129.34	−92.93	+3	−92.90	+89.96	−3	+89.93			
3	73 00 11	+18	73 00 29									281.90	425.67	3
				242 55 28	80.18	−36.50	+2	−36.48	−71.39	−1	−71.40			
4	107 48 22	+18	107 48 40									245.42	354.27	4
				315 06 48	105.22	+74.55	+3	+74.58	−74.25	−2	−74.27			
1	89 36 30	+18	89 36 48									320.00	280.00	1
				45 30 00										
Σ	359 58 48	+72	360 00 00		392.90	−0.10	+0.10	0.00	+0.07	−0.07	0.00			

辅助计算

$$f_\beta = \sum\beta_{测} - \sum\beta_{理} = 359°58'48'' - 360° = -72''$$

$$f_{\beta容} = \pm 60''\sqrt{4} = \pm 120'' \ (f_\beta < f_{\beta容})$$

$$f_x = \sum\Delta_x = -0.10\text{m}$$

$$f_y = \sum\Delta_y = +0.07\text{m}$$

$$f_D = \sqrt{f_x^2 + f_y^2} = 0.12\text{m}$$

$$K = \frac{|f_D|}{\sum D} = \frac{0.12}{392.90} \approx \frac{1}{3\,270} \ (K < K_{容})$$

如果 $f_\beta > f_{\beta容许}$，则说明角度闭合差超限，不满足精度要求，应返工重测直到满足精度要求；如果 $f_\beta \leqslant f_{\beta容许}$，则说明所测角度满足精度要求，在此情况下，可将角度闭合差进行调整。因为各角观测均在相同的观测条件下进行，所以可认为各角产生的误差相等。因此，角度闭合差调整的原则是：将 f_β 以相反的符号平均分配到各观测角中，若不能均分，一般情况下，将余数分配给短边的夹角，即各角度的改正数为：

$$v_\beta = -f_\beta/n$$

则各转折角调整以后的值（又称为改正值）为：

$$\beta = \beta_测 + v_\beta$$

调整后的内角和必须等于理论值，即 $\sum\beta = (n-2) \times 180°$。

快学快用 5 导线边坐标方位角的推算

根据起始边的坐标方位角及改正后角值推算其他各导线边的坐标方位角。

$$\alpha_前 = \alpha_后 + \beta_左 \pm 180° \quad （适于测左角）$$
$$\alpha_前 = \alpha_后 - \beta_右 \pm 180° \quad （适于测右角）$$

式中 $\alpha_前$、$\alpha_后$——相邻导线边前、后边的坐标方位角；

       $\beta_左$、$\beta_右$——相邻导线边所夹的左、右转折角。

推算过程中应注意：

(1)如果算出的 $\alpha_前 > 360°$ 时，则应减去 360°；$\alpha_前 < 0°$ 时，则应加上 360°。

(2)计算时，如果 $(\alpha_后 + 180°) < \beta_右$，则应加 360°再减 $\beta_右$。

(3)经推算后得出起始边坐标方位角，它应与原有的已知坐标方位角值相等，否则应重新检查计算。

快学快用 6 导线边坐标增量的计算

导线边两端点的纵坐标（或横坐标）之差，称为该导线边的纵坐标（或横坐标）增量，常以 Δx（或 Δy）表示。

设 i, j 为两相邻的导线点，量两点之间的边长为 D_{ij}，已根据观测角调整后的值推出了坐标方位角为 α_{ij}，应当由三角几何关系可计算出 ij 两点之间的坐标增量（在此称为观测值）Δx_{ij} 和 Δy_{ij}，则计算公式为

$$\begin{cases} \Delta x_{ij} = D_{ij}\cos\alpha_{ij} \\ \Delta y_{ij} = D_{ij}\sin\alpha_{ij} \end{cases}$$

快学快用　7　闭合导线坐标增量闭合差的计算与调整

因闭合导线从起始点出发经过若干个导线点以后，最后又回到了起始点，其坐标增量之和的理论值为零，如图 6-9(a)所示。

即：
$$\begin{cases} \sum\Delta x_{\text{理}} = 0 \\ \sum\Delta y_{\text{理}} = 0 \end{cases}$$

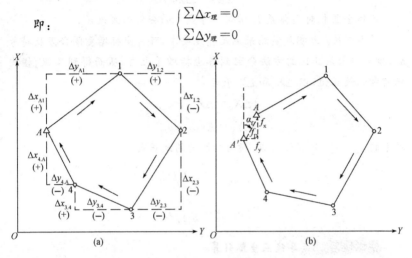

图 6-9　闭合导线坐标增量及闭合差

坐标增量由边长 D_{ij} 和坐标方位角 α_{ij} 计算而得，但是边长同样存在误差，从而导致坐标增量带有误差，即坐标增量的实测值之和 $\sum\Delta x_{ij\text{测}}$ 和 $\sum\Delta y_{ij\text{测}}$ 一般情况下不等于零，这就是坐标增量闭合差，通常以 f_x 和 f_y 表示，如图 6-9(b)所示，即：

$$\begin{cases} f_x = \sum\Delta x_{\text{测}} \\ f_y = \sum\Delta y_{\text{测}} \end{cases}$$

由于坐标增量闭合差存在，根据计算结果绘制出来的闭合导线图形不能闭合，如图 6-9(b)所示，不闭合的缺口距离，称为导线全长闭合差，通常以 f_D 表示。按几何关系，用坐标增量闭合差可求得导线全长闭合差 f_D。即：

$$f_D = \sqrt{f_x^2 + f_y^2}$$

导线全长闭合差 f_D 是随着导线的长度增大而增大,导线测量的精度是用导线全长相对闭合差 K(即导线全长闭合差 f_D 与导线全长 $\sum D$ 之比值)来衡量的,即:

$$K = \frac{f_D}{\sum D} = \frac{1}{\sum D / f_D}$$

导线全长相对闭合差 K 常用分子是 1 的分数形式表示。

若 $K \leqslant K_{容}$ 表明测量结果满足精度要求,可将坐标增量闭合差反符号后,按与边长成正比的方法分配到各坐标增量上去,从而得到各纵、横坐标增量的改正值,以 ΔX_{ij} 和 ΔY_{ij} 表示:

$$\begin{cases} \Delta X_{ij} = \Delta x_{ij测} + v_{\Delta x_{ij}} \\ \Delta Y_{ij} = \Delta y_{ij测} + v_{\Delta y_{ij}} \end{cases}$$

式中的 $v_{\Delta x_{ij}}$、$v_{\Delta y_{ij}}$ 分别称为纵、横坐标增量的改正数,即:

$$\begin{cases} v_{\Delta x_{ij}} = -\dfrac{f_x}{\sum D} D_{ij} \\ v_{\Delta y_{ij}} = -\dfrac{f_y}{\sum D} D_{ij} \end{cases}$$

快学快用 8　导线点坐标计算

根据起始点的已知坐标和改正后的坐标增量 ΔX_{ij} 和 ΔY_{ij},可按下列公式依次计算各导线点的坐标,即

$$\begin{cases} x_j = x_i + \Delta X_{ij} \\ y_j = y_i + \Delta Y_{ij} \end{cases}$$

(二)附合导线坐标计算

附合导线坐标计算的步骤与闭合导线相同。但由于两者形式不同,从而使角度闭合差与坐标增量闭合差的计算有所区别。

快学快用 9　附合导线角度闭合差计算

设有附合导线如图 6-10 所示,根据起始边坐标方位角 α_{AB} 及观测的左角可算出终边 CD 的坐标方位角 α'_{CD}。

$$\alpha_{B1} = \alpha_{AB} + 180° + \beta_B$$

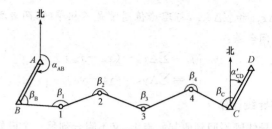

图 6-10　附合导线方位角计算

$$\alpha_{12} = \alpha_{B1} + 180° + \beta_1$$

$$\alpha_{23} = \alpha_{12} + 180° + \beta_2$$

$$\alpha_{34} = \alpha_{23} + 180° + \beta_3$$

$$\alpha_{4c} = \alpha_{34} + 180° + \beta_4$$

$$+ \alpha'_{CD} = \alpha_{4c} + 180° + \beta_c$$

$$\alpha'_{CD} = \alpha_{AB} + 6 \times 180° + \sum \beta_{测}$$

写成一般公式,为

$$\alpha'_终 = \alpha_始 + n \times 180° + \sum \beta_测$$

若观测右角,则按下式计算

$$\alpha'_终 = \alpha_始 - n \times 180° - \sum \beta_测$$

角度闭合差 f_β 用下式计算

$$f_\beta = \alpha'_终 - \alpha_终 = \alpha_始 - \alpha_终 + \sum \beta_测 - n \times 180°$$

附合导线角度闭合差容许值、角度调整及各边方位角推算与闭合导线相同。

快学快用　10　附合导线坐标增量闭合差的计算

附合导线的首尾各有一个已知坐标值的点,如图 6-5 所示的 A 点和 C 点,称之为始点和终点。附合导线的纵、横坐标增量的代数和,在理论上应等于终点与终点的纵、横坐标差值,即：

$$\begin{cases} \sum \Delta x_理 = x_终 - x_始 \\ \sum \Delta y_理 = y_终 - y_始 \end{cases}$$

但由于量边和测角有误差,根据观测值推算出来的纵、横坐标增量之代数和：$\sum \Delta x_{ij测}$ 和 $\sum \Delta y_{ij测}$，与理论值通常是不相等的，两者之差即为纵、横坐标增量闭合差：

$$\begin{cases} f_x = \sum \Delta x_测 - (x_终 - x_始) \\ f_y = \sum \Delta y_测 - (y_终 - y_始) \end{cases}$$

(三)支导线计算

由于支导线既不回到原起始点上，又不附合到另一个已知点上，所以在支导线计算中也就不会出现以下两种矛盾。

(1)观测角的总和与导线几何图形的理论值不符的矛盾，即角度闭合差。

(2)从已知点出发，逐点计算各点坐标，最后闭合到原出发点或附合到另一个已知点时，其推算的坐标值与已知坐标值不符的矛盾，即坐标增量闭合差。支导线没有检核限制条件，不需要计算角度闭合差和坐标增量闭合差，只要根据已知边的坐标方位角和已知点的坐标，把外业测定的转折角和转折边长，直接代入公式计算出各边方位角及各边坐标增量，最后推算出待定导线点的坐标。

第三节　三角测量

一、三角测量概述

三角网是以三角形为基本图形构成的测量控制网，根据观测的元素的不同，三角网可分为测角网、测边网和边角网。测角网主要是观测各三角形内角以及少数边长（称为基线）；测边网观测所有的三角形边长及少数用于确定方位的角度；为了提高精度，既测边又测角的网，称为边角网，边角网可以测量全部边和角，也可以测量部分边和角。在三角网中，没有观测的角度和边长可以通过三角形的解算计算出来。在实际工作中，为了进行观测值的检核，提高图形的强度，需要增加多余观测值。

三角网的布设形式如图 6-11 所示。

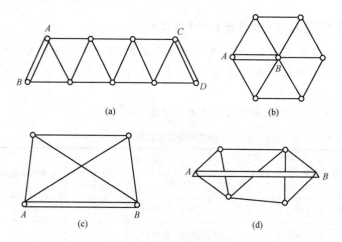

图 6-11　三角网的布设形式图

(a)小三角锁；(b)中心多边形；(c)四边形；(d)线形三角锁

二、三角测量外业工作

三角测量的外业工作包括踏勘选点和建立标志、基线测量及观测水平角。

快学快用 11　三角测量踏勘选点和建立标志

三角测量中该项工作与导线测量基本相同,选点时也应注意:

(1)各三角形边长应适当。

(2)为保证推算边长的精度,三角形内角应尽量在 $30°\sim120°$ 之间。

(3)相邻三角点应通视良好,点位选在地势较高、土质坚实、便于保存和加密扩展的地方。

(4)基线应选在便于量距的平坦而坚实地段。

(5)三角点选好后,应埋设标志,并编号码,为便于寻找还需绘点位标记图。

快学快用 12　基线测量

基线长度是推算三角网(锁)其他各边长的起始数据,要求相对误差不超过 1/10000。可用钢尺量距的精密方法进行丈量,也可用电磁波测量。

快学快用 13　三角测量水平角观测

水平角观测是三角测量外业的主要工作,在一个三角点上观测方向不超过两个时采用测回法观测,超过三个方向时采用全圆方向观测法观测。

观测所用仪器、测回数及限差列于表 6-9。

表 6-9　　　　　　　　　　　测角的测回数及限差

测图比例尺	测角中误差	测　回　数		三角形角度闭合差
		DJ_2	DJ_6	
1∶500～1∶2000	20″	两个"半测回"	2	60″
1∶5000～1∶10000	15″	两个"半测回"	2	45″

三、三角测量内业工作

三角测量内业工作主要包括:外业观测成果的复核与整理以及观测数据的平差处理等。在三角测量中,根据控制网布设的不同形式,各观测值间存在以下几种几何条件:

(1)内角和条件。各三角形内角和应为 $180°$,多边形内角和应为 $(n-2) \cdot 180°$。

(2)圆角和条件。在中点多边形中,中心点的各角点之和等于 $360°$。

(3)基线条件。当三角网中有两条基线时,从一条已知边开始,推算到另一条已知边必须相等。

(4)极条件。从起始边开始,以任一点为极点,推算到起始边,两值应该相等。

(5)方位角条件。当三角网中有两条边的方位角已知时,从一条已知边的方位角开始,推算到另一条已知边的方位角,两值必须相等。

三角测量数据的平差计算一般应用最小二乘原理,由专门的计算机软件进行处理。

第四节 全球定位系统(GPS)测量

施工平面控制网可利用 GPS 定位技术采用静态方式进行测量。在水利水电工程施工测量中,特别是引水式隧洞工程的控制测量和长距离引水工程的控制测量等更具有优越性。

一、GPS 控制网的分级

(1)GPS 网按相邻点的平均距离和精度划分为二、三、四等。在布网时,可以逐级布设、越级布设或布设同级全面网。

(2)各等级 GPS 网相邻点间弦长精度,应按下式计算:

$$\sigma = \pm \sqrt{a^2 + (bD)^2}$$

式中　　σ——标准差(基线向量的弦长中误差)(mm);

　　　　a——固定误差(mm);

　　　　b——比例误差(mm/km);

　　　　D——相邻点间距离(km)。

(3)各等级 GPS 网的主要技术指标,见表 6-10。相邻点最小距离可为平均距离的 1/2~1/3;最大距离可为平均距离的 2 倍~3 倍。

表 6-10　　　　　　　　各等级 GPS 网的主要技术指标

等级	平均边长 /m	仪器对称精度		平均边长相对中误差
		a /mm	b mm/km	
二等	500~2000	≤5	≤1	1:250000
三等	300~1500	≤5	≤2	1:150000
四等	200~1000	≤10	≤2	1:100000

二、GPS 控制网的网形设计

GPS 网的网形设计就是根据用户要求,确定具体的布网观测方案,其核心是高质量低成本地完成既定的测量任务。通常在进行 GPS 网设计时,必须顾及测站选址、卫星选择、仪器设备装置与后勤交通保障等因素;当网点位置、接收机数量确定以后,网的设计就主要体现在观测时间的确定、网形构造及各点设站观测的次数等方面。

1. GPS 网的设计要求

(1)GPS 网宜布设为全面网,当需要增加骨架网加强控制网精度时,可布设常规网与 GPS 网的混合网。

(2)网的点与点之间不要求通视,但需考虑常规测量法加密及施工放线时的应用,每点应有一个以上的通视方向。

(3)GPS 网应由一个或若干个独立观测环构成,也可采用附合路线构成,各等级 GPS 网中每个闭合环或附合路线中的边数见表 6-11。非同步观测的 GPS 基线向量边,应按所设计的网图选定,也可按软件功能自动挑选独立基线形成环路。

表 6-11 闭合环或附合路线边数的规定

等　　级	闭合环或附合路线的边数
二等	≤6
三等	≤8
四等	≤10

(4)布设 GPS 网时,应与施工平面控制网中的已有控制点(尤其是起算点)进行联测,联测点数不得少于 3 个(中、小型建筑物 GPS 控制网点联测数不少于 2 个)。且最好能均匀分布于测区中,以便取得可靠的坐标转换参数。

2. GPS 网的图形选择

根据不同的用途,GPS 网的图形布设通常有点连式、边连式、网连式及边点混合连接四种基本方式,也有布设成星形连接、附合导线连接及三角锁形连接等方式。选择何种方式的组网,主要取决于工程要求的精度、野外条件及 GPS 接收机台数等因素。

三、选点、建立标志

由于 GPS 测量观测站之间不要求通视,而且网的图形结构比较灵活,故选点工作较常规测量简便。但 GPS 测量又有其自身的特点,因此选点时应满足以下要求：

（1）点位应选在交通方便、易于安置接收设备的地方，且视场要开阔。

（2）GPS点应避开对电磁波接收有强烈吸收、反射等干扰影响的金属和其他障碍物体，如高压线、电台、电视台、高层建筑、大范围水面等。

（3）点位选定后，按要求埋置标石，并绘制点之记。

四、GPS测量的观测工作

GPS测量的观测工作主要包括天线设置、观测作业、观测记录和观测数据的处理等。

快学快用 14　GPS定位系统天线设置

GPS定位系统天线的设置工作一般应满足以下要求：

（1）静态相对定位时，天线安置应尽可能利用三脚架，并安置在标志中心的上方直接对中观测，对中误差不得大于1mm。在特殊情况下方可进行偏心观测，但归心元素应精密测定。

（2）天线底板上的圆水准器气泡必须严格居中。

（3）天线的定向标志线应指向正北，并顾及当地磁偏角的影响，以减弱相位中心偏差的影响。定向的误差依定位的精度要求不同而异，一般不应超过±3°～±5°。

（4）雷雨天气安置天线时，应注意将其底盘接地，以防止雷击。

天线安置后，应在各观测时段的前后，各量取天线高一次。量测的方法按仪器的操作说明进行。两次量测结果之差不应超过±3mm，并取其平均值。

快学快用 15　GPS测量外业观测

外业观测是指利用GPS接收机采集来自GPS卫星的电磁波信号，其作业过程大致可分为天线安置、接收机操作和观测记录。外业观测应严格按照技术设计时所拟定的观测计划实施，只有这样，才能协调好外业观测的进程，提高工作效率，保证测量成果的精度。外业观测所选用的接收机应符合规定。对于新购置的或检修后的接收机，出测前应进行检验，检验的内容包括一般检验、通电检验、试测检验及数据处理软件的检测。

快学快用 16 GPS 测量外业记录

(1)记录项目应包括下列内容:

1)测站点名、观测日期、天气情况、时段号。

2)观测时间,包括开始与结束时间。

3)接收机类型及其号码、天线号码。

4)天线高量测值。

(2)原始观测值和记事项目,应按规定在现场记录,字迹清楚、整齐、美观。

(3)外业观测记录各时段观测结束后,应及时将每天外业观测记录结果录入计算机硬盘或软盘。

(4)接收机内存数据文件在传输到机外存储介质上时,不得进行任何编辑、修改。

快学快用 17 GPS 测量内业数据处理

外业观测结束后,必须及时在测区进行观测数据的检核,确保无误后才能进行数据处理。GPS 卫星定位数据处理与常规测量数据处理相比其特点是数据量大、处理过程复杂。数据处理的基本流程包括数据的粗加工和预处理、基线向量计算和基线网平差、坐标系统转换或与地面网的联合平差等环节。在实际工作中,一般是应用电子计算机通过一定的计算程序来完成数据处理工作。

GPS 数据处理应符合下列要求:

(1)GPS 网观测数据的质量检验,应包括下列内容:

1)计算任一三边同步环的坐标分量相对闭合差及全长相对闭合差,其值应满足表 6-12 的规定。

表 6-12　　　　同步环坐标分量及环线全长相对闭合差的规定

等级	限差类型	
	坐标分量相对闭合差	环线全长相对闭合差
二等	2.0×10^{-6}	3.0×10^{-6}
三等	3.0×10^{-6}	5.0×10^{-6}
三等	6.0×10^{-6}	10.0×10^{-6}

2)异步环坐标分量闭合差和全长闭合差应符合下式的规定：

$$|W_x|、|W_y|、|W_z| \leqslant |2\sqrt{n}\sigma|$$

$$|W| \leqslant |2\sqrt{3n}\sigma|$$

3)复测基线的长度较差应符合下式的规定：

$$d_S \leqslant |2\sqrt{n}\sigma|$$

以上三式中：

$W_x、W_y、W_z$——异步环坐标分量闭合差；

n——异步环边数；

σ——基线向量的弦长中误差；

W——异步环全长闭合差，$W = \pm\sqrt{W_x^2 + W_y^2 + W_z^2}$；

d_S——基线的长度较差。

(2)GPS网的平差处理应遵守以下规定：

1)基线解算中，起算点坐标的误差应保证在20m以内。

2)在各项质量检验符合要求后，以所有独立基线组成GPS空间向量网，并在WGS-84坐标系统中进行三维无约束平差。在无约束平差中，基线向量的改正数($V_{\Delta x}、V_{\Delta y}、V_{\Delta z}$)绝对值均不应大于$3\sigma$。

3)在无约束平差确定有效观测量的基础上，在施工平面控制网的坐标系下进行二维约束平差。约束平差中，基线向量的改正数与无约束平差结果的同名基线相应改正数的较差($dv_{\Delta x}、dv_{\Delta y}、dv_{\Delta z}$)均不应超过$2\sigma$。

4)对于部分基线边因误差超限或因故不能按GPS测量方法进行施测时，在平差处理时可以用其他方法测量的边长数据不低于相应精度要求代替，其原则是应使平差计算精度更高。

第五节　交会法定点

在进行平面控制测量时，如果控制点的密度不能满足测图或工程的要求时，则需要进行控制点加密。控制点的加密经常采用交会法进行单点(或双点)加密。交会法定点分为测角交会和测边交会两种方法。

一、测角交会

测角交会定点分为前方交会、侧方交会和后方交会三种。

如图 6-12 所示为前方交会基本图形。已知 O 点坐标为 x_A、y_A，M 点坐标为 x_B、y_B，在 O、M 两点上设站，观测出 α、β，通过三角形的余切公式求出加密点 P 的坐标，这种方法称为测角前方交会法，简称前方交会。

按导线计算公式，由图 6-12 可见：

(1)计算已知边的边长和坐标方位角。

$$D_{OM} = \sqrt{(x_M - x_O)^2 + (y_M - y_O)^2}$$

$$\alpha_{OM} = \arctan \frac{y_M - y_O}{x_M - y_O}$$

(2)计算待定边的边长和坐标方位角。图中的 γ 角没有观测，应使用公式 $\gamma = 180° - \alpha - \beta$ 计算出。由正弦定理可以计算出待定边的边长为

$$\begin{cases} D_{MP} = D_{OM} \dfrac{\sin\alpha}{\sin\gamma} = D_{OM} \dfrac{\sin\alpha}{\sin(\alpha+\beta)} \\ D_{OP} = D_{OM} \dfrac{\sin\beta}{\sin\gamma} = D_{OM} \dfrac{\sin\beta}{\sin(\alpha+\beta)} \end{cases}$$

待定边的方位角为

$$\begin{cases} \alpha_{OP} = \alpha_{OM} - \alpha \\ \alpha_{MP} = \alpha_{OM} + \beta = \alpha_{OM} + \beta \pm 180° \end{cases}$$

(3)计算待定点的坐标。可以分别由 O、M 点计算待定点 P 的坐标，以此作为检核。

$$\begin{cases} x_P = x_O = \Delta x_{OP} = x_{MP} + D_{OP}\cos\alpha_{OP} \\ y_P = y_O + \Delta y_{OP} = y_M + D_{MP}\cos\alpha_{MP} \end{cases}$$

$$\begin{cases} x_P = x_M + \Delta x_{MP} = x_M + D_{MP}\cos\alpha_{MP} \\ y_P = y_M + \Delta y_{MP} = y_M + D_{MP}\sin\alpha_{MP} \end{cases}$$

利用 O、M 点的坐标和观测水平角直接计算待定点 P 的坐标公式为

$$\begin{cases} x_P = \dfrac{x_O\cot\beta + x_M\cot\alpha + (y_M - y_O)}{\cot\alpha + \cot\beta} \\ y_P = \dfrac{y_O\cot\beta + y_M\cot\alpha + (x_M - x_O)}{\cot\alpha + \cot\beta} \end{cases}$$

(4)校核与计算。在实际工作中，为了校核和提高 P 点坐标的精度，通常采用三个已知点的前方交会图形。如图 6-13 所示，在三个已知点 1、2、3 上设站，测定 α_1、β_1 和 α_2、β_2，构成两组前方交会，然后分别解算两组 P

点坐标。由于测角有误差,所以解算得两组 P 点坐标不可能相等,如果两组坐标较差不大于两倍比例尺精度时,取两组坐标的平均值作为 P 点最后的坐标。即:

$$f_D = \sqrt{\delta_x^2 + \delta_y^2} \leqslant f_{容} = 2 \times 0.1 M \qquad (\text{mm})$$

式中,δ_x、δ_y 分别为两组 x_p、y_p 坐标值之差,M 为测图比例尺分母。

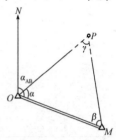

图 6-12　前方交会法基本图形

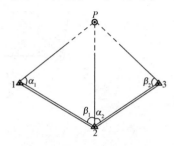

图 6-13　三点前方交会

快学快用 19　侧方交会定点

如图 6-14 所示,侧方交会是分别在一个已知点(如 O 点)和待定点 P 上安置经纬仪,观测水平角 α、γ 和检查角 θ,进而确定 P 的平面坐标。

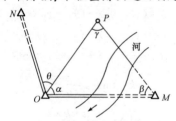

图 6-14　侧方交会

先计算出 $\beta = 180° - (\alpha + \gamma)$,然后即可按前方交会的计算方法注出 P 点的平面坐标并进行检核。计算时,要求 $O \rightarrow P \rightarrow M$ 为逆时针方向。

快学快用 20　后方交会定点

如图 6-15 所示为后方交会基本图形。1、2、3、4 为已知点,在待定点 P 上设站,分别观测已知点 1、2、3,观测出 α 和 β,然后根据已知点的坐标

计算出 P 点的坐标,这种方法称为测角后方交会,简称后方交会。

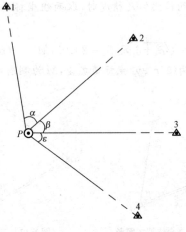

图6-15 后方交会

P 点位于 1、2、3 三点组成的三角形之外时的简便计算方法,可用下列公式求得:

$$a = (x_1 - x_2) + (y_1 - y_2)\cot\alpha$$
$$b = (y_1 - y_2) - (x_1 - x_2)\cot\alpha$$
$$c = (x_3 - x_2) - (y_3 - y_2)\cot\beta$$
$$d = (y_3 - y_2) + (x_3 - x_2)\cot\beta$$

$$k = \tan\alpha_{3P} = \frac{c - a}{b - d}$$

$$\begin{cases} \Delta x_{3P} = \dfrac{a + b \cdot k}{1 + k^2} \\ \Delta y_{3P} = k \cdot \Delta x_{3P} \end{cases}$$

$$\begin{cases} x_P = x_3 + \Delta x_{3P} \\ y_P = y_3 + \Delta y_{3P} \end{cases}$$

为了保证 P 点的坐标精度,后方交会还应该用第四个已知点进行检核。如图 6-15 所示,在 P 点观测 1、2、3 点的同时,还应观测 4 点,测定检核角 $\varepsilon_{测}$,在算得 P 点坐标后,可求出 α_{3P} 与 α_{4P},由此得 $\varepsilon_{计} = \alpha_{4P} - \alpha_{3P}$。若角度观测和计算无误时,则应有 $\varepsilon_{测} = \varepsilon_{计}$。

二、测边交会

如图 6-16 所示,在求算要加密控制点 P 的坐标时,也可以采用测量出图示边长 a 和 b,然后利用几何关系,求算出 P 点的平面坐标的方法,这种方法称为测边(距离)交会法。其与测角交会相同,距离交会也能获得较高的精度。

在图 6-16 中 A、B 为已知点,测得两条边长分别为 a、b,则 P 点的坐标可按下述方法计算。

利用坐标反算公式计算 AB 边的坐标方位角 α_{AB} 和边长 s:

$$\alpha_{AB} = \arctan \frac{y_B - y_A}{x_B - x_A}$$

$$s = \sqrt{(x_B - x_A)^2 + (y_B - y_A)^2}$$

根据余弦定理求出 $\angle A$:

$$\angle A = \arccos\left(\frac{s^2 + b^2 - a^2}{2bs}\right)$$

而:

$$\alpha_{AP} = \alpha_{AB} - \angle A$$

于是有:

$$\begin{cases} x_P = x_A + b \cdot \cos\alpha_{AP} \\ y_P = y_A + b \cdot \sin\alpha_{AP} \end{cases}$$

工程中为了检核和提高 P 点的坐标精度,通常采用三边交会法,如图 6-17 所示。三边交会观测三条边,分两组计算 P 点坐标进行核对,最后取其平均值。

图 6-16　距离交会

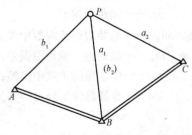

图 6-17　三边距离交会

第六节 测量外业成果验算与平差计算

一、测量外业成果验算

控制网各项外业观测结束后,应进行各项限差的验算。

(1)测角网。

1)极条件自由项的限值:

真数:
$$\overline{W}_j = \pm 2 \frac{m_\beta}{\rho} \sqrt{\sum \cot^2 \beta}$$

对数:
$$W_j = 2 m_\beta \sqrt{[\delta\delta]}$$

2)边(基线)条件自由项的限值:

真数:
$$\overline{W}_D = \pm 2 \sqrt{\frac{m_\beta^2}{\rho^2} \sum \cot^2 \beta + \left(\frac{m_{S1}}{S_1}\right)^2 + \left(\frac{m_{S2}}{S_2}\right)}$$

对数:
$$W_D = \pm 2 \sqrt{m_\beta^2 [\delta\delta] + m_{\lg S1}^2 + m_{\lg S2}^2}$$

3)方位角条件自由项的限值:
$$W_f = \pm 2 \sqrt{m_{\alpha 1}^2 + m_{\alpha 2}^2 + n \cdot m_\beta^2}$$

4)固定角条件自由项的限值:
$$W_g = \pm \sqrt{m_g^2 + m_\beta^2}$$

式中 m_β——相应等级的测角中误差;

δ——求距角正弦对数的一秒表差;

m_S——测距中误差;

$m_{\lg S1}$、$m_{\lg S2}$——起始边边长对数中误差;

$m_{\alpha 1}$、$m_{\alpha 2}$——起始边方位角中误差;

m_g——固定角的角度中误差;

n——推算路线所经过的测站数;

β——求距角;

$\dfrac{m_{S1}}{S_1}$、$\dfrac{m_{S2}}{S_2}$——起始边边长相对中误差。

(2)边角网和测边网。

1)边角网边条件自由项限值：

按角度平差：

$$W_S = \pm 2 \sqrt{m_\beta^2 [\delta\delta] + m_S^2 [\delta_S \delta_S]}$$

按方向平差：

$$W_S = \pm 2 \sqrt{m_i^2 [\delta\delta] + m_S^2 [\delta_S \delta_S]}$$

2)观测角与边长计算所得角值的限差：

$$W''_T = \pm 2 \sqrt{2 \left(\frac{m_S}{S} \rho''\right)^2 (\cot^2\alpha + \cot^2\beta + \cot\alpha \cdot \cot\beta) + m_\beta^2}$$

式中　m_i、m_β——相应等级规定的方向中误差和测角中误差；

　　　　δ、δ_S——求距角正弦对数的秒差和条件方程式中边长改正数系数；

　　　　$\dfrac{m_S}{S}$——各边的平均测距相对中误差；

　　　　α、β——除观测角外的另外两个角。

3)测边网角条件(包括圆周角条件与组合角条件)自由项的限值计算,应符合《水利水电工程施工测量规范》(SL 52—1993)的规定。

(3)导线网。

1)导线方位角条件自由项限值：

$$W_{方} = \pm 2 \sqrt{n m_\beta^2 + m_{\alpha1}^2 + m_{\alpha2}^2}$$

2)导线闭合图形的自由项限值：

$$W_{图} = \pm 2 m_\beta \sqrt{n}$$

式中　n——导线测站数；

　　　m_β——相应等级导线规定的测角中误差；

　$m_{\alpha1}$、$m_{\alpha2}$——附合导线两端已知方位角的中误差。

二、测量成果内业平差计算

(1)测角网、测边网按等权进行平差。边角网和导线网的定权,可根据情况,从下列方法中选择。

1)根据先验方差定权。即令 $P_\beta = 1$,

则：　　　　　　　　　$P_S = m_\beta^2 / m_S^2$

或令　$P_i = 1$,

则： $$P_S = m_i^2 / m_S^2$$

式中　m_β、m_i——可按《水利水电工程施工测量规范》(SL 52—1993)的规定计算或取用相应等级的先验值；

　　　　m_S——可取用仪器的标称精度；

　　　　P_β——角度观测值的权；

　　　　P_i——方向观测值的权；

　　　　P_S——测距边观测值的权。

2)先分别按测角网和测边网单独平差求得各自的方差估值 m_β(或 m_i)、m_s,然后按上述 1)项所列公式定权。

3)在条件允许时,也可考虑按方差分量估计原理定权。

(2)各等级平面控制网均应采用严密的平差方法。平差所用的计算程序应该是经过鉴定或验算证明是正确的程序。

(3)根据平差方法评定三角网平差后的精度,一般应包含:单位权测角(或方向)中误差,各边边长中误差和方向中误差,各待定点点位中误差和各点的绝对(相对)误差椭圆元素。

(4)内业计算数字取位要求应符合表 6-13 的规定。

表 6-13　　　　　　　　　　内业计算数字取位要求

等　级	观测方向值 (")	改正数		边长与坐标值 /mm	方位角 (")
		方向(")	长度/mm		
二	0.01	0.01	0.1	0.1	0.01
三、四	0.1	0.1	1.0	1.0	0.1
五	1	1	1.0	1.0	1.0

三、测量成果整理归档

平面控制测量结束后,应对下列资料进行整理归档。

(1)平面控制网图及技术设计书。

(2)平差计算成果资料。

(3)外业观测记录手簿。

(4)技术工作小结。

第七章　高程控制测量

第一节　高程控制测量概述

一、高程控制网的等级

测量地面上的点的高程时应先建立高程控制网,然后再根据高程控制点测定地面的高程。为了便于开展科学研究、测绘地形图与进行工程建设中的测量工作,我国已在全国范围内建立了统一的高程控制网。高程控制网的等级,依次划分为二、三、四、五等。首级控制网的等级,应根据工程规模、范围大小和放线精度高低来确定,其适用范围见表 7-1。

表 7-1　　　　　　　首级高程控制等级的适用范围

工程规模	混凝土建筑物	土石建筑物
大型水利水电工程	二或三等	三等
中型水利水电工程	三等	四等
小型水利水电工程	四等	五等

二、高程控制测量的精度要求

(1)最末级高程控制点相对于首级高程控制点的高程中误差,对于混凝土建筑物应不大于 10mm,对于土石建筑物应不大于 20mm。

(2)在施工区以外,布设较长距离的高程路线时,可按《国家一、二等水准测量规范》(GB/T 12897—2006)和《国家三、四等水准测量规范》(GB/T 12898—2007)中规定的相应等级精度标准进行设计。

三、高程点的选择和标志的埋设

布设高程控制网时,首级网应布设成环形网,加密时宜布设成附合路线或结点网。其点位的选择和标志的埋设应遵守下列规定：

（1）各等级高程点宜均匀布设在大坝上下游的河流两岸。点位应选在不受洪水、施工影响，便于长期保存和使用方便的地点。四等以上高程点的密度视施工放线的需要确定。一般要求在每一个重要单项工程的部位至少有1～2个高程点。五等高程点的布置应主要考虑施工放线、地形测量和断面测量的使用。

（2）高程点可埋设预制标石，也可利用露头基岩、固定地物或平面控制点标志设置。埋设首级高程标石，必须经过一段时间，待标石稳定后才能进行观测。各等级高程点应统一编号。高程标志、标石埋设的规格可参照图7-1、图7-2选用。

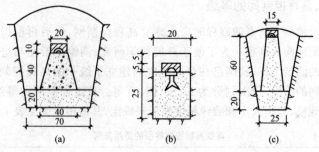

图7-1　金属水准标志(单位:mm)

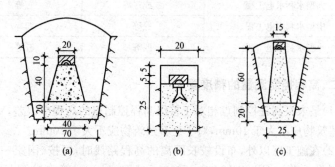

图7-2　水准标志埋设图

(a)二、三等水准标石埋设图；(b)岩石标石埋设图；(c)四等水准标石埋设图

（注：冻土地区的标型和埋设深度可自行设计。）

第二节　三、四等水准测量

三、四等水准测量,能够应用于建立小区域首级高程控制网。三、四等水准测量的起算点高程应尽量从附近的一、二等水准点引测,如果测区附近没有国家一、二等水准点,则在小区域范围内可采用闭合水准路线建立独立的首级高程控制网,假定起算点的高程。三、四等水准点应选在土质坚硬、便于长期保存和使有的地方,并应埋设水准标石。

一、水准测量观测顺序

1. 三等水准测量每测站观测顺序

(1)后视标尺黑面,使圆水准器气泡居中,读取上、下丝读数,记为(A)、(B),转动微倾螺旋,使符合水准气泡中,读取中丝读数(C)。

(2)前视标尺黑面,使圆水准器气泡居中,读取上、下丝读数,记为(D)、(E),转动微倾螺旋,使气泡居中,读取中丝读数(F)。

(3)前视标尺红面,精平,读取中丝读数,记(G)。

(4)后视标尺红面,精平,读取中丝读数,记(H)。

三等水准测量测站观测顺序简称为:"后-前-前-后"(或黑-黑-红-红),其优点是可消除或减弱仪器和尺垫下沉误差的影响。

2. 四等水准测量每测站观测顺序

(1)后视标尺黑面,使圆水准气泡居中,读取上、下丝读数,记为(A)、(B),转动微倾螺旋,使符合水准气泡中,读取中丝读数(C)。

(2)后视标尺红面,使圆水准气泡居中,读取中丝读数,记为(D)。

(3)前视标尺黑面,使圆水准气泡居中,读取上、下丝读数,记为(E)、(F),转动微倾螺旋,使符合水准气泡居中,读取中丝读数(G)。

(4)前视标尺红面,精平,读取中丝读数,记(H)。

四等水准测量测站观测顺序简称为:"后-后-前-前"(或黑-红-黑-红)。

二、水准测量测站计算与校核

快学快用 1 *视距计算*

后视距离:　　　　　(I)=[(A)-(B)]×100

前视距离：　　　　$(J)=[(D)-(E)]\times100$

前、后视距差：　　$(K)=(I)-(J)$

前、后视距累积差：本站$(L)=$本站$(K)+$上站(L)

快学快用 2　读数核核

同一水准尺红、黑面中丝读数之差，应等于该尺红、黑面的常数差 K (4.687 或 7.787)，红、黑面中丝读数差按下式计算。

前尺：　　　　　$(M)=(F)+K_1-(G)$

后尺：　　　　　$(N)=(C)+K_2-(H)$

快学快用 3　高差计算及核核

黑面高差：　　　$(O)=(C)-(F)$

红面高差：　　　$(P)=(H)-(G)$

校核计算：红、黑面高差之差$(Q)=(O)-[(P)\pm0.100]$

或　　　　　　　$(Q)=(N)-(M)$

高差中数：　　　$(R)=[(O)+(P)\pm0.100]/2$

在测站上，当后尺红面起点为 4.687m，前尺红面起点为 4.787m 时，取$+0.100$；反之，取-0.100。

快学快用 4　每页计算及核核

(1)高差部分。红、黑面后视总和减红、黑面视总和应等于红、黑面高差总和，还应等于平均高差总和的两倍。即

对于测站数为偶数的页为：

$$\sum[(C)+(H)]-\sum[(F)+(G)]=\sum[(O)+(P)]=2\sum(R)$$

对于测站数为奇数的页为：

$$\sum[(C)+(H)]-\sum[(F)+(G)]=\sum[(O)+(P)]=2\sum(R)\pm0.100$$

(2)视距部分。后视距离总和减前视距离总和应等于末站视距累积差。即：

$$末站(L)=\sum(I)-\sum(J)$$

$$总视距=\sum(I)+\sum(J)$$

第三节　光电测距三角高程测量

一、三角高程测量原理

当地面起伏变化较大时,进行水准测量往往速度慢,困难也比较大,因此,可用光电测距仪三角高程测量的方法或全站仪三角高程测量的方法测定两点间的高差,从而推算各点的高程。

如图 7-3 所示,已知 A 点的高程 H_A,欲求 B 点高程 H_B。可用经纬仪配合测距仪或用全站仪测定两点间的水平距离 D 及竖直角 α。则 AB 两点间的高差计算公式可由下式计算求得:

B 点高程为

$$h = D\tan\alpha + i - v$$
$$H_B = H_A + h = H_A + D\tan\alpha + i - v$$

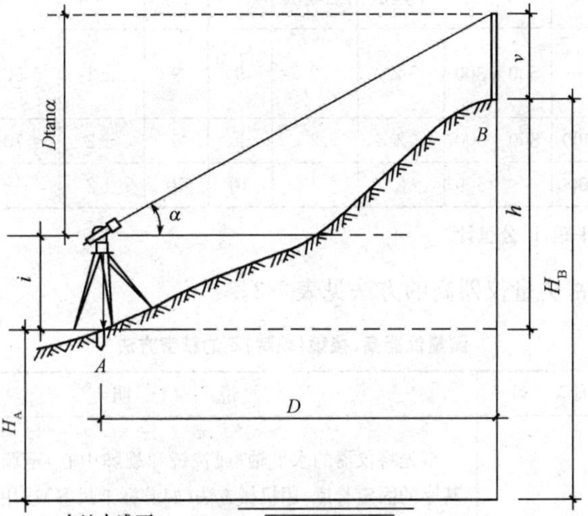

图 7-3　三角高程测量

二、光电测距三角高程测量应用范围

光电测距三角高程测量在水利水电施工高程控制测量中的应用范围如下:

（1）结合平面控制测量,将平面控制网布设成三维网（或二维网加三角高程网）。

（2）在施工区,可代替三、四、五等水准测量。

（3）在跨越江、河、湖、泊及障碍物传递高程时,可代替二、三、四、五等水准测量。

三、光电测距三角高程测量技术要求

（1）结合平面控制测量,布设三维网的技术要求,见表 7-2。

（2）代替三、四、五等水准的光电测距三角高程测量,可采用单向、对向和隔点设站法进行,其技术要求应符合表 7-2 的规定。

表 7-2　　　　　　　　　　光电测距三角高程测量的技术要求

等级	使用仪器	最大边长/m			天顶距观测				仪间高丈量精度 /mm	对向观测高差较差 /mm	附合或环线闭合差 /mm
		单向	对向	隔点设站	测回数		指标差较差(″)	测回差(″)			
					中丝法	三丝法					
三	DJ$_1$ DJ$_2$	—	500	300	4	2	9	9	±1	±50D	±12$\sqrt{D}$
四	DJ$_2$	300	800	500	3	2	9	9	±2	±70D	±20$\sqrt{D}$
五	DJ$_2$	1000	—	500	2	1	10	10	±2	—	±30$\sqrt{D}$

注:D 为平距,以公里计。

（3）精密丈量仪器高的方法见表 7-3。

表 7-3　　　　　　　　　测量仪器高、棱镜（觇牌）高的精密方法

序号	项目	说明
1	作业方法	事先将仪器的水平轴（或棱镜和觇牌中心）至调平螺丝上部基座的固定长度,用机械方法（如游标卡尺等）或用精密水准仪配以因瓦水准尺或钢板尺,予以精确测定。在现场观测中,只需量测标石面（或高程标志顶部）至上部基座面之间的距离就可以了。这种作业方法,特别是在观测仪器墩上是非常方便的,精度可保证在±1mm 内

(续)

序 号	项 目	说 明
2	精度测取方法	如图 7-4 所示将经纬仪置中于 A 点,水准尺立于 B 点(A、B 两点高程差已用相应等级水准测得),读出在仪器水平视线时的水准尺整数分划读数,并用中丝两测回测定该分划线的垂直角,用钢尺量取水平距离 S,则仪器水平轴至 B 点标志间的高差 Δh 为 $$\Delta h = l_1 - S \tan\beta$$ 设 A 点的仪器高(即水平轴之高程)为 I_A,则: $$I_A = h_{AB} + \Delta h$$ 当 $S=10\text{m}$,$\beta=1°$,$m_\beta=\pm2''$,$m_s=\pm0.002\text{m}$,$m_{\Delta A}\leqslant0.1\text{mm}$,因此,用这种方法测取仪器高的精度是高的

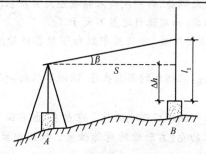

图 7-4 测量仪器高示意图

四、光电测距三角高程测量方法和步骤

快学快用 5 单向、对向光电测距三角高程测量

单向、对向光电测距三角高程测量,一测站的操作程序如下:

(1)仪器和棱镜(觇牌)架设好后,量取仪器高与棱镜(觇牌)高。

(2)读取测站的气象数据。

(3)观测斜距。

(4)观测天顶距(测完全部测回数)。

第(3)、(4)项的观测程序可互换。

快学快用 6 以隔点设站法施测三等高程路线

以隔点设站法施测三等高程路线时,一测站的操作程序如下:

(1)读取气象数据。

(2)照准后视棱镜(觇牌)标志,观测天顶距。

(3)照准前视棱镜(觇牌)标志,观测天顶距。

(4)观测前视斜距。

(5)观测后视斜距。

(6)仿上述(2)～(5)项测完全部测回数。

以上简称为"后、前、前、后"法,对于四、五等高程测量,可采用"后、后、前、前"法,其他要求与三等相同。

快学快用 7　用三丝法观测天顶距

(1)望远镜在盘左位置概略瞄准目标,制动水平与垂直螺旋,然后旋转水平与垂直微动螺旋,使十字丝的上丝精确照准目标、读数。继则反时针方向旋出垂直微动螺旋,再一次旋入精确照准目标、读数。这样就完成了两次照准两次读数,两次读数之差不大于3″。

(2)旋转垂直微动螺旋,分别用中丝和下丝各精确照准目标两次、读数两次。

(3)纵转望远镜,依相反的照准次序,瞄准各目标,但仍按上、中、下次序精确照准读数。

以上完成三丝一测回的观测工作。在盘左、盘右位置照准目标时,目标成像应位于竖丝的左、右附近的对称位置。仅用中丝法观测天顶距可参照上述(1)项步骤。

快学快用 8　天顶距测量限差的比较与重测

(1)测回差比较的方法为:同一方向,由各测回各丝所测得的全部天顶距结果互相比较。

(2)指标差互差的比较方法为仅在一测回内各方向按同一根水平丝所计算的结果进行互相比较。

(3)重测规定:若一水平丝所测某方向的天顶距或指标差互差超限,则此方向须用中丝重测一测回。三丝法若在同方向一测回中有二根水平丝所测结果超限,则该方向须用三丝法重测一测回,或用中丝重测二测回。

快学快用 9　光电测距三角高程测量注意事项

(1)高程路线应起讫于高一级的高程点或组成闭合环。隔点设站法的测站数应为偶数。

（2）当视线长度小于或等于500m时，可直接照准棱镜觇牌，视线长度大于500m时，应采用特制觇牌。

（3）采用隔点设站观测时，前、后视线长度应尽量相等，最大视距差不宜大于40m，视线通过的地形剖面应相似，倾角宜相近。

（4）单向测量只能用于布设有校核条件的单点，不宜布设高程路线。

（5）视线通过沙漠、沼泽、干丘、……若对向（往返）观测高差较差超限，应分析原因，在排除可能发生粗差的条件下，可适当放宽。

第四节　跨河高程测量

一、跨河高程测量场地的选定

跨河高程测量场地的选定应符合下列要求：

（1）跨河地点应尽量选择于路线附近江河最狭处，以便使用最短的跨河视线。

（2）视线不得通过大片草丛、干丘、沙滩的上方。

（3）视线距水面的高度，在跨河视线长度为500m时，不得低于3m，1000m时不得低于4m。当视线高度不能满足上述要求时，需埋设高木桩并建造牢固的观测台。

（4）跨河图形的布置应在大地四边形［图7-5(a)］、平行四边形［图7-5(b)］，等腰梯形［图7-5(c)］或"Z"字形［图7-5(d)］中选用。

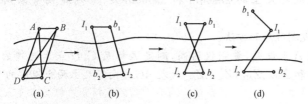

图7-5　跨河水准布置图

(a)大地四边形；(b)平行四边形；(c)等腰梯形；(d)"z"字形

二、跨河高程测量技术要求

跨河高程测量的技术要求，见表7-4。

表 7-4　　　　　　　　　　　跨河高程测量的技术要求

高程等级	仪器类型		最大跨河视线长度/m	测回数			天顶距观测				
	测距仪等级	经纬仪		距高	天顶距		两次照准两次读数差(″)	指标差互差限值(″)	同一标志测回差(″)	最小时间段	独立测定组数
					中丝法	三丝法					
二	1~2	DJ$_1$ T 2000	500	3	6	3	2	4	4	2	4
三	2	DJ$_2$ T 1000	800	2	4	2	3	9	9	2	4
四	2~3	DJ$_2$	1000	2	3	2	3	9	9	1	2
五	4	DJ$_2$	1500	1	2	1	—	—	—	1	—

三、跨河高程测量的程序和方法

(一)二等跨河高程测量的程序和方法

快学快用 10 　距离和天顶距分别观测

(1)准备工作。

1)选择图 7-5(a)的大地四边形作为过河场地并埋设固定标志。

2)用二等水准的精度测定同岸两点(AB 和 CD)之间的高差。

3)在远标尺上的 2.500m 和 2.000m 处,分别精确安装两个特制觇牌。

(2)观测程序和方法。

1)在 A 点设站,量测仪器高,测定远标尺 C、D 点上觇牌的天顶距 Z_{AC1}、Z_{AC2} 和 Z_{AD1}、Z_{AD2}(Z_{AC1}、Z_{AC2} 代表 AC 方向标尺上两个觇牌的天顶距,下同)。

2)在 B 点设站,量测仪器高,仿上述 1)项测得 Z_{BC1}、Z_{BC2} 和 Z_{BD1}、Z_{BD2}。以上构成一组天顶距观测。

3)仪器和尺子相互调岸。

4)分别在 C、D 点设站按上述 1)、2)项方法测定 Z_{CA1}、Z_{CA2}、Z_{CB1}、Z_{CB2} 和 Z_{DA1}、Z_{DA2}、Z、Z_{DB1},Z_{DB2}。

以上构成两组天顶距观测。

剩余的观测量应在不同的时段继续进行。

5)距离测量,按规定的技术要求,分别测量 AB、AC、AD 及 BC、BD、CD 等边的距离,并读取气象数据。

快学快用 11 **距离和天顶距同时观测**

(1)准备工作。

1)选择图 7-5(a)的大地四边形作为过河场地并埋设固定标志。

2)准备三个棱镜(或一个棱镜,若干个觇牌)。

(2)观测程序和方法。

1)在 A 点设站,量取仪器高。在 B、C、D 架设棱镜或觇牌,量取棱镜高(觇牌高),读取气象数据。

2)观测 B、C、D 三点的天顶距(测完全部测回数)。

3)观测 B、C、D 三点的斜距。

4)读取气象数据。

5)在 B 点设站,A 点架设棱镜,C、D 点棱镜不动,量取仪器高、棱镜高(觇牌高),读取气象数据。

6)同上述 2)、3)项,观测 A、B、D 三点的天顶距和斜距(测完全部测回数)。

7)读取气象数据,以上组成一个独立的观测组。

8)仪器、棱镜(觇牌)同时调岸。仪器分别架 C、D 两点仿上述 2)、3)项观测 A、B、D 三点的斜距和天顶距。

9)在每一站量取仪器高、棱镜高(觇牌高),在每一站的始末读取气象数据。

以上组成第二个独立观测组。

10)选择另一个时间段,再观测两个独立的观测组。

(二)三、四、五等跨河高程测量的程序和方法

三、四、五等跨河高程测量,一般按图 7-5(b)、图 7-5(c)或图 7-5(d)的布置方式进行,一测站的操作程序如下:

(1)置仪器于 I_1 点,观测本岸近标尺 b_1,照准棱镜(觇牌),观测天顶距。

(2)瞄准对岸远标尺 b_2[图 7-5(d)为 I_2],照准棱镜(觇牌)标志,按上述(1)项观测天顶距。继续观测剩余的测回数,各测回连续观测时,相邻两测回间观测近标尺和远标尺的次序可以互换,直至观测完全部测回数。

(3)观测气象元素。

(4)测量远标尺和近标尺的斜距。

以上组成一组独立的观测值。

(5)仪器和标尺同时调岸。仪器架设于 I_2 点,先观测远标尺 b_1[图 7-5(d) 为 I_1 点],后观测近标尺 b_2,按上述(1)～(4)项分别观测 b_1、b_2 的天顶距和斜距。

对三、四等跨河高程测量,应选择另一时间段再进行上述的往返测,获得三、四组独立观测值。

快学快用 12 *跨河高程测量注意事项*

采用光电测距三角高程测量方法进行跨河高程传递时,应注意下列事项:

(1)观测应在成像清晰,风力微弱的气象条件下进行,最好选在阴天为宜。

晴天观测应在日出后一小时至地方时 9 时 30 分止,下午自 15 时至日落前一小时止。且往返观测应在较短的时间间隔内进行。

(2)当过河点处于不稳定的地段时,应在附近稳定区选择监测点,并在跨河测量前后按相应等级对过河点进行监测。

(3)在调岸时,远标尺的特制觇牌在标尺上的位置,以及过河点上架设棱镜(对中杆)要严格保持其高度不变。

(4)在条件许可时,宜用两台同型号的仪器同时对向观测。

(5)二等跨河高程测量应精密丈量仪器高和棱镜高(觇牌高)。精密丈量方法视情况而异,一般应将其点固定部分事先精密测定,活动部分在现场用小钢板尺量取。

第五节　　测量外业成果验算与平差计算

一、外业成果验算

高程测量外业成果的整理应符合以下要求:

(1)高程测量应采用规定的手簿记录,并统一编号,手簿中记载项目和原始观测数据必须字迹清晰、端正,填写齐全。

(2)高程测量观测、记录及计算小数位的取位,应符合表7-5的规定。

表 7-5 观测、记录及计算小数位取位的规定

高程等级	天顶距观测读数与记录小数位 (")	水准尺观测读数与记录小数位 /mm	往(返)测距离总和 /km	往(返)测距离总数 /km	各测站高差 /mm	往(返)测距离总和 /km	往(返)测距离中数 /km	高差 /mm
二	0.01" 0.1"	0.05 0.1	0.01	0.1	0.01	0.01	0.1	0.1
三	0.1 1.0	1.0	0.1	0.1	0.01	1.0	1.0	1.0
四、五	1.0	1.0	0.01	0.1	1.0	1.0	1.0	1.0

快学快用 13 水准测量外业验算项目

(1)观测手簿必须经百分之百的检查,并由两人独立编制高差和高程表。

(2)根据测段往返测高差不符值(Δ)计算每公里高程测量高差中数的偶然中误差 M_Δ,当高程路线闭合环较多时,还须按环闭合差(W)计算每公里高程测量高差中数的全中误差 M_W。

$$M_\Delta = \pm \sqrt{\frac{1}{4n}\left[\frac{\Delta\Delta}{R}\right]}$$

$$M_W = \pm \sqrt{\frac{1}{N}\left[\frac{WW}{F}\right]}$$

式中　Δ——测段往返测高差不符值,mm;

　　　R——测段长(km);

　　　n——测段数;

　　　W——经各项改正后的水准环闭合差或附合路线闭合差(mm);

　　　F——计算各 W 时,相应的路线长度(环绕周长)(km);

　　　N——附合路线或闭合环个数。

快学快用 14 光电测距三角高程测量、跨河高程测量外业验算项目

光电测距三角高程测量、跨河高程测量的外业验算项目,应包括下列内容:

(1)外业手簿的检查和整理。

(2)对所测斜距进行各项改正。包括:气象改正,加常数、乘常数改正;必要时还应加入周期误差改正。

(3)若斜距和天顶距分别观测时,应对天顶距观测值进行归算,改正到测距时的天顶距,其计算公式为:

$$Z_{ij} = Z'_{ij} - \Delta Z_{ij} = Z'_{ij} - \frac{\left[(V'-V)+(I-I')\right]\sin Z'_{ij}}{S_{ij}}$$

式中　Z_{ij}、Z'_{ij}——测站点 i 到照准点 j 天顶距的归化值和观测值;

　　　V'、V——观测天顶距时的棱镜高(觇牌高)和测距时的棱镜高(觇牌高);

　　　I'、I——观测天顶距时的仪器高和观测斜距时的仪器高;

　　　S_{ij}——斜距观测值。

(4)概略高差计算。

1)单向观测:

$$h_{ij} = S_{ij}\cos Z_{ij} + \frac{1-K}{2R}S_{ij}^2 + I_i - V_j$$

2)对向观测:

$$h_{ij} = \frac{1}{2}\left[(S_{ij}\cos Z_{ij} - S_{ij}\cos Z_{ji}) + (I_i - V_j) + (I_j - V_i)\right]$$

3)隔点设站法观测:

$$h_{AB} = \left[(V_A - V_B) - (S_A\cos Z_A - S_\beta\cos Z_B) + \left(\frac{1-K_\beta}{2R}S_B^2 - \frac{1-K_A}{2R}S_A^2\right)\right]$$

式中　h_{ij}——测站 i 与镜站 j 之间的概略高差;

　　　S_{ij}——经气象和加、乘常数改正后的斜距;

　　Z_{ij}、Z_{ji}——归化后的天顶距;

　　I_i、I_j—— i 和 j 站的仪器高;

　　V_i、V_j—— i 和 j 站的棱镜高;

　　　h_{AB}——隔点设站法中,后视点 A 与前视点 B 之间的高差;

　　V_A、V_B——隔点设站法中,后视点 A 与前视点 B 的棱镜(觇牌)高;

　　S_A、S_B——隔点设站法中,后视点 A、前视点 B 与测站间的斜距(经气象、加、乘常数改正后);

　　Z_A、Z_B——隔点设站法中,测站对后视点 A、前视点 B 的天顶距;

　　　R——地球曲率半径;

　　　K——大气折光系数。

(5)根据概略高差,计算附合路线或闭合环的闭合差,并按下式进行检校。

1)由各路线算得同一路线的高差较差不应大于由下式计算的限值:

$$dH_m = \pm 2M_\Delta \sqrt{NS}$$

2)由大地四边形组成的三个独立闭合环,用各条边平均高差计算闭合差,各环线的闭合差应不大于按下式计算的限值:

$$W_m = \pm 2M_w \sqrt{2S}$$

式中　N——独立路线数,图7-5(a)中 $N=4$;

　　　S——跨河视线长度(km)。

二、测量成果业内平差计算

(1)二、三、四等高程网的平差计算应按最小二乘原理,采用条件观测平差或间接观测平差法进行,并计算出单位权高差中误差和各点相对于起算点的高程中误差。

(2)高程网平差时,可按下式定权:

水准测量:

$$P = \frac{1}{L} \quad \text{或} \quad P = \frac{1}{n}$$

光电测距三角高程测量:

$$P = \frac{1}{L^2} \quad \text{或} \quad P = \frac{1}{L}$$

式中　L——测段长度(km);

　　　n——测站数。

三、测量资料整理归档

高程控制测量结束后,应对下列资料进行整理归档。

(1)原始观测记录。

(2)仪器鉴定、校正资料。

(3)水准网略图和点位说明资料。

(4)水准网、三角高程网概算资料。

(5)平差计算成果和精度评定资料。

(6)技术总结文件。

第八章　地形测量

第一节　地形图概述

地物是指地球表面上轮廓明显，具有固定性的物体，如道路、房屋、江河、湖泊等。地貌是指地球表面高低起伏的形态，如高山、丘陵、平原、洼地等。地物和地貌统称为地形。

地形图就是将地面上一系列地物和地貌特征点的位置，通过综合取舍，垂直投影到水平面上，按一定比例缩小，并使用统一规定的符号绘制成的图纸。地形图不但表示地物的平面位置，还用特定符号和高程注记表示地貌情况。

一、地形图的比例尺

(一)比例尺的种类

地形图上某一线段的长度与实地相应线段的长度之比，称为地形图的比例尺。可分为数字比例尺和图式比例尺两种。

1. 数字比例尺

数字比例尺是指以分子为 1 分、母为整数的分数式表示的比例尺，数字比例尺一般注记在地形图下方中间部位。

设地形图上任一线段的长度 d，其地面上相应线段的实际水平距离 D，用分子为 1 的分数式 $1/M$ 来表示，其中"M"称为比例尺分母。显然有：

$$\frac{d}{D} = \frac{1}{M} = \frac{1}{D/d}$$

式中，M 越小，比例尺越大，图上所表示的地物、地貌越详尽；相反，M 越大，比例尺越小，图上所表示的地物、地貌越粗略。

2. 图式比例尺

图式比例尺常绘制在地形图的下方,用以直接量度图内直线的水平距离,根据量测精度又可分为直线比例尺(图 8-1)和复式比例尺。

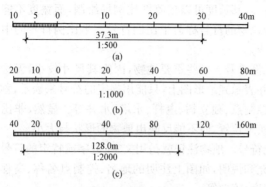

(a)

(b)

(c)

图 8-1 直线比例尺

采用图式比例尺的优点是:量距直接方便且不必再进行换算,比例尺随图纸按同一比例伸缩,从而明显减小因图纸伸缩而引起的量距误差。地形图绘制时,采用的三棱比例尺也属于图式比例尺。

(二)比例尺的精度

一般认为,人们用肉眼能分辨的图上最小距离是 0.1mm。因此,地形图上 0.1mm 所代表的实地水平距离,称为比例尺精度。即:

比例尺精度＝0.1mm×比例尺分母

比例尺大小不同其比例尺精度也不同,见表 8-1。可以看出,比例尺越大,其比例尺精度越小,地形图的精度就越高。

表 8-1　　　　　　　大比例尺地形图的比例尺精度

比例尺	1：500	1：1000	1：2000	1：5000
比例尺精度	0.05	0.10	0.20	0.50

二、地物的表示符号

地形图上用来表示地物的符号,称为地物符号。按照地物在地形图上的特征和大小不同,地物符号可分为以下几种:

(1)比例符号。将地物按照地形图比例尺缩绘到图上的符号,称为比例符号。例如房屋、农田、湖泊、草地等。显然，比例符号不仅能反映出地物的平面位置，而且能反映出地物的形状与大小。

(2)半比例符号。对于地面上的某些线状地物，如围墙、栅栏、小路、电力线、管线等，其长度可以按测图比例尺绘制，而宽度不能按比例尺绘制，表示这种地物的符号称为半比例符号。半比例符号的中心线就是实际地物中心线。

(3)非比例符号。有些重要地物，因为其尺寸较小，无法按照地形图比例尺缩小并表示到地形图上，只能用规定的符号来表示，称为非比例符号。如测量控制点、独立树、电杆、水塔、水井等。显然，非比例符号只能表示地物的实地位置，而不能反映出地物的形状与大小。

(4)注记符号。地物注记就是用文字、数字或特定的符号对地形图上的地物作补充和说明，如图上注明的地名、控制点名称、高程、房屋层数、河流名称、深度、流向等。

常用地形图图式见表 8-2。

表 8-2　　常用地形图图式

符号名称	符号式样 1∶500　1∶1000　1∶2000	符号细部图
高程点及其注记 1520.3、－15.3——高程	0.5 • 1520.3　　• –15.3	
山洞、溶洞 a. 依比例尺的 b. 不依比例尺的	a ⩍　　b 2.4 ⩍ 1.6	
地类界	1.6　0.3	
独立树 a. 阔叶 b. 针叶 c. 棕榈、椰子、槟榔	a 1.6 2.0 3.0 1.0 b 1.6 2.0 3.0 45° 1.0 c 2.0 3.0 1.0	1.0 0.6 72° 30°

（续）

符号名称	符号式样			符号细部图
	1：500	1：1000	1：2000	
行树 a. 乔木行树 b. 灌木行树				
稻田 a. 田埂				
旱地				
菜地				
埋石图根点 a. 土堆上的 　12、16——点号 　275.46、175.64——高程 　2.5——比高				
不埋石图根点 　19——点号 　84.47——高程				
三角点 a. 土堆上的 　张湾岭、黄土岗——点名 　156.718、203.623—— 高程 　5.0——比高				

(续)

符号名称	符号式样			符号细部图
	1:500	1:1000	1:2000	
小三角点 a. 土堆上的 　摩天岭、张庄——点名 294.91、156.71——高程 4.0——比高		3.0 ▽ 摩天岭 294.91 a 4.0 ▽ 张庄 156.71		1.0 ▽ 0.5 1.0
水准点 Ⅱ——等级 京石 5——点名点号 32.805——高程		2.0 ⊗ Ⅱ京石5 32.805		
烟囱及烟道 a. 烟囱 b. 烟道 c. 架空烟道		a ⬤ b c 1.0 砖 2.0 1.0		1.0 0.2 0.6 2.6 1.3
温室、大棚 a. 依比例尺的 b. 不依比例尺的 　菜、花——植物种类说明	a ⊠ 菜 ⊠ 菜 b 1.9 2.5 ⊠ 花			
纪念碑、北回归线标志塔 a. 依比例尺的 b. 不依比例尺的	a 🛆 b 🛆			1.2 1.2 3.2 2.0
台阶	0.6 1.0 ⌐ ⌐ 1.0			

(续)

符号名称	符号式样			符号细部图
	1：500　　1：1000　　1：2000			
高压输电线 架空的 a. 电杆 　35——电压（kV） 地面下的 a. 电缆标 输电线入地口 a. 依比例尺的 b. 不依比例尺的				0.8　　30°　　0.8 1.0　　　　1.0 0.4 0.2 0.7　　2.0 0.3 1.0 1.0 2.0 0.6
配电线 架空的 a. 电杆 地面下的 a. 电缆标 配电线入地口				1.0 2.0 0.6
导线点 a. 土堆上的 Ⅰ16、Ⅰ23——等级、点号 84.46、94.40——高程 2.4——比高	2.0 ⊙ $\frac{Ⅰ16}{84.46}$ a 2.4 ◇ $\frac{Ⅰ23}{94.40}$			
围墙 a. 依比例尺的 b. 不依比例尺的	a ━━━━━━━ 　10.0　　0.5 b ━━━━━ 0.3 　10.0　　0.5			
栅栏、栏杆	10.0　　　1.0			
标准轨铁路 a. 一般的 b. 电气化的 　b1. 电杆 c. 建筑中的				

三、地貌的表示符号

地形图上用来表示地面高低起伏形状的符号,称为地貌符号。在地形图上通常用等高线表示地貌。用等高线表示地貌不仅能表示地面的起伏状态,还能表示出地面的坡度和地面点的高程。

(一)等高线的概念

等高线是地面上高程相等的各相邻点连成的闭合曲线。如图 8-2 所示,有一高地被间距的水平面 H_1、H_2 和 H_3 所截,因此各水平面与高地的相应的截线,就是等高线。将各水平面上的等高线沿铅垂方向投影到一个水平面上,并按规定的比例尺缩绘到图纸上,便得到用等高线来表示的该高地的地貌图。等高线的形状是由高地表面形状来决定的。

(二)等高距与等高线平距

相邻两条等高线之间的高差,称为等高距,用 h 表示。在同一幅图内,等高距一定是相同的。等高距的大小是根据地形图的比例尺、地面坡度及用图目的而选定的。等高线的高程必须是所采用的等高距的整数倍,如果某幅图采用的等高距为 3m,则该幅图的高程必定是 3m 的整数倍,如 30m、60m、⋯⋯而不能是 31m、61m 或 66.5m 等。

相邻等高线之间的水平距离,称为等高线平距,用 d 表示。在不同地方,等高线平距不同,它决定于地面坡度的大小,地面坡度感大,等高线平距感小,相反,坡度感小,等高线平距感大;若地面坡度均匀,则等高线平距相等,如图 8-3 所示。

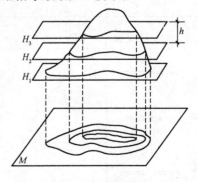

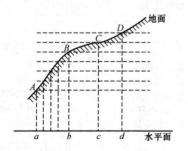

图 8-2　等高线示意图　　　　图 8-3　等高距与地面坡度的关系

(三)典型地貌的等高线

地面上地貌的形态是各种各样的,但主要是由山丘、盆地、山脊、山谷、鞍部等几种典型地貌组成。

1. 山丘和盆地

等高线上所注明的高程,内圈等高线比外圈等高线所注的高程大时,表示山丘,如图 8-4 所示。内圈等高线比外圈等高线所注高程小时,表示盆地,如图 8-5 所示。另外,还可使用示坡线表示,示坡线是指示地面斜坡下降方向的短线,一端与等高线连接并垂直于等高线,表示此端地形高,不与等高线连接端地形低。

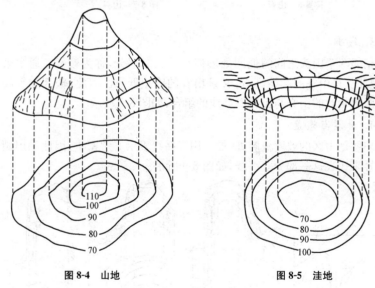

图 8-4　山地　　　　　　　　　　图 8-5　洼地

2. 山脊和山谷

山脊是从山顶到山脚凸起部分。山脊最高点的连线称为山脊线或分水线,如图 8-6 所示。两山脊之间延伸而下降的凹棱部分称为山谷。山谷内最低点的连线称为山谷线或合水线,如图 8-7 所示。山脊线和山谷线统称地性线。

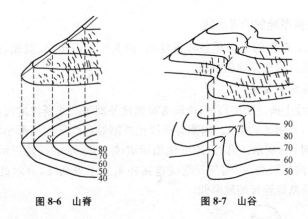

图 8-6　山脊　　　　　　　　　　图 8-7　山谷

3. 鞍部

相邻两个山头之间的低凹处形似马鞍状的部分,称为鞍部。通常来说,鞍部既是山谷的起始高点,又是山脊的终止低点。因此,鞍部的等高线是两组相对的山脊与山谷等高线的组合,如图 8-8 所示。

4. 悬崖与陡崖

峭壁是山区的坡度极陡处,如果用等高线表示非常密集,因此采用峭壁符号来代表这一部分等高线,如图 8-9 所示。

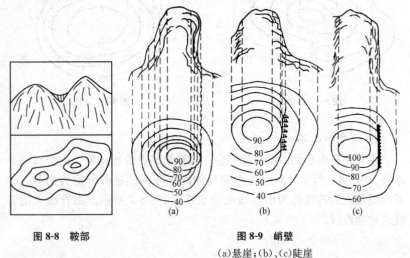

图 8-8　鞍部　　　　　　　　图 8-9　峭壁
　　　　　　　　　　　　　　　　(a)悬崖;(b)、(c)陡崖

(四)等高线的特征

(1)相等性。同一等高线上各点的高程相等。

(2)闭合性。等高线应是闭合曲线,不在图内闭合就在图外闭合。

(3)不相交。除悬崖、峭壁外,不同高程的等高线不能相交。

(4)正交性。等高线与山脊线和山谷线正交。即过等高线与山脊线或山谷线的交点作等高线的切线,始终与山脊线或山谷线垂直。

(5)疏密性。等高线之间的平距小则坡度陡;平距大则坡度缓,平距相等则坡度相等。

第二节　地形图测绘

控制测量工作结束后,应根据图根控制点,测定地物和地貌的特征点平面位置和高程,并按规定的比例尺和地物地貌符号缩绘成地形图。

一、地形测绘一般规定

(1)施工阶段的地形测量一般在施工场地范围内进行,主要用于场地布置、土地征购、建基面验收及公路、铁路的新建、改建工程。

(2)测图比例尺,除建基面验收应采用 1∶200 外,其他可根据工程性质、设计及施工要求,在 1∶500~1∶2000 范围内选择。

(3)较大范围的 1∶500~1∶2000 比例尺地形测量,应按《水利水电工程测量规范(规范设计阶段)》(SL 197—1997)有关规定执行。1∶200 和小范围内的 1∶500~1∶2000 比例尺地形测量,应符合相关规定。

(4)对于精度要求较低的局部地形图,可按小一级比例尺地形图的精度施测,或用小一级比例尺地形图放大。

(5)地形测量所采用的平面坐标、高程系统,一般应与施工测量采用的平面坐标、高程系统一致。但在远离工程枢纽的测区,可采用假定的坐标、高程系统。

(6)地形图基本等高距的选择,应符合表 8-3 的规定。同一测区相同比例尺地形图,不得采用两种基本等高距。

表 8-3　　　　　　　　　　　　地形图的基本等高距

地 形 类 别	地 面 倾 角	比 例 尺			
		1：200	1：500	1：1000	1：2000
		基本等高距/m			
平　地	<3°	0.25	0.5	0.5	1
丘陵地	3°~10°	0.5	0.5	1	2
山　地	10°~25°	0.5	1	1	2
高山地	≥25°	—	1	1~2	2

(7)地形图的精度,要求地物点相对于邻近图根点的平面位置中误差、等高线及高程注记点相对于邻近图根点的高程中误差,应符合表 8-4 的规定。

表 8-4　　　　　　　　　　　　地形图精度规定

地物点位置中误差 (图上 mm)		等高线高程中误差 (基本等高距)		高程注记点高程中误差 (基本等高距)
平地、丘陵地	山地、高山地	平地、丘陵地	山地、高山地	
0.75	1.0	1/3~1/2	2/3~1.0	1/3

注:隐蔽、困难地区,可按表中要求放宽 0.5 倍。

(8)图廓格网线和控制点展点误差,不应大于 0.2mm,图廓对角线和控制点间的长度,不应大于 0.3mm。

(9)地形测图,应遵守现场随测随绘真实反映地貌、地物形状的原则,其视距长度,地形点间距及高程注记点取位,应符合表 8-5 的规定。

表 8-5　　　　　　　　　　　测量地形点的技术要求

测图比例尺	1：200	1：500	1：1000	1：2000
最大视距长度/m	30	60	120	200
地形点间距(图上 cm)	1~3			
地形点注记至	0.1m	0.01 或 0.1m	0.1m	0.1m

注:1. 在地物比较简单,垂直角小于 2°、标尺呈像清晰的情况下,最长视距可放宽 0.25 倍。

　　2. 当基本等高距采用 0.5m 时,地形点高程应注记至厘米。

(10)地形图的分幅,可采用正方形或矩形分幅,地形图图式,应以国家现行图式和《水利水电工程测量规范(规划设计阶段)》(SL 197—1997)为依据。

(11)每幅图的控制点点数(解析图根点和测站点),应符合表 8-6 的规定。

表 8-6 每幅图内控制点的密度

测图比例尺 图幅大小/cm	1:200 (点)	1:500 (点)	1:1000 (点)	1:2000 (点)
40×50	5	7	8	12
50×50	6	8	10	15

采用光电测距仪测图,可适当减少控制点。1:200 地形图,可直接利用放线点作为控制点。

二、地形图的测绘要求

(1)地形图应真实反映地貌、地物形状。采用图解法成图、数字化成图或坐标法成图时,地物点、地形点最大视线长度要求见表 8-7。

表 8-7 测量地物点、地形点的最大视线长度要求

测图比例尺	图解法成图				数字化成图或坐标法成图	
	视距最大长度/m		光电测距最大长度/m		光电测距最大长度/m	
	地物点	地形点	地物点	地形点	地物点	地形点
1:500	—	70	80	150	400	600
1:1000	80	120	160	250	600	800
1:2000	150	200	300	400	800	1000

(2)地形点的密度根据地形、地物变化的复杂程度确定,一般为图上 1~3cm。地形点的高程注记一般记至分米,当基本等高距为 0.5m 时应注记至厘米。

(3)建基面 1:200 比例尺地形测绘的内容和要求如下:

1)图根点相对于邻近控制点的点位中误差,不应大于图上±0.15mm。测站点与邻近图根点的点位中误差,不应大于图上±0.20mm。图根点和测站点的高程,可按五等高程精度要求测定。

2)测图方法一般应采用光电测距仪极坐标法或经纬仪加钢尺量距法,不得采用视距法。

3)地形碎部测绘,应符合下列规定:

①碎部地形测绘应在建基面开挖到设计高程,浮碴清理干净后及时进行。

②当量距的倾角大于3°时,应在距离中加入倾斜改正值。

③施测范围,一般应超出开挖边线2~3m。

④建基面上的重要地物,如钻孔、断层、深坑、挖槽等,均应测绘在图上。

⑤当开挖斜坡超过60°,可用示坡线表示。地形变化复杂地段,应加密测点。

⑥图上应绘出建筑物填筑分块线,并须注明工程部位名称及分块号。

(4)1:500~1:2000比例尺地形测绘的内容和要求如下:

1)施工区的测图控制,可直接利用施工控制网加密图根控制点。在远离施工区施测地形图时,应建立测图控制。一般分为二级:图根控制点和测站点。图根控制点的点位中误差,不应大于图上±0.1mm。测站点的点位中误差,不应大于图上±0.2mm。测图的高程控制点,可用五等高程施测。

2)测绘土地征购地形图,应着重地类界和行政管理分界线的测绘,如水田、旱地、荒地、山界线、森林界、坟界和区、乡界等,并在图上作相应的注记。计算倾斜地段征地面积时,应将平面换算为斜距。

3)新建或改建公路、铁路的带状地形图测绘,应符合下列要求:

①带状地形图,一般沿线路中线两侧各测出30m,或根据设计要求而定。

②线路上已有的桥涵,应分别测注其顶部底部高程。

③与其他线路平面或立体交叉时,应分别测注平面交叉点高程和立体交叉处的隧洞、桥涵的顶部、底部高程。

4)施工场地地形图测绘,应符合下列要求:

①各类建筑物及其主要附属设施,均应测绘。

②地面上所有风水管线,应按实际形状测绘。密集的动力线、通信线可视需要选择测绘。

③水系及附属建筑物宜按实际形状测绘。水面高程及施测日期,可视需要测绘。河渠宽度小于图上 1mm 时,可绘单线表示。

④道路及其附属建筑物。宜按实际形状测绘,人行小路可择要测绘。

⑤地貌应以等高线(计曲线、首曲线、间曲线)表示为主。计曲线间距小于图上 2.5mm 时,可不插绘首曲线。特征地貌(如崩崖、雨裂、冲沟等),应用相应符号表示。

⑥山顶、鞍部、凹地、山脊、谷地等必须测注高程点。独立石、土堆、坑穴、陡坎,应注记比高,斜坡、陡坎小于 1/2 等高距时可舍去。

⑦植被的测绘,视其面积大小和经济价值,可适当进行取舍。

⑧居民地、厂矿、学校、机关、山岭、河流、道路等,应按现名注记。

⑨具有定向作用和文物价值的独立树、纪念塔等应重点测绘。

三、测图前的准备工作

测图前,除了做好仪器的准备工作外,还应做好测图板的准备工作,主要包括图纸的准备、绘制坐标格网和展绘控制点等。

快学快用　1　图纸准备

由于测绘地形图时是将地形情况按比例缩绘在图纸上,使用地形图时也是按比例在图上量出相应地物之间的关系。因此,测图用纸的质量要高,伸缩性要小。否则,图纸的变形就会使图上地物、地貌及其相互位置产生变形。现在,测图多用聚酯薄膜,其主要优点是透明度好、伸缩性小、不怕潮湿和牢固耐用,并可直接在底图上着墨复晒蓝图,加快出图速度。若没有聚酯薄膜,应选用优质绘图纸测图。

快学快用　2　绘制地形图坐标格网

为了把控制点准确地展绘在图纸上,应先在图纸上精确地绘制 10cm×10cm 的直角坐标方格网,然后根据坐标方格网展绘控制点。坐标格网的绘制常用对角线法,如图 8-10 所示。

坐标格网绘成后,应立即进行检查,各方格网实际长度与名义长度之差不应超过 0.2mm,图廓对角线长度与理论长度之差不应超过 0.3mm。如超过限差,应重新绘制。

快学快用 3　展绘地形图控制点

展绘时,先根据控制点的坐标,确定其所在的方格。如图 8-11 所示,控制点 A 点的坐标为 $x_A = 647.44$m,$y_A = 634.90$m,由其坐标值可知 A 点的位置在 plmn 方格内。然后用 1:1000 比例尺从 p 和 n 点各沿 pl、nm 线向上量取 47.44m,得 c、d 两点;从 p、l 两点沿 pn、lm 量取 34.90m,得 a、b 两点;连接 ab 和 cd,其交点即为 A 点在图上的位置。同法,将其余控制点展绘在图纸上,并按地形图图式的规定,在点的右侧画一横线,横线上方注点名,下方注高程,如图 8-11 中的 1、2、3、……各点。

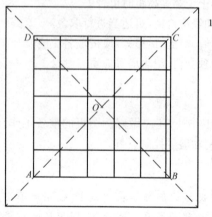

图 8-10　绘制坐标格网示意图

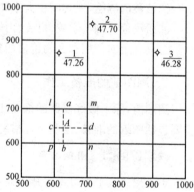

图 8-11　展点示意图

控制点展绘完成后,必须进行校核。其方法是用比例尺量出各相邻控制点之间的距离,与控制测量成果表中相应距离比较,其差值在图上不得超过 0.3mm,否则应重新展点。

四、碎部测量方法

快学快用 4　地形图碎部点的选择

碎部点的正确选择是保证成图质量和提高测图效率的关键。碎部点应尽量选在地物、地貌的特征点上。

（1）对于地貌，碎部点应选择在最能反映地貌特征的山脊线、山谷线等地性线上，根据这些特征点的高程勾绘等高线，就能得到与地貌最为相似的图形。

（2）对于地物，碎部点应选择在决定地物轮廓线上的转折点、交叉点、弯曲点及独立地物的中心点等，如房的角点、道路的转折点、交叉点等。这些点测定之后，将它们连接起来，即可得到与地面物体相似的轮廓图形。由于地物的形状极不规则，故一般规定主要地物凹凸部分在图上大于 0.4mm 均应表示出来。在地形图上小于 0.4mm，可用直线连接。

在平坦或坡度均匀地段，碎部点的间距和测碎部点的最大视距，应符合表 8-8 的规定。

表 8-8　　　　　　　　　碎部点的最大距和最大视距

测图比例尺	地貌点最大间距/m	最大视距/m			
		主要地物点		次要地物点和地貌点	
		一般地区	城市建筑区	一般地区	城市建筑区
1∶500	15	60	50	100	70
1∶1000	30	100	80	150	120
1∶2000	50	180	120	250	200
1∶5000	100	300		350	

快学快用 5　测量碎部点平面位置的基本方法

测量碎部点平面位置的基本方法见表 8-9。

表 8-9　　　　　　　　　测量碎部点平面位置的基本方法

序号	基本方法	方法说明	图　　示
1	极坐标法	要测定碎部点 P 的位置，可将经纬仪安置在控制点 B 上，以 AB 线为依据，测出 AB 及 BP 线的夹角 β，并量得距离 D，则 P 点的位置就确定了。此法用途最广，适用于开阔地区	

（续）

序号	基本方法	方法说明	图　示
2	直角坐标法	在测定碎部点 P 时,可由 P 点向控制边 AB 作垂线,如果量得控制点 A 至垂足的垂距 x,量得 B 点至垂足的垂距 y,则根据此两距离即可在图纸上定出点位。此法适用于碎部点距导线较近的地区	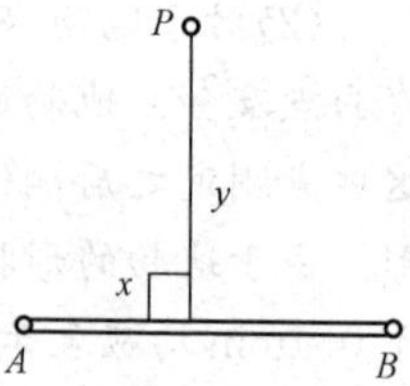
3	距离交合法	要测定 P 点的平面位置,从两个已知控制点 A 及 B 分别量到 P 点的距离 D_1 及 D_2,根据这两段距离,可以在图上交出 P 点的平面位置	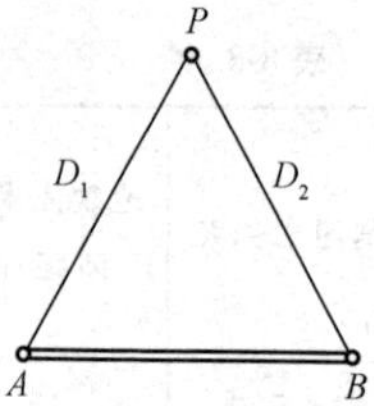
4	角度交合法	从两个已知控制点 A、B 上,分别测得水平角 β_1 与 β_2,以此确定 P 点的平面位置。此法适用于碎部点较远或不易到达的地方。采用角度交会法时,交会角宜在 $30°\sim120°$ 之间	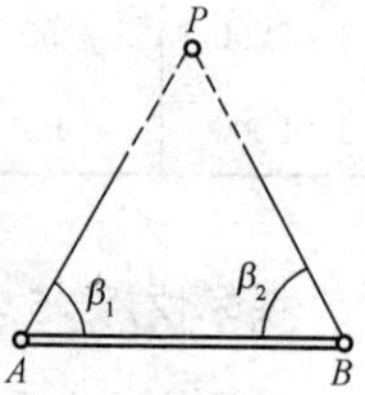

快学快用 6 经纬仪测绘法测量碎部点位置

经纬仪测绘法是在控制点上安置经纬仪,测量碎部点位置的数据(水平角、距离、高程),用绘图工具展绘到图纸上,绘制成地形图的一种方法。

(1)安置仪器。如图 8-12 所示,在测站点 A 上安置经纬仪(包括对中、整平),测定竖盘指标差 x(一般应小于 $1'$),量取仪器高 i,设置水平度盘读数为 $0°00'$,后视另一控制点 B,则 AB 称为起始方向,记入手簿。

将图板安置在测站近旁,目估定向,以便对照实地绘图。连接图上相

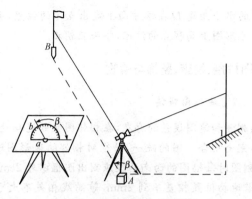

图 8-12 经纬仪测绘法示意图

应控制点 A、B，并适当延长，得图上起始方向线 AB。然后，用小针通过量角器圆心的小孔插在 A 点，使量角器圆心固定在 A 点上。

（2）定向。置水平度盘读数为 $0°00'00''$，并后视另一控制点 B，即起始方向 AB 的水平度盘读数为 $0°00'00''$（水平度盘的零方向），此时复测器扳手在上或将度盘变换手轮盖扣紧。

（3）立尺。立尺员将标尺依次立在地物或地貌特征点上（如图 8-12 中的 1 点），立尺前，应根据测区范围和实地情况，立尺员、观测员与测绘员共同商定跑尺路线，选定立尺点，做到不漏点、不废点，同时立尺员在现场应绘制地形点草图，对各种地物、地貌应分别指定代码，供绘图员参考。

（4）观测、记录与计算。观测员将经纬仪瞄准碎部点上的标尺，使中丝读数 v 在 i 值附近，读取视距间隔 KL，然后使中丝读数 v 等于 i 值，再读竖盘读数 L 和水平角 $β$，记入测量手簿，并依据下列公式计算水平距离 D 与高差 h：

$$D = KL \cdot \cos^2 \alpha$$

$$h = \frac{1}{2} KL \sin 2\alpha + i - v$$

（5）展绘碎部点。如图 8-13 所示，将量角器底边中央小孔精确对准图上测站 a 点处，并用小针穿过小孔固定量角器圆心位置。转动量角器，使量角器上等于 $β$ 角值的刻划线对准图上的起始方向 ab（相当于实地的零方向 AB），此时量角器的零方向即为碎部点 1 的方向，然后根据测图比例尺按所测得的水平距离 D 在该方向上定出点 1 的位置,并在点的右侧注明其高程。地形图上高程点的注记,字头应朝北。

五、地形图拼接、检查、整饰与验收

快学快用　7　地形图拼接

由于分幅测量和绘图误差的存在,在相邻图幅的连接处,地物轮廓线和等高线都不完全吻合。图的统一,必须对相邻的地形图进行拼接。为了拼接方便,测图时每幅图的西南两边应测出图框以外 2cm 左右。

拼接时,若地物位置相差不到 2mm,等高线相差不大于相邻等高线的平距时,则可作合理的修正(一般取平均位置作修正),使图形和线条衔接。如发现漏测或有错误,应及时进行检查及修测。

快学快用　8　地形图检查

地形图除了在测绘过程中作局部质量检查外,在拼接和整饰时还须作全面检查。一般分图面和外业检查两部分。

(1)图面检查。图面检查主要是检查图上的地貌、地物是否清楚合理,注记符号是否正确,拼图误差是否合乎规定,等高线的形状是否合理以及高程是否正确。

(2)外业检查。外业检查时,携带图版到实地进行对照,检查主要地物点精度是否符合要求,地物是否存在遗漏,等高线形状是否符合实地情况,必要时还需要进行实测检查。

快学快用　9　地形图整饰与验收

地形图经过拼接后,擦去图上不需要的线条与注记,修饰地物轮廓线与等高线,使其清晰、明了。地形图整饰的次序是先图框内、后图框外,先注记后符号,先地物后地貌。最后整饰图框并注记图名、图号、比例尺、测图单位、测图时间、接图表等。

经过上述步骤所得的地形图及有关记录一并上交,经有关验收单位审核,评定质量。当验收通过之后,图纸进行备案,该地形图方可在工程中使用。

第三节 数字化成图

传统的地形测图是用测量仪器测量角度、距离、高差等数据,经计算处理后,由绘图人员利用绘图工具手工模拟测量数据,按规定的图式符号展绘到白纸上,这种测图法测量数据的精度由于展点、绘图、图纸伸缩变形等因素的影响大大降低,纸质地形图承载信息量小,不便更新、传输,已难以适应当今经济建设的需要。

随着科学技术的发展,计算机及各种先进的数据采集和输出设备测量工作中得到了广泛的应用。这些先进的设备促进了测绘技术向自动化、数字化的方向发展,也促进了地形及其他测量从白纸测图向数字化测图变革,测量的成果不再是绘制在纸上的地图,而是以数字形式存储在计算机中,成为可以传输、处理、共享的数字地图。

数字化成图是以计算机为核心,在外联输入输出设备的支持下,对地形的相关数据进行采集、输入、编绘成图、输出打印及分类管理的测绘方法。

一、数字化成图基本要求

(1)数字化成图的数据采集主要有三种方法:

1)用全站仪采用坐标法或光电测距仪配经纬仪在野外采集。

2)通过现场摄影测量,用坐标量测仪、解析测图仪或全数字地面摄影测量系统在室内采集。

3)原有地形图的数字化。

(2)数字化测图的图根控制测量应遵守相关的规定,但图根点的密度可适当放宽,每幅图的图根点数不宜少于3点。

(3)数字化成图用全站仪或光电测距仪配经纬仪在野外采集数据时,应根据不同的地形、地物在现场输入属性编码,也可以在现场绘制草图,待数据处理时再输入属性编码。当采用数字化成图或坐标法成图时,其光电测距最大视线长度要求见表8-7。

(4)通过摄影测量和原有地图数字化采集数据时应执行《1∶500

1∶1000　1∶2000 地形图航空摄影测量数字化测图规范》(GB/T
15967—2008)和《1∶500　1∶1000　1∶2000 地形图数字化规范》(GB/T
17160—2008)的规定。

(5)数据采集所生成的数据文件应及时存盘备用,其数据文件的格式
应满足绘图软件的要求。

(6)数字化成图的数据处理应使用经过检验的软件。

(7)数字化成图的地形图应将各种不同类型地形、地物、控制点等要
素分层存放。

(8)数字化成图输出的地形图应进行现场调绘、检查。当因测点密度
不够而造成的地形图等高线失真时,应对测点密度不够的部位进行补测。

二、计算机辅助成图系统配置

(1)计算机辅助成图系统应包括数据采集、数据输入、处理和编辑系
统和数据输出系统。各系统均需配置必要的经过有关主管部门鉴定或推
荐的硬件和软件。

(2)野外数据采集系统可选用自动化采集系统、半自动化采集系统或
常规采集系统进行作业。并宜配置便携式微机、小型绘图机和打印机。

(3)摄影测量资料数据采集系统应包括数字化立体坐标量测仪或带
有数字记录装置的模拟测图仪与计算机的通信接口。

(4)现有地形图数据采集系统应包括有效面积不小于 841mm×
597mm(A1 幅面)的数字化仪以及与计算机的通信接口。

(5)应用软件应具有以下基本功能:

1)数据通信软件能解决数据采集记录器或采集系统与计算机的联机
通信,实现数据的单向传输或双向传输。

2)数据处理软件能对导线点、图根点、测站点和碎部点的测量数据进
行分类、近似平差计算和坐标、高程计算,形成点文件,并根据数据点的地
形码和信息码,将各同类数据点按照一定格式进行分层排列和处理,形成
图形文件。对这些文件有进行查询、修改和增删等的数据编辑功能。

3)等高线生成软件能利用离散高程点数据,并顾及地性线和断裂线
的地貌特征,自动建立数字高程模型;自动进行等高线圆滑跟踪、等高线
断开处理及建立等高线数据文件。

4)图形绘制软件能应用图形、等高线数据文件和已建的图式符号库、字符库和汉字库绘出相应的地形图要素、符号和注记。并可进行分层绘制。能生成图廓线和公里网,进行图幅分割、图廓整饰和接边处理。

5)图形编辑软件能对屏幕上显示的地形地物形状和字符注记进行增补、修改、删除、平移和旋转等;对显示的图形能开窗裁剪、缩放和恢复,亦能按层进行编辑和层的叠加,最后形成地形图的绘图数据文件。

6)其他专用软件能进行面积、体积计算,纵、横断面图绘制等。

三、数据采集

数据采集是指将图形模拟转换为数字信息的过程。数据采集方法主要有野外数据采集和室内数据采集。

快学快用 10　野外数据采集

(1)野外数据采集宜采用极坐标法,设站要求和测站检查应符合以下规定:

1)仪器对中偏差不大于5mm。

2)检查相邻图根测站点的高程,其较差不应大于1/5基本等高距。

3)检查远处控制点、图根点的方向偏差不应大于图上0.2mm。

4)检查相邻图根测站点的平距,其较差不应大于平距的1/3000。

(2)视距(包括量距)的最大长度按相关规定执行,利用电磁波测距仪测距的允许长度以能保证草图绘制和标注正确为原则,不作规定。测距时照准1次读数2～3次,读数较差不大于20mm时取中数作为最后结果。

方向角和垂直角均观测半个测回,读至仪器度盘的最小分划;归零检查和垂直角指标差均不得大于1′。

(3)数据采集应遵循有顺序地对相关点进行连续采集的原则,应避免不相关点间的交叉采集。平面图应沿地物边、角、中心位置采集数据,对每一地物应连续进行采集。

(4)地貌数据应采集山顶、鞍部、沟底、沟口、山脚、陡壁顶、底和变坡点等地形特征点,并要控制地性线。地貌数据的采集密度应根据地貌完整程度和坡度大小而定,可为图上1～2cm,最大不超过图上3cm。对破碎、变化较大或坡度较大处的地貌要适当增加密度。

(5)断面图应沿确定的断面线采集数据,采集对象和数据点密度与上述(4)项相同。对于河流断面,尚需采集水面点和水下地形点的位置和高程。

快学快用 11　室内数据采集

(1)室内数据采集可在航摄(地面摄影)像片或现有地形图上进行。室内数据采集时,所用仪器宜与计算机联机作业。在航摄或地面摄影像片上进行数据采集前,应有野外像控点和调绘片等成果资料。

(2)在像片上采集地形数据,均应采集地形特征点和地性线。数据采集的方式可采用:

1)采集正规图形网格交点的高程 Z。

2)采集任意三角形网格交点的平面坐标 X、Y 和高程 Z。

3)沿等高线采集 X、Y 和 Z。

4)沿断面采集 Y、Z 或 X、Z。

(3)用数字化仪在现有地形图上进行数据采集时,应对整幅图的变形进行平差纠正处理。鼠标器对准图廓点的误差不应大于 0.2mm。地形点、地物点的数据采集应分层次进行,按软件程序规定作业。数据采集方式宜沿等高线采集 X、Y 和 Z。

(4)等高线点的数据采集间隔或格网间隔宜根据地形类别、测图比例尺按表 8-10 确定。

表 8-10　　　　　　　　　　　　数据采集间隔　　　　　　　　　　　　　　m

地形类别	测　图　比　例　尺				
	1∶500	1∶1000	1∶2000	1∶5000	1∶10000
平地、丘陵地	5	10	20	50	100
山地、高山地	2	5	10	30	50

(5)用于绘制等高线的地形点数据,应用代码与其他数据点区分开来。

四、数据处理与编辑

(1)像片上采集的数据点的数据处理软件的功能应符合以下要求:

1)根据地面像控点的平面坐标及高程的数据文件和量测的像片坐标

数据以及量测的加密点、检查点的像片坐标数据文件,进行航带法或区域网平差,计算加密点、检查点的平面坐标和高程,并能按规定限差判定成果合格或重测。

2)根据加密点的数据文件和量测的碎部点像片坐标数据,计算碎部点的平面坐标和高程。

3)进行仪器的内外方位元素的计算,并能对像片坐标数据进行改正。

4)数据点可按预定尺寸的方格进行任意次序的排格。

(2)数据文件建立后应进行检查和挑错。数据点挑错可采用人工挑错或编制相应软件进行自动挑错,对查出的错误数据,应分析改正,必要时重新核实。

(3)控制和图根点数据文件、地物和高程注记点数据文件以及等高线数据文件综合形成的图形数据文件通过图形绘制软件,产生的分层原始地形图,必须根据草图和实地情况作详细检查,如有错误和遗漏,应进行修改和补充。

(4)地物、境界、道路、水系地貌、土质、植被和地理名称的编辑顺序和要求,可按相关规定执行。

(5)编辑等高线文件时应增加基本等高距和计曲线、首曲线及助曲线的墨线宽度等数据指令。

(6)字符编辑应进行汉字注记、高程注记和植被符号字符的编辑工作。各种汉字注记位置应排列美观,字体和大小应符合现行地形图图式的规定。

(7)高程注记点应密度恰当、位置合适,在重要地物和地貌变化处均应有高程注记点。

(8)植被符号应排列整齐,间距和大小应符合现行地形图图式的规定。图廓整饰的编辑内容按现行地形图图式的规定执行。

五、绘图与资料提交

计算机辅助成图应符合以下要求:

(1)绘图时应检查绘图仪、绘图笔等,并应符合以下规定:

1)计算机与绘图机接口插头应连接正确、稳固。

2)设定绘图参数时,应以防止出现传输绘图信息时丢数或线条粗细不匀或绘图误差过大等情况为原则,根据所使用的计算机和绘图仪合理选择。

3)用绘图仪的自检程序检查绘图仪是否运行正常。

4)绘制 50cm×50cm 的格网,用格网尺进行检查,其精度应符合相关规定。如超过限差,应通过软件分别对纵向和横向进行改正。

(2)绘图纸的选用应符合地图绘制的要求,如需绘在聚酯薄膜上,应选用厚度为 0.07～0.10mm 经过定型处理、伸缩率小于 2‰的聚酯薄膜。

(3)绘图笔可选用各种符合现行的《国家基本比例尺地图图式　第1部分：　1∶500　1∶1000　1∶2000 地形图图式》(GB/T 20257.1—2007)和《国家基本比例尺地图图式　第2部分：　1∶5000　1∶10000 地形图图式》(GB/T 20257.2—2006)或符合线条宽度的圆珠笔和墨水笔。用墨水笔绘图时应选择色泽光亮、黏度适中、附着力强不易脱落的墨汁。绘制多色图时应配好各种符合要求的颜色圆珠笔。

(4)正式绘图前应先试绘。如存在问题,应找出原因、改正和重绘。

快学快用 12　计算机辅助成图资料提交

计算机辅助成图工作结束后,应提交以下资料:

(1)地形原图和索引图,以及磁盘或磁带记录的数字地图。

(2)数据采集打印记录。

(3)野外数据采集的草图或室内数据采集用的像片、调绘片、现有地形图。

(4)加密像控点、检查点成果表和精度评定资料。

(5)测站点、数据点的平面坐标和高程数据文件。

(6)仪器检验资料。

(7)检查、验收报告和测量报告。

第四节　水下地形测量

一、水下地形测量一般规定

(1)水下地形测量是在陆地控制测量基础上进行的。水下地形测量应满足工程的施工设计、工程量计算及竣工验收的要求。

(2)水深测量应与水位观测配合进行,故需在施工区及其附近设置水尺(或自动水位计)。水尺设置应注意以下几点:

1)水尺应设置在河岸稳定、明显易见,且无回流的地段。施工水域水面比降小于 1/10000 的河段,每一公里设置一组水尺。水面比降大于 1/10000的河段,每 0.5km 设置一组水尺。

2)每组水尺必须由两支或两支以上的水尺组成,相邻水尺应有 0.1m 或 0.2m 的重合。风浪较大的地方,水尺重合幅度适当增加。

3)施工区远离水尺所在地时,应在水尺附近设置水位读数标志,由专人负责,定时悬挂信号或采用其他通信设备通报水位。

4)水尺高程连测,应按下列规定进行:

①永久性水尺,不低于四等水准测量的精度。

②施工性水尺,不低于五等水准测量的精度。

③应测出水尺零点高程,水尺刻度应能直接表示高程。

(3)水深测量应符合下列规定:

1)根据水深、流速及精度要求,选择测深工具。

①测深杆:一般用于水深小于 5m,流速小于 1.0m/s 的水域。测深中误差为±0.10m 左右。

②测深锤:一般用于水深 5~15m,流速为 1~2m/s 的水域,测深中误差为±0.15m 左右。

③铅鱼式测深锤:一般用于水深大于 10m,流速大于 3.0m/s 的水域。锤重一般为 15~20kg,测深中误差为±0.20m 左右。

④回声测深仪:适用于水深大于 3m,流速较大水域面积宽阔的地区,测深中误差为±0.20m 左右。使用前,应对测深仪进行检验。

2)测深点的密度以能显示出水下地形特征为原则。一般间距为图上 1~3cm。河道纵向稍稀,横向稍密,中间可稍稀,岸边应稍密。

对于水工建筑物的施工区应适当加密。

3)测深点的高程(测深)中误差应不大于 0.2m。测深点平面位置中误差,不应大于图上 1.5 mm。在流速大的地区,可放宽至 2~3 mm。

4)测深点的定位;可根据不同情况选择。

①断面索法:适用于河宽在 50～150m,流速小于 1.5m/s 的水域或已测设断面里程桩的测区。

②六分仪法:适用于河宽大于 300m,流速小于 3m/s 的水域。

③交会法:适用于面积较大地区的散点测深,绘制水下地形图。

④无线电定位法:适用于宽广的河口、湖泊、港湾和近海测深。

(4)水下地形测图的平面和高程系统,图幅分幅、等高距的大小一般应与陆上地形图一致,便于两者相互衔接。

(5)水下地形图宜采用数字化成图方法。

(6)水下地形图上应标明水边线高程和测绘日期。

二、水下地形点的密度要求

由于不能直接观察水下地形情况,只能依靠测定较多的水下地形点来探索水下地形的变化规律。因此,通常须保证图上 1～2cm 有一个水下地形点;沿河道纵向可以稍稀,横向应当较密;中间可以稍稀,近岸应当稍密;但必须探测到河床最深点。

三、水下地形点的布设方法

水下地形测量外业工作适宜在枯水季节进行,北方可在冰冻期进行冰上测量。水下地形点的布设可按断面法或散点法进行。

快学快用 13 采用断面法进行水下地形点的布设

断面法中的断面线宜布置成与等高线或水流方向大致成垂直。按水下地形点的密度要求,沿河布设横断面,断面方向尽可能与河道主流方向垂直。河道弯曲处,断面一般布设成辐射状,辐射线的交角 α 按下式计算。

$$\alpha = 57.3° \times \frac{s}{m}$$

式中 s——辐射线的最大间距(近似弧长);

m——扇形中心点至河岸的距离(弧半径)。

二者都可在图上量出,如图 8-13 所示。

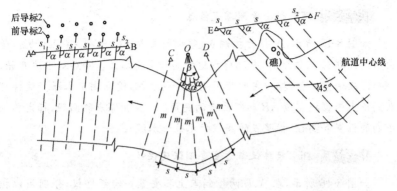

图 8-13　水下地形点的布设

对流速大的险滩或可能有礁石、沙洲的河段，测深断面可布设成与流向 45°的方向，以便于船的航行与定位。

快学快用 14 采用散点法进行水下地形点的布设

当在流速大、险滩礁石多、水位变化悬殊的河流中测深时，很难使船只按照严格的断面航行，这时可斜航，如图 8-14 所示，航线为点 1 至点 2、点 2 至点 9、点 9 回至点 3，如此连续进行，边行边测，形成散点。散点法仅适用于局部水域的水下地形测量。

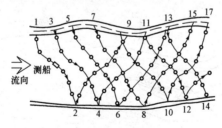

图 8-14　散点法

四、水下地形施测

水下地形施测方法主要有断面索测深定位法和经纬仪前方交会测深定位法。

快学快用 15　**断面索测深定位法**

如图 8-15 所示，A、B 为控制点，架设断面索 AC，测得 $\angle CAB$ 为 α，量出水边线到 A 点的距离，并测得水边的高程求得水位。而后从水边开始，小船沿断面索行驶，按一定间距用测深杆或水铊，逐点测定水深。这样可在图纸上根据控制边 AB 和断面索的夹角 α 以及测深点的间距，标定各点平面的位置和高程（测深点的高程＝水位－水深）。

快学快用 16　**经纬仪前方交会测深定位法**

如图 8-16 所示，在 A、B 两控制点上各安置一台经纬仪，分别用以控制点 C、D 定向归零。船只沿断面导标所指示的方向前进，到达 1 点时，由船上人员发出测量的口令或信号，两台经纬仪同时瞄准船上旗标，测得交会方向角 α 和 β，船上同步测深。由前方交会公式算得 1 点的平面位置，由水位和水深算得 1 点处水下地形点的高程。当船只沿断面继续航行，可完成 2、3 等点的测量，类似进行其他断面测量。

这种方法可用于对较宽河道的测量，且不影响航道通行，但作业时人员多、工作分散，同步协调是保证测绘质量的关键。

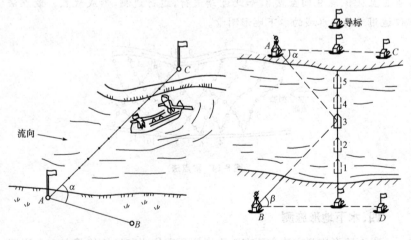

图 8-15　断面索测深定位法　　　图 8-16　经纬仪前方交会定位法

第五节　地形图的应用

一、地形图的分幅和编号

为了方便测绘、管理和使用地形图,需要将各种比例尺的地形图进行统一的分幅与编号,并注在地形图上方的中间部位。其中大比例尺地形图常采用矩形或正方形分幅与编号的方法,图幅的大小见表 8-11。

表 8-11　　　　　　　　　　　　　矩形或正方形分幅及面积

比例尺	矩形分幅		正方形分幅		
	图幅大小 /(cm×cm)	实地面积 /(km×km)	图幅大小 /(cm×cm)	实地面积 /(km×km)	一幅 1∶5000 图所含幅数
1∶5000	50×40	5	40×40	4	1
1∶2000	50×40	0.8	50×50	1	4
1∶1000	50×40	0.2	50×50	0.25	16
1∶500	50×40	0.05	50×50	0.0625	64

大面积测图时,矩形或正方形图幅的编号,一般采用坐标编号法。即由图幅西南角的纵、横坐标(用阿拉伯数字,以千米为单位)作为它的图号,表示为"$x-y$"。1∶5000、1∶2000 地形图,坐标取至 1km,1∶1000 的地形图,坐标取至 0.1km;1∶500 的地形图,坐标取至 0.01km。例如,西南角坐标为 $x=72600$m,$y=58600$m 的不同比例尺图幅号为:1∶2000,72−58;1∶1000,72.6−58.6;1∶500,72.60−58.60。对于较大测区,测区内有多种测图比例尺时,应进行统一编号。

小面积测图,可采用自然序数法或行列编号法。自然序数法是将测区各图幅按某种规律,如从左到右,自上而下用阿拉伯数字顺序编号。行列编号法是从左到右,从上到下给横列和纵列编号,用"行—列"表示图幅编号,例如 $A-2$、$B-3$、……、$C-4$、$D-1$……。

二、地形图应用的基本内容

地形图应用的基本内容包括在地形图上确定点的平面位置、在地形图上确定图上点的高程、在地形图上确定直线的长度、在地形图上确定直线的方位角、在地形图上确定直线的坡度。

快学快用 17 **在地形图上确定点的平面位置**

在地形图上确定一点的平面位置通常采用量取坐标的方法进行。如图 8-17 所示,在大比例尺地形图上画有 10cm×10cm 的坐标方格网,并在图廓西、南边上注有方格的纵横坐标值,要求 p 点的平面直角坐标(x_p, y_p),可先将 p 点所在坐标方格网用直线连接,得正方形 $abcd$,过 p 点分别作平行于 x 轴和 y 轴的两条直线 mn 和 kl,然后用分规截取 ak 和 an 的图上长度,再依比例尺算出 ak 和 an 的实地长度值。

计算出 $ak = 520$m,$an = 260$m,则 p 点的坐标为:

$$\begin{cases} x_p = x_a + ak = 2200 + 520 = 2720\text{m} \\ y_p = y_a + an = 1700 + 260 = 1960\text{m} \end{cases}$$

为了检核,还应量出 dk 和 bn 的长度。如果考虑到图纸伸缩的影响,可按内插法计算:

$$\begin{cases} x_p = x_a + (10/ad) \times ak \\ y_p = y_a + (10/ad) \times an \end{cases}$$

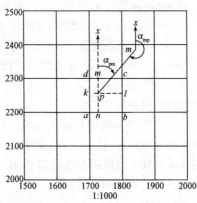

图 8-17　在地形图上确定点的平面位置

快学快用 18 *在地形图上确定图上点的高程*

地形图上任一点的高程,可以根据等高线及高程标记来确定,如图 8-18所示,如果某点 A 正好在等高线上,则其高程与所在的等高线高程相同,即 $H_A = 104.0$m。如果所求点不在等高线上,如图 8-18 中的 B 点,而位于 106m 和 108m 两条等高线之间,则可过 B 点作一条大致垂直于相邻等高线的线段 mn,量取 mn 的长度,再量取 mB 的长度,若分别为 9.5mm 和 3mm,已知等高距 $h=2$m,则 B 点的高程 H_B 可按比例内插求得:

$$H_B = H_m + \frac{mB}{mn} \cdot h = 106 + \frac{3}{9.5} \times 2 = 106.6\text{m}$$

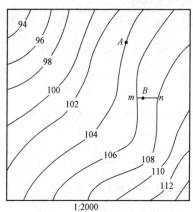

图 8-178　地形图基本应用示意图

在图上求某点的高程时,通常可以根据相邻两等高线的高程目估确定。所求高程精度低于等高线本身的精度。

快学快用 19 *在地形图上确定直线的长度*

(1)直接量测。用卡规在图上直接卡出线段长度,再与图示比例尺比量,即可得其水平距离。也可以用毫米尺量取图上长度并按比例尺换算为水平距离,但后者会受图纸伸缩的影响,误差相应较大。但图纸上绘有图示比例尺时,用此方法较为理想。

(2)根据直线两端点的坐标计算水平距离。为了消除图纸变形和量测误差的影响,尤其当距离较长时,可用两点的坐标计算距离,以提高精度。如图 8-17 所示，欲求直线 mn 的水平距离，首先求出两点的坐标值 x_m、y_m 和 x_n、y_n，然后按下式计算水平距离，即：

$$D_{mn} = \sqrt{(x_n - x_m)^2 + (y_n - y_m)^2}$$

快学快用 20 **在地形图上确定直线的方位角**

如图 8-18 所示，欲求图上直线 mn 的坐标方位角，有下列两种方法。

（1）图解法。当精度要求不高时，可用图解法用量角器在图上直接量取坐标方位角。如图所示，先过 m、n 两点分别精确地作坐标方格网纵线的平行线，然后用量角器的中心分别对中 m、n 两点量测直线 mn 的坐标方位角 α'_{mn} 和 nm 的坐标方位角 α'_{nm}。

同一直线的正、反坐标方位角之差为 $180°$，所以可按下式计算，即：

$$\alpha_{mn} = \frac{1}{2}(\alpha'_{mn} + \alpha'_{nm} \pm 180°)$$

上述方法中，通过量测其正、反坐标方位角取平均值是为了减小量测误差，提高量测精度。

（2）解析法。先求出 m、n 两点的坐标，然后再按下式计算直线 mn 的坐标方位角，即：

$$\alpha_{mn} = \arctan \frac{x_n - y_m}{x_n - x_m} = \arctan \frac{\Delta y_{mn}}{\Delta x_{mn}}$$

当直线较长时，解析法可取得较好的结果。

快学快用 21 **在地形图上确定直线的坡度**

在地形图上求得直线的长度以及两端点的高程后，即可确定该直线的平均坡度 i，计算公式为：

$$i = \frac{h}{dM} = \frac{h}{D}$$

式中　　d——指图上量得的长度；

　　　　h——指直线两端点的高差；

　　　　M——指地形图比例尺分母；

　　　　D——指该直线的实地水平距离。

三、地形图在水利水电工程中的应用

地形图在水利水电工程中的应用主要包括在地形图上按一定方向绘

制纵断面图、在地形图上按限定的坡度选定最短线路、在地形图上确定汇水面积、库容计算和根据地形图平整场地几个方面。

快学快用 22 **在地形图上按一定方向绘制纵断面图**

纵断面图是显示沿指定方向地球表面起伏变化的剖面图。在各种线路工程设计中，为确定线路的坡度和里程，可利用地形图，按设计线路绘制纵断面图。

如图 8-19(a)所示，欲沿地形图上 AB 方向绘制断面图，可首先在绘图纸或方格纸上绘制 AB 水平线，如图 8-19(b)所示，过 A 点作 AB 的垂线作为高程轴线。然后在地形图上用卡规自 A 点分别卡出 A 点至 1、2、3、…、B 各点的水平距离，并分别在图 8-19 上自 A 点沿 AB 方向截出相应的 1、2、…、B 等点。再在地形图上读取各点的高程，按高程比例尺向上作垂线。最后，用光滑的曲线将各高程顶点连接起来，即得 AB 方向的纵断面图。

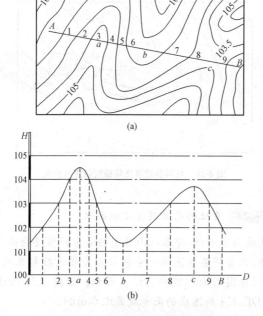

图 8-19 按预定方向绘制纵断面图

快学快用 23 在地形图上按限定的坡度选定最短线路

在各种线路工程设计时,往往要求线路在不超过某一限制坡度的条件下,选择一条最短线路或等坡度线。如图 8-20 所示,设从 M 点到高地 N 点要选择一条路线,要求其坡度不大于 5%(限制坡度)。设计用的地形图比例尺为 1:2000,等高距为 1m。为了满足限制坡度的要求,根据公式计算出该路线经过相邻等高线之间的最小水平距离 d 为:

$$d = \frac{h}{i \cdot m} = \frac{1}{0.05 \times 2000} = 0.01\text{m} = 1\text{cm}$$

于是,以 M 点为圆心,以 d 为半径画弧交 81m 等高线于点 1,再以点 1 为圆心,以 d 为半径画弧,交 82m 等高线于点 2,依此类推,直到 N 点附近为止。然后连接 1、2、…、N,便在图上得到符合限制坡度的路线。这只是 M 到 N 点的路线之一,为了便于选线比较,还需另选一条路线,如 $1'$、$2'$、…、N。同时考虑其他因素,如少占或不占农田,建筑费用最少,避开不良地质等进行修改,以便确定线路的最佳方案。

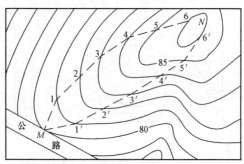

图 8-20 按限制坡度选择最短线路示意图

快学快用 24 在地形图上确定汇水面积

山脊线又称为分水线,即落在山脊上的雨水必然要向山脊两旁流下。根据这种原理,只要将某地区的一些相邻山脊线连接起来就构成汇水面积的界线,它所包围的面积就称为汇水面积。如图 8-21 所示,由山脊线 AB、BC、CD、DE、EA 所围成的面积就是汇水面积。

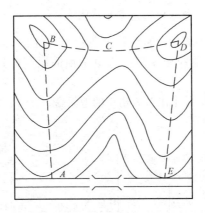

图 8-21 在地形图上确定汇水面积

快学快用 25 利用地形图计算库容

水库设计时,如果坝的溢洪道高积已定,则水库的淹没面积以下的蓄水量即水库的库容。计算库容,首先要求得等高线围成的淹没面积,然后再计算相邻等高线之间的体积,该体积之和称为库容。

设 S_1 为淹没高程最高线所围成的面积,S_2、S_3、$\cdots$、S_n、S_{n+1} 为淹没最高线以下的各等高线围成的面积(其中 S_{n+1} 为最低一根围成的面积),h 为等高距,i 为最低一根等高线与库底的高层,则各层体积为:

$$V_1 = \frac{1}{2}(S_1 + S_2)h$$

$$V_2 = \frac{1}{2}(S_2 + S_3)h$$

$$\vdots$$

$$V_h = \frac{1}{2}(S_n + S_{n+1})h$$

$$V_{底} = \frac{1}{3}i \times S_{n+1}$$

故,水库的库容为

$$V = V_1 + V_2 + \cdots + V_n + V_{底}$$

$$= (\frac{S_1}{2} + S_2 + S_3 + \cdots + \frac{S_{n+1}}{2})h + \frac{1}{3}iS_{n+1}$$

（1）设计成水平场地。如图 8-22 所示为一幅 1∶1000 比例尺的地形图，假设要求将原地貌按挖填土方量平衡的原则改造成平面，其步骤如下：

1）绘制方格网，并求出各方格点的地面高。

2）计算设计高程。

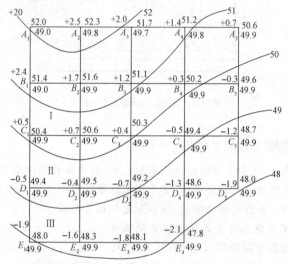

图 8-22　水平场地平整示意图

①先将每一方格顶点的高程加起来除以 4，得到各方格的平均高程，再把每个方格的平均高程相加除以方格总数，就得到设计高程 $H_{设}$，即：

$$H_{设}=\frac{H_1+H_2+\cdots+H_i}{n}$$

式中　　H_i——每一方格的平均高程；

　　　　n——方格总数。

②从设计高程 $H_{设}$ 的计算方法和图 8-22 可以看出：方格网的角点 A_1、A_5、D_5、E_4、E_1 的高程只用了一次，边点 A_2、A_3、A_4、B_1、B_5、C_1、C_5、D_1、E_2、E_3 点的高程用了两次，拐点 D_4 的高程用了三次，而中间点 B_2、B_3、B_4、C_2、C_3、C_4、D_2、D_3 点的高程都用了四次，若以各方格点对 $H_{设}$ 的影响大小

(实际上就是各方格点控制面积的大小)作为"权"的标准,如把用过 i 次的点的权定为 i,则设计高程的计算公式可写为:

$$H_{设} = \frac{\sum(P_i H_i)}{\sum P_i}$$

式中　P_i——相应各方格点 i 的权。

3)计算挖、填数值。根据设计高程和各方格顶点的高程,可以计算出每一方格顶点的挖、填高度,即

挖、填高度＝地面高程－设计高程

将图中各方格顶点的挖、填高度写于相应方格顶点的左上方,如 $+2.1$、-0.7 等。正号为挖深,负号为填高。

4)绘出挖、填边界线。在地形图上根据等高线,用目估法内插出高程为 49.9m 的高程点,即填挖边界点,叫零点。连接相邻零点的曲线(图中虚线),称为填挖边界线。在填挖边界线一边为填方区域,另一边为挖方区域。零点和填挖边界线是计算土方量和施工的依据。

5)计算挖、填土(石)方量。计算填、挖土(石)方量有两种情况:一种是整个方格全填(或挖)方,如图 8-22 中方格Ⅰ、Ⅲ;另一种是既有挖方,又有填方的方格,如图 8-22 中的Ⅱ。

(2)设计成一定坡度的倾斜地面。

1)绘制方格网,并求出各方格点的地面高程。与设计成水平场地同法绘制方格网,并将各方格点的地面高程注于图上。图 8-23 中方格边长为 20m。

2)根据挖、填平衡的原则,确定场地重心点的设计高程。根据填挖土(石)方量平衡,计算整个场地几何图形重心点的高程为设计高程。用图 8-23 中数据计算 $H_{设}=80.26m$。

3)确定方格点设计高程。重心点及设计高程确定以后,根据方格点间距和设计坡度,自重心点起沿方格方向,向四周推算各方格点的设计高程。

4)确定挖、填边界线。在地形图上首先确定填挖零点。连接相邻零点的曲线,称为填挖边界线。在填挖边界线一边为填方区域,另一边为挖方区域。零点和填挖边界线是计算土方量和施工的依据。

5)计算方格点挖、填数值。根据图 8-23 中地面高程与设计高程值计算各方格点挖、填数值,并注于相应点的左上角。

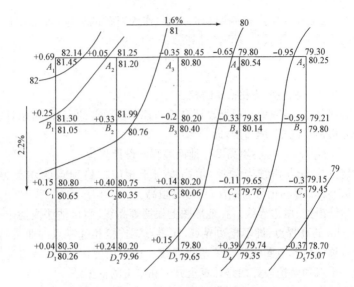

图 8-23　倾斜场地平整示意图

6)计算挖、填方量。根据方格点的填、挖数,可按上述方法,确定填挖边界线,并分别计算各方格内的填、挖方量及整个场地的总填、挖方量。

四、在地形图上量算图形的面积

在水利工程规划设计中,常需要在地形图上量算一定范围内的面积。在地形图上量算面积的方法很多,常用的有透明方格网法、平行线法、几何图形法和求积仪法等。

快学快用 27　**采用透明方格网法在地形图上量算面积**

用透明方格网法量算图上面积时,常使用透明方格纸覆盖在图形上进行量算。如图 8-24 所示,对于曲线包围的不规则图形,可利用绘有边长为 1mm(或 2mm)正方形格网的透明纸蒙在图纸上,统计出图形所围的方格整数格和不完整格数,一般将不完整格作半格计,从而算出图形在地形图上的面积,最后依据地形图比例尺计算出该图形的实地面积。

快学快用 28　**采用平行线法在地形图上量算面积**

如图 8-25 所示,利用绘有间隔 h 为 1mm 或 2mm 平行线的透明纸,覆盖在地形图上,则图形被分割成许多高为 h 的等高近似梯形,再量测各梯形的中线 l (图中虚线)的长度,则该图形面积为:

$$S=h\sum l_i$$

式中　h——近似梯形的高;

　　　l_i——各方格的中线长。

最后将图上面积 S 依比例尺换算成实地面积。

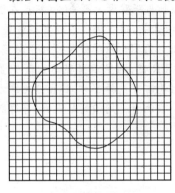

图 8-24　透明方格纸法

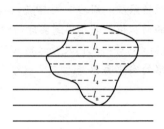

图 8-25　平行线法

快学快用 29　采用几何图形法在地形图上量算面积

如图 8-26 所示,如果图形是由直线连接而成的闭合多边形,则可将多边形分割成若干个三角形或梯形,利用三角形或梯形计算面积的公式计算出各简单图形的面积,最后求得各简单图形的面积总和即为多边形的面积。

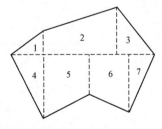

图 8-26　几何图形法

快学快用 30 采用求积仪法在地形图上量算面积

求积仪是一种专门供图上量算面积的仪器,其优点是操作简便、速度快、适用于任意曲线图形的面积量算,且能保证一定的精度。

使用数字求积仪进行面积测量时,先将欲测面积的地形图水平放置,并试放仪器在图形轮廓的中间偏左处,使跟踪臂的描迹镜上下移动时,能达到图形轮廓线的上下顶点,并使动极轴与跟踪臂大致垂直,然后在图形轮廓线上标记起点,测量时,先打开电源开关,用手握住跟踪臂描迹镜,使描迹镜中心点对准起点,按下 STAR 键后沿图形轮廓线顺时针方向移动,准确地跟踪一周后回到起点,再按 AVER 键,则显示器显示出所测量图形的面积值。若想得到实际面积值,测量前可选择平方米(m^2)或平方千米(km^2),并将比例尺分母输入计算器,当测量一周回到起点时,可得所测图形的实地面积。

第九章 施工放线基本工作

第一节 施工放线概述

一、施工放线的概念

根据施工需要把设计图纸上的建(构)筑物的平面和高程位置,按照一定的精度和设计要求,用测量仪器测设在地面上,作为施工的依据,这一工作称为施工放线。

二、施工放线的内容

施工放线是施工的先导,贯穿于整个施工过程中。其内容包括从施工前的场地平整,施工控制网的建立,到建(构)筑物的定位和基础放线;以及工程施工中各道工序的细部测设,构件与设备安装的测设工作;在工程竣工后,为了便于管理、维修和扩建,还需进行竣工测量,绘制竣工平面图;有些高大和特殊的建(构)筑物在施工期间和建成后还要定期进行变形观测,以便积累资料,掌握变形规律,为工程设计、维护和使用提供资料。

三、施工放线的特点

施工放线与测图工作相比,具有以下特点:

(1)施工放线精度要求较高。对同类建(构)筑物来说,测设整个建(构)筑物的主轴线,以便确定其相对于其他地物的位置关系时,其测量精度要求可相对低一些。而测设与建(构)筑物内部有关联的轴线,以及在进行构件安装放线时,精度要求则相对高一些。如要对建(构)筑物进行变形观测,为了发现位置和高程的微小变化量,测量精度要求更高。

(2)施工放线与施工进度关系密切。施工放线直接为工程的施工服务,一般每道工序施工前都要进行放线测量,为了不影响施工的正常进行,应按照施工进度及时完成相应的测量工作。特别是现代工程项目,规模大,机械化程度高,施工进度快,对放线测量的密切配合提出了更高的要求。

(3)施工放线容易受施工干扰。在施工现场,各工序经常交叉作业,运输频繁,并有大量土方填挖和材料堆放工作,使测量作业的场地条件受到影响,视线被遮挡,测量桩点被破坏等。所以,各种测量标志必须埋设稳固,并设在不易被破坏和碰动的位置,除此之外,还应经常检查,如有损坏,应及时恢复,以满足施工现场测量的需要。

第二节　施工放线准备

一、一般规定

水利水电工程施工放线准备应遵守以下一般规定:

(1)施工放线准备的内容主要包括收集测量资料、制定放线方案、准备放线数据、选择放线方法、测设放线测站点和检验仪器测具等。

(2)放线工作开始之前,应详细查阅工程设计图纸,收集施工区平面与高程控制成果,了解设计要求与现场施工需要。根据精度指标,选择放线方法。

(3)对于设计图纸中有关数据和几何尺寸,应认真进行检核,确认无误后,方可作为放线的依据。

(4)必须按正式设计图纸和文件(包括修改通知)进行放线,不得凭口头通知或未经批准的草图放线。

(5)所有放线点线,均应有检核条件,现场取得的放线及检查验收资料,必须进行复核,确认无误后,方能交付使用。

(6)放线结束后,应向使用单位提供书面的放线成果单。

二、收集测量资料与制定放线方案

(1)测量放线前应具有施工区已有的平面和高程控制网成果资料。

(2)根据现场控制网点是否稳定完好等情况,对已有的控制网点资料进行分析,以确定全部或部分检测控制网点。

(3)已有控制网点不能满足精度要求时应重新进行布设;已有的控制网点密度不能满足放线需要时应进行加密。

(4)测量放线必须按正式设计图纸、文件、修改通知进行。

(5)根据有关标准对测量的技术要求制定测量放线方案,测量放线方案应包括控制网点检测与加密、放线依据、放线方法、放线点精度估算、放线作业程序、人员及设备配置等内容。

三、放线数据准备

(1)放线前应根据设计图纸和有关数据及使用的控制点成果,计算放线数据,绘制放线草图,所有数据、草图均应经两人独立校核。

用电算程序计算放线数据时,必须认真核对原始数据输入的正确性。

(2)应将施工区域内的平面、高程控制点、轴线点、测站点等测量成果,以及工程部位的设计图纸中的各种坐标(桩号)、方位、尺寸等几何数据编制成放线数据手册,供放线人员使用。

(3)现场放线所取得的测量数据,应记录在规定的放线手簿中,所有栏目必须填写完整,字体应整齐清晰,不得任意涂改。填写内容包括:

1)工程部位、放线日期、观测、记录及检查者姓名。

2)放线点所使用的控制点名称,坐标和高程成果,设计图纸编号,使用数据来源。

3)放线数据及草图。

4)放线过程中的实测资料。

5)放线时所使用的主要仪器。

四、平面位置放线方法的选择

(1)应根据放线点位的精度要求,现场作业条件和拥有的仪器设备,选择适用的放线方法。

(2)采用测角前方交会法测设测站点的技术要求应符合表 9-1 的规定。

表 9-1   测角前方交会法的技术要求

点位中误差 /mm	交会角 γ (°)	交会边长 /m	测回数		交会方 向 数
			DJ$_1$	DJ$_2$	
±15	50～130	≤200 200～300 300～400	1 2 3	—	3
±30	40～140	≤300 300～400	1 2	3	3
±50		≤500	1	3	3

(3)采用单三角形测设测站点的技术要求,应符合表 9-2 的规定。

表 9-2   单三角形法的技术要求

点位中误差 /mm	交会角 γ (°)	边长 /m	测回数		三角形闭合差 (″)
			DJ$_2$	DJ$_6$	
±15		≤400	2	—	±10
±30	30～150	≤500	2	4	±15
±50		≤500	1	2	±20

(4)采用测角后方交会法测设测站点的技术要求应符合表 9-3 的规定。

表 9-3   测角后方交会法的技术要求

点位 中误差 /mm	交会角 α、β 和所对 已知角 C 之和 (°)	边长 /m	测回数		交会 方向数	待定点的位置
			DJ$_2$	DJ$_6$		
±15	—	≤400	3	—	4	位于已知点的三角 形内
±30	不得在 160～200 之间	≤150	2	4	4	待定点距危险圆 圆周不小于危险圆 圆周半径的 1/5
±50		≤300	1	2	4	

（5）采用轴线交会法测设测站点的技术要求应符合表 9-4 的规定。

表 9-4　　　　　　　　　轴线交会法的技术要求

点位中误差 /mm	夹角 α_1,α_2 的要求 (°)	S_{PC} 和 S_{PD} 的要求 /m	测回数		已知点点位要求	示意图
			DJ$_2$	DJ$_6$		
±15	≥25	≤300	2	3	位于轴线异侧	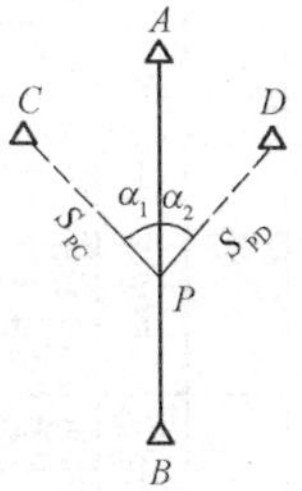
		300～400	3	—		
		400～500	4	—		
±30	≥20	≤500	2	3		
±50	≥20	≤500	1	2		

注：待定点 P 必须精确位于已知轴线上，且 PA、PB 的长度，不宜过短。

（6）采用边角前方交会法测设测站点的技术要求，应符合表 9-5 的规定。

表 9-5　　　　　　　　　边角前方交会法的技术要求

点位中误差 /mm	交会角范围		测距边长 /m	测距要求		角度测回数				说明与图示
	交会方法	γ (°)		测距仪等级	测回数	水平角		天顶距		
						DJ$_2$	DJ$_6$	DJ$_2$	DJ$_6$	
±15	Ⅰ	15～160	≤600	3	2	2	3	2	2	方法Ⅰ：
	Ⅱ	10～170								两角一边交会法
±30	Ⅰ	15～165	≤1200	3	2	1	2	1	2	
	Ⅱ	15～170								
±50	Ⅰ	15～165	≤1500	3～4	2	1	2	1	1	
	Ⅱ	15～165								

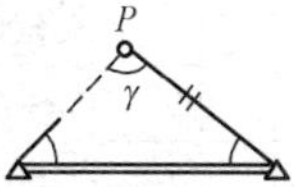

（7）采用边角后方交会法测设测站点的技术要求，应符合表 9-6 的规定。

表 9-6　　　　　　　　　　边角后方交会的技术要求

点位中误差/mm	交会方法	γ(°)	测距边长/m	水平角 DJ₂	水平角 DJ₆	天顶距 DJ₂	天顶距 DJ₆	测距仪等级	测回数	说明与图示
±15	Ⅰ	90~165	≤400	2	4	2	4	3	2	
	Ⅱ	10~170		2	4			2		
		20~160	≤700	2	4		4	3	2	
		30~150		1	2			4		
±30	Ⅰ	60~165	≤500	2	4	1	2	3	2	
		90~165						4		
	Ⅱ	15~165	≤1000	1				3		
		25~155						4		
±50	Ⅰ	50~165	≤700	1	2	1	2	3	2	
		75~165						4		
	Ⅱ	10~170	≤1500	1	2	1	2	3	2	
		20~160						4		

说明与图示：

方法Ⅰ：
在测站点 P 观测一条边 b 和一个交会角 γ

注：计算时测距仪的比例误差未给予考虑，测角中误差按 DJ₆ 一测回 $m_\beta = \pm 6''$ 计。

(8)采用测边交会法放线测站点时应注意以下几点：

1)注意图形结构，交会角不应小于 30°。

2)交会方向数，不宜少于 3 个，边长应限制在 1000m 以内。

3)测距仪等级及测回数的选定，见表 9-5 和表 9-6。

(9)采用光电测距极坐标法测设测站点的技术要求，应符合表 9-7 的规定。

表 9-7　　　　　　　　　　光电测距极坐标法的技术要求

点位中误差/mm	测距边长/m	水平角 DJ₂	水平角 DJ₆	天顶距 DJ₂	天顶距 DJ₆	测距仪等级	测回数
±15	≤500	2	4	2	2	2	2
	500~700	3	4	2	3	2~3	
±30	<500	1	2	1	2	3~4	2
	500~1000	2	3	2	3	3	
±50	≤1500	1	2	1	2	3~4	2

注：采用光电测距极坐标法测设站点时，应在同一部位至少测放二点，并丈量该两点间的距离，以资校核。

(10)在上列边角联合测量决定点位时应共同注意以下几点：

1)测距时均应在镜站量测气象数据。

2)所测边长均应加入加、乘常数，气象、倾斜、投影等各项改正。

3)如要同时测定点的高程时，均应以±2mm的精度量取仪器高与棱镜(觇牌)高，当边长大于300m时要加入球气差改正(或仅加球差改正)。

(11)采用钢尺量距、视差法测距布设施工导线测设测站点或放线轮廓点的技术要求应符合表9-8的规定。

1)导线边长用钢尺丈量时，应符合表9-9的规定。

2)导线边长采用二米横基尺测定时，应符合表9-10的规定。

表9-8　　　　　　　　　　施工导线技术要求

点位中误差/mm	等级	附合导线全长/m	导线全长相对闭合差	平均边长/m	测角中误差(″)	测回数 DJ₂	测回数 DJ₆	方位角闭合差(″)	边长丈量相对中误差
±15	一	800	1：10000	80	5	2	—	$10\sqrt{n}$	1：8000
	二	400	1：8000	40	10	2	4	$20\sqrt{n}$	1：5000
±30	二	2000	1：15000	200	5	2	—	$10\sqrt{n}$	1：1000
	三	1000	1：10000	100	10	2	4	$20\sqrt{n}$	1：8000
	四	500	1：5000	50	20	—	2	$40\sqrt{n}$	1：5000
±50	一	3500	1：15000	350	5	2	—	$10\sqrt{n}$	1：10000
	二	1500	1：8000	150	10	2	4	$20\sqrt{n}$	1：5000
	三	800	1：4000	70	20	—	2	$40\sqrt{n}$	1：4000
	四	600	1：3000	50	30	—	2	$60\sqrt{n}$	1：3000

注：1. 因现场条件限制，执行本表要求有困难时，在满足导线最弱点点位精度要求的情况下，可自行确定导线的技术要求；

2. n为导线测站数。

(12)采用光电测距导线测设测站或放线建筑物轮廓点时，按表9-11执行。

(13)采用钢尺进行精密长度放线时，尺长方程式中各项改正数值符号的选用见《水利水电工程施工测量规范》(SL 52—1993)附录J。

表 9-9　　　　　　　　　　　　　　　钢尺丈量技术要求

边长丈量相对中误差	作业尺量	丈量总次数	定线误差/mm	读定次数	估读/mm	温度读至(℃)	同尺各次或同段各尺较差/mm	经各项改正后,各次或各尺全长较差/mm	丈量方法
1:10000～1:15000	2	4	30	3	0.5	0.5	3.0	$40\sqrt{D}$	悬空丈量
1:3000～1:10000	1	2	50	3	1.0	1.0	3.0		

表 9-10　　　　　　　　二米横基尺视差法测量导线边长的技术要求

点位中误差/mm	等级	视差角测角中误差(″)	一次测定的长度/m	半测回数 DJ$_2$	半测回差(″)	测距方法
±15	一	1	≤80	6	5	中点法
	二	1	≤40	6	5	端点法
±30	二	1	≤105	6	5	中点法
	三	1	≤100	6	5	中点法
	四	1	≤50	6	5	端点法
±50	一	1	≤120	6	5	中点法
	二	1	≤150	6	5	中点法
	三	1	≤70	6	5	端点法
	四	2.5	≤50	2	5	端点法

表 9-11　　　　　　　　　　　　光电测距导线的技术要求

点位误差/mm	附合导线全长/m	导线全长相对闭合差	平均边长/m	测角中误差(″)	测距中误差/mm	角度测回数 水平角 DJ$_2$	角度测回数 水平角 DJ$_6$	角度测回数 天顶距中丝法 DJ$_2$	角度测回数 天顶距中丝法 DJ$_6$	方位角闭合差(″)
±15	7500	1:35000	300	1.8	3	9	—	4	—	±3.6$\sqrt{n}$
	3000	1:30000	200	2.5	5	4	2	2	—	±5$\sqrt{n}$
	2000	1:18000	150	5.0	5	2	3	2	3	±10$\sqrt{n}$

（续）

点位误差 /mm	附合导线全长 /m	导线全长相对闭合差	平均边长 /m	测角中误差 (″)	测距中误差 /mm	角度测回数				方位角闭合差 (″)
						水平角		天顶距中丝法		
						DJ₂	DJ₆	DJ₂	DJ₆	
±30	3600	1:18000	300	5.0	10	2	3	2	3	$\pm10\sqrt{n}$
	4000	1:15000	200	5.0	5	2	3	2	3	$\pm10\sqrt{n}$
	3000	1:15000	150	5.0	5	2	3	2	3	$\pm10\sqrt{n}$
±50	5400	1:15000	300	5.0	10	2	3	2	3	±10
	5000	1:12000	200	5.0	5	2	3	2	3	$\pm10\sqrt{n}$
	3000	1:8000	150	10	10	1	2	2	3	$\pm20\sqrt{n}$
±100	4500	1:6000	300	15	10		2		3	$\pm30\sqrt{n}$
	5000	1:7000	200	10	10	1	2		3	$\pm20\sqrt{n}$
	7500	1:10000	150	5.0	5	2	3	2	3	$\pm10\sqrt{n}$
±200	5500	1:4000	150	15	10	—	1	—	1	$\pm30\sqrt{n}$
	6000	1:4200	200	15	10	—	1	—	1	$\pm30\sqrt{n}$
	7500	1:4500	300	15	10	—	1	—	1	$\pm30\sqrt{n}$

五、高程放线方法的选择

（1）高程放线方法的选择，主要根据放线点高程精度要求和现场的作业条件，可分别采用水准测量法、光电测距三角高程法、解析三角高程法和视距法等。

（2）对于高程放线中误差要求不大于±10mm 的部位，应采用水准测量法，并注意以下几点：

1）放线点离等级高程点不得超过 0.5km。

2）测站的视距长度不得超过 150m，前后视距差不大于 50m。

3）尽量采用附合路线。

（3）采用经纬仪代替水准仪进行土建工程放线时，应注意以下两点：

1）放线点离高程控制点不得大于 50m。

2)必须用正倒镜置平法读数,并取正倒镜读数的平均值进行计算。

(4)采用光电测距三角高程测设高程放线控制点时,注意加入地球曲率的改正,并校核相邻点的高程。

(5)采用具有平行玻璃板测微器的水准仪进行精密高程放线。

(6)高层建筑物、竖井的高程传递,可采用光电测距三角高程法或用钢带尺进行。

六、仪器、工具的检验

(1)施工放线使用的仪器,应定期按下列项目进行检验和校正:

1)经纬仪的三轴误差、指标差、光学对中误差,以及水准仪的 i 角,应经常检验和校正。

2)光电测距仪的照准误差(相位不均匀误差)、偏调误差(三轴平行性)及加常数、乘常数,一般每年进行一次检验。如果发现仪器有异常现象或受到剧烈震动,则应随时进行检校。

(2)使用工具应按下列项目进行检验:

1)钢带尺应通过检定,建立尺长方程式。

2)水准标尺应测定红黑面常数差和标尺零点差。标尺标称常数差与实测常数差超过 1.0mm 时,应采用实测常数差;标尺的零点差超过 0.5mm 时,应进行尺底面的修理或在高差中改正。

3)塔尺应检查底面及接合处误差。

4)垂球应检查垂球尖与吊线是否同轴。

第三节　　施工控制网的布设

在工程施工前,测图时布设的控制点往往会被坏,因此应在建筑施工现场重新建立统一的施工控制网,为建筑物的施工放线提供依据。施工控制网分平面控制网和高程控制网两种。

一、平面控制网的建立

平面控制网一般设成两级,一级为基本网,另一级为定线网。施工控制点的选择应考虑以下几点因素:工区的范围和地形条件,建筑物的位置和大小,便于施工放线。

快学快用 1 平面控制基本网的建立

基本网起着控制水利枢纽各建筑物主轴线的作用,组成基本网的控制点,即基本控制点。基本网是由实线连成的四边形,定线网是以轴线为基准与虚线连成的四边形,如图9-1所示。

快学快用 2 平面控制定线网的建立

定线网直接控制建筑物的辅助线及细部位置。定线网是用交会法加密成虚线连成的,如图9-2所示。

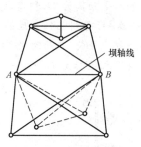

图 9-1　四边形基本网与
四边形定线网

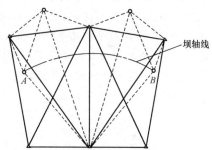

图 9-2　四边形基本网与交会定线网

水工建筑物大多位于地形起伏较大的山岭地区,常以三角网作为基本控制网,定线网是再以其为基准,用交会定点方法加密,另外,也可以用基本控制点测设一条基准线进行布设。

二、高程控制网的建立

高程控制网一般也分两级。一级水准网与施工区域附近的国家水准点连测,布设成闭合(或附合)形式,称为基本网。基本网的水准点应布设在施工爆破区外,作为整个施工期间高程测量的依据。另一级是由基本水准点引测的临时性作业水准点,它应尽可能靠近建筑物,以便于做到安置一次或两次仪器就能进行高程放线。

第四节　测设的基本工作

一、已知水平距离的测设

已知水平距离的测设,是由地面已知点的起点、线段方向和两点间的水平距离找出另一端点的平面位置。

快学快用　3　钢尺测设水平距离一般方法

测设已知距离时,线段起点和方向是已知的。如图 9-3 所示,A 为实地上的已知点,AC 为指定的放线方向,欲放线的水平距离为 D,利用钢尺由 A 点沿 AC 方向拉平钢尺量取已知的水平距离 D,得到已知长度的另一端点 B',改变起始读数同法再量一次,得另一端点 B''。若两次较差在规定限差内,取其平均值作为最后结果,在实地用木桩标定 B 点,AB 即为按已知长度测设的水平距离。

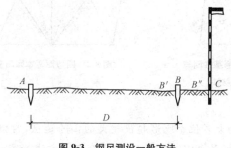

图 9-3　钢尺测设一般方法

快学快用　4　钢尺测设水平距离精确方法

当测设精度要求较高时,就要考虑尺长不准、温度变化及地面倾斜的影响。先按一般方法测设出另一端点,同时测出丈量时的温度和两点间的高差,然后,根据设计水平距离进行尺长、温度、倾斜改正,算得地面上应量得距离 D' 为:

$$D' = D - \Delta l_d - \Delta l_t - \Delta l_h$$

式中　D——设计水平距离;

Δl_d——尺长改正数；

Δl_t——温度改正数；

Δl_h——倾斜改正数。

快学快用 5　电磁波测距仪测设水平距离

由于电磁波测距仪的普及，目前水平距离的测设，尤其是长距离的测设多采用电磁波测距仪或全站仪。如图9-4所示，安置测距仪于 M 点，瞄准 MN 方向，指挥装在对中杆上的棱镜前后移动，使仪器显示值略大于测设的距离，定出 N' 点。在 N' 点安置反光棱镜，测出竖直角 α 及斜距 L（必要时加测气象改正），计算水平距离 $D' = L \cdot \cos\alpha$，求出 D' 与应测设的水平距离 D 之差（$\Delta D = D - D'$）。根据 ΔD 的符号在实地用钢尺沿测设方向将 N' 改正至 N 点，并用木桩标定其点位。为了检核，应将反光镜安置于 N 点，再实测 MN 距离，其不符值应在限差之内，否则应再次进行改正，直至符合限差为止。若用全站仪测设，仪器可直接显示水平距离，则更为简便。

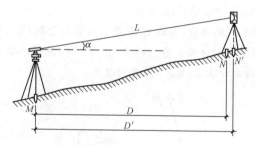

图9-4　电磁波测距仪测设水平距离

二、已知水平角的测设

已知水平角的测设就是根据水平角的已知数据和一个已知方向，把该角的另一个方向测设到地面上。

快学快用 6　已知水平角一般测设法

如图9-5所示，设 O 为地面上的已知点，OA 为已知方向，要顺时针方向测设已知水平角 β，测设方法是：

(1)在 O 点安置经纬仪,对中整平。

(2)盘左状态瞄准 A 点,调水平度盘配置手轮,使水平度盘读数为 $0°0'00''$,然后旋转照准部,当水平度盘读数为 β 时,固定照准部,在此方向上合适的位置定出 B' 点。

(3)倒转望远镜成盘右状态,用同上的方法测设 β 角,定出 B'' 点。

(4)取 B' 和 B'' 的中点 B,则 $\angle AOB$ 就是要测设的水平角。

快学快用 7 **已知水平角精确测设法**

当测设水平角的精度要求较高时,应采用作垂线改正的方法,如图 9-6所示。在 O 点安置经纬仪,先用一般方法测设 β 角值,在地面上定出 C' 点,再用测回法观测 $\angle AOC'$ 几个测回(测回数由精度要求决定),取各测回平均值为 β_1,即 $\angle AOC' = \beta_1$,当 β 和 β_1 的差值 $\Delta\beta$ 超过限差($\pm10''$)时,需进行改正。根据 $\Delta\beta$ 和 OC' 的长度计算出改正值 CC',即

$$CC' = OC' \times \tan\Delta\beta = OC' \times \frac{\Delta\beta}{\rho}$$

式中,$\rho = 206265''$;$\Delta\beta$ 以秒($''$)为单位。

过 C' 点作 OC' 的垂线,再以 C' 点沿垂线方向量取 CC',定出 C 点,则 $\angle AOC$ 就是要测设的 β 角。当 $\Delta\beta = \beta - \beta_1 > 0$ 时,说明 $\angle AOC'$ 偏小,应从 OC' 的垂线方向向外改正;反之,应向内改正。

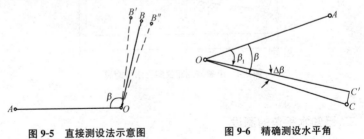

图 9-5 直接测设法示意图   图 9-6 精确测设水平角

三、已知高程的测设

已知高程的测设就是利用水准测量的方法,根据附近已知的高程点,将设计点的高程测设到地面上。

快学快用 8 *已知高程常规测设法*

如图 9-7 所示，已知水准点 A 的高程 H_A，欲在 B 点的木桩上测设出设计高程为 H_B 的位置。测设时将水准仪安置在 A、B 之间，在 A 点上立水准尺，后视 A 尺并读取读数 a，计算前视 B 尺应有的读数 b：

$$b = H_A + a - H_B$$

将水准尺沿木桩侧面上下移动，至尺上读数等于 b 时，在尺底画一横线，此线位置就是设计高程的位置。

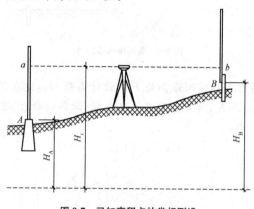

图 9-7　已知高程点的常规测设

快学快用 9 *已知高程传递测设法*

当测设的高程点与已知水准点的高差很大时，用一般的水准测量方法比较困难，则可用悬挂钢卷尺的方法将高程传递到低处或高处。

如图 9-8 所示为深基坑的高程传递。将钢尺悬挂在坑边的木杆上，下端挂 10kg 重锤，在地面上和坑内各安置一台水准仪，分别读取地面水准点 A 和坑内水准点 P 的水准尺读数 a_1 和 a_2，并读取钢尺读数 b_1 和 b_2，则可根据已知地面水准点 A 的高程 H_A，按下式求得临时水准点 P 的高程的 H_P，即：

$$H_P = H_A + a_1 - (b_1 - b_2) - a_2$$

为了进行检核，可将钢尺位置变动 $10 \sim 20$cm，同法再次读取这四个数，两次求得的高程相差不得大于 3mm。

从低处向高处测设高程的方法与此类似。如图 9-9 所示，已知低处

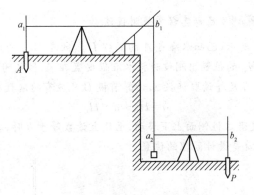

图 9-8　高程传递法（一）

水准点 A 的高程 H_A，需测设高处 P 的设计高程 H_P，先在低处安置水准仪，读取读数 a_1 和 b_1，再在高处安置水准仪，读取读数 a_2，则高处水准尺的应读读数 b_2 为：

$$b_2 = H_A + a_1 + (a_2 - b_1) - H_P$$

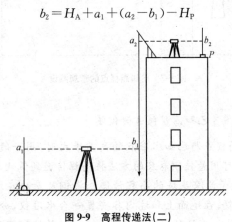

图 9-9　高程传递法（二）

四、已知坡度的测设

　　已知坡度的测设就是根据附近水准点的高程、设计坡度和坡度端点的设计高程，利用水准测量的方法将坡度线上各点的设计高程标定在地面上。已知坡度的测设方法有水平视线法和倾斜视线法两种。

快学快用 10 采用水平视线法进行已知坡度的测设

当坡度不大时,可采用水平视线法。如图 9-10 所示,A、B 为设计坡度线的两个端点,A 点设计高程为 $H_A = 56.480$m,坡度线长度(水平距离)为 $D = 110$m,设计坡度为 $i = -1.4\%$,要求在 AB 方向上每隔距离 $d = 15$m 打一个木桩,并在木桩上定出一个高程标志,使各相邻标志的连线符合设计坡度。设附近有一水准点 M,其高程为 $H_M = 56.125$m,测设方法如下:

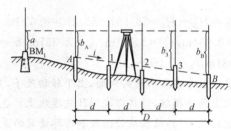

图 9-10　水平视线法测设坡度线

(1)在地面上沿 AB 方向,依次测设间距为 d 的中间点 1、2、3,在点上打好木桩。

(2)计算各桩点的设计高程:

先计算按坡度 i 每隔距离 d 相应的高差

$$h = i \cdot d = -1.4\% \times 15 = -0.21\text{m}$$

再计算各桩点的设计高程,其中

第 1 点:　$H_1 = H_A + h = 56.480 - 0.21 = 56.270$m

第 2 点:　$H_2 = H_1 + h = 56.270 - 0.21 = 56.060$m

同法算出其他各点设计高程为 $H_3 = 55.850$m,$H_4 = 55.640$m,$H_5 = 55.430$m,$H_6 = 55.220$m,$H_7 = 55.010$m,最后根据 H_7 和剩余的距离计算 B 点设计高程

$$H_B = 55.010 + (-1.4\%) \times (110 - 105) = 54.940\text{m}$$

注意,B 点设计高程也可用下式算出:

$$H_B = H_A + i \cdot D$$

上式可用来检核上述计算是否正确,例如,这里为 $H_B = 56.480 -$

$1.4\% \times 110 = 54.940$m,说明高程计算正确。

(3)在合适的位置(与各点通视,距离相近)安置水准仪,后视水准点上的水准尺,设读数 $a = 0.866$m,先计算仪器视线高

$$H_{视} = H_M + a = 56.125 + 0.866 = 56.991\text{m}$$

再根据各点设计高程,依次计算测设各点时的应读前视读数,例如 A 点为

$$b_A = H_{视} - H_A = 56.991 - 56.270 = 0.721\text{m}$$

1号点为

$$b_1 = H_{视} - H_1 = 56.991 - 56.270 = 0.721\text{m}$$

同理得 $b_2 = 0.931$m, $b_3 = 1.141$m, $b_4 = 1.351$m, $b_5 = 1.561$m, $b_6 = 1.771$m, $b_7 = 1.981$m, $b_8 = 2.051$m。

(4)水准尺依次贴靠在各木桩的侧面,上下移动尺子,直至尺读数为 b 时,沿尺底在木桩上画一横线,该线即在 AB 坡度线上。也可将水准尺立于桩顶上,读前视读数 b',再根据应读读数和实际读数的差 $l = b - b'$,用小钢尺自桩顶往下量取高度 l 画线。

快学快用 11　采用倾斜视线法进行已知坡度的测设

当坡度较大时,由于坡度线两端高差太大,因此不便按水平视线法测设,这时可采用倾斜视线法。如图 9-11 所示,A、B 为设计坡度线的两个端点,A 点设计高程为 $H_A = 131.600$m,坡度线长度(水平距离)为 $D_{AB} = 70$m,设计坡度为 $i = -10\%$,附近有一水准点 M,其高程为 $H_M = 131.950$m,测设方法如下:

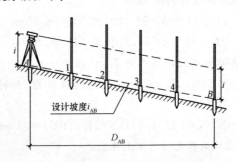

设计坡度 i_{AB}

D_{AB}

图 9-11　倾斜视线法

（1）根据 A 点设计高程、坡度 i 及坡度线长度 D_{AB}，计算 B 点设计高程，即

$$H_B = H_A + i \cdot D_{AB}$$
$$= 131.600 - 10\% \times 70$$
$$= 124.600m$$

（2）按测设已知高程的一般方法，将 A、B 两点的设计高程测设在地面的木桩上。

（3）在 A 点（或 B 点）上安置水准仪，使基座上的一个脚螺旋在 AB 方向上，其余两个脚螺旋的连线与 AB 方向垂直，如图 9-12 所示，粗略对中并调节与 AB 方向垂直的两个脚螺旋基本水平，量取仪器高 l。通过转动 AB 方向上的脚螺旋和微倾螺旋，使望远镜十字丝横丝对准 B 点（或 A 点）水准尺上等于仪器高处，此时仪器的视线与设计坡度线平行。

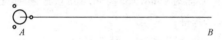

图 9-12　安置水准仪

（4）在 AB 方向的中间各点 1、2、3、……的木桩侧面立水准尺，上下移动水准尺，直至尺上读数等于仪器高时，沿尺底在木桩上画线，则各桩画线的连线就是设计坡度线。

第五节　地面点平面位置测设方法

地面点平面位置的测设方法通常有直角坐标法、极坐标法、角度交会法和距离交会法等。

一、直角坐标法

当施工场地有互相垂直的建筑基线或布置了矩形控制网时，常用直角坐标法测设点的平面位置。该方法计算简单，在建筑物与建筑基线或建筑方格网平行时应用得较多，但测设时设站较多，只适用于施工控制为建筑基线或建筑方格网，并且便于量边的情况。

直角坐标法就是根据已知点与待定点的纵横坐标之差,测没地面点的平面位置。

快学快用 12 **直角坐标法测设地面点平面位置**

如图 9-13 所示,A、B、C、D 点是建筑方格网顶点,其坐标值已知,P、S、R、Q 为拟测设的建筑物的四个角点,在设计图纸上已给定四角的坐标,现用直角坐标法测设建筑物的四个角桩。测设步骤如下:

(1)计算放线数据。如图 9-13(a)所示,根据 A 点和 P 点的坐标计算测设数据 a 和 b,其中 a 是 P 到 AB 的垂直距离,b 是 P 到 AD 的垂直距离,计算公式为:

$$a = x_P - x_A$$
$$b = y_P - y_A$$

例如,若 A 点坐标为 (568. 255, 256. 468),P 点的坐标为 (602. 300, 298. 400),则代入上式得:

$$a = 602. 300 - 568. 255 = 34. 045\text{m}$$
$$b = 298. 400 - 256. 468 = 41. 932\text{m}$$

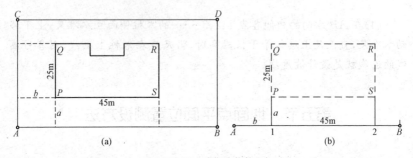

图 9-13 直角坐标法

(2)如图 9-13(b)所示,安置经纬仪于 A 点,照准 B 点,沿视线方向测设距离 $b = 34. 045\text{m}$,定出点 1。

(3)安置经纬仪于点 1,照准 B 点,逆时针方向测设 90°角,沿视线方向测设距离 a,即可定出 P 点。

也可根据现场情况,选择从 A 往 D 方向测设距离 a 定点,然后在该点测设 90°角,最后再测设距离 b,在现场定出 P 点。如要同时测设多个坐标点,只需综合应用上述测设距离和测设直角的操作步骤,即可完成。

二、极坐标法

极坐标法是根据水平角和水平距离测设点的平面位置的方法。该法适合于量距方便，并且测设点距控制点较近的地方。

快学快用 13 *极坐标法测设地面点平面位置*

如图 9-14 所示，A、B 点是施工现场已有的测量控制点，其坐标为已知，P 点为待测设的点，其坐标为已知的设计坐标。测设步骤如下：

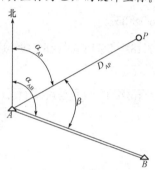

图 9-14　极坐标法

（1）计算测设数据。根据 A、B 点和 P 点来计算测设数据 D_{AP} 和 β，测站为 A 点，其中 D_{AP} 是 A、P 之间的水平距离，β 是 A 点的水平角 $\angle PAB$。

根据坐标反算公式，水平距离 D_{AP} 为：

$$D_{AP} = \sqrt{\Delta x_{AP}^2 + \Delta y_{AP}^2}$$

式中，$\Delta x_{AP} = x_P - x_A$，$\Delta y_{AP} = y_P - y_A$。

水平角 $\angle PAB$ 为

$$\beta = \alpha_{AB} - \alpha_{AP}$$

式中，α_{AB} 为 AB 的坐标方位角，α_{AP} 为 AP 的坐标方位角，其计算式为：

$$\alpha_{AB} = \arctan \frac{\Delta y_{AB}}{\Delta x_{AB}}$$

$$\alpha_{AP} = \arctan \frac{\Delta y_{AP}}{\Delta x_{AP}}$$

（2）测设。安置经纬仪于 A 点，瞄准 B 点，逆时针方向测设 β 角定出 AP 方向，由 A 点沿 AP 方向用钢尺测设水平距离 D 即得 P 点。

【例 9-1】　如图 9-14 所示,已知 $x_A = 110.00m, y_A = 110.00m, x_B = 70.00m, y_B = 140.00m, x_P = 130.00m, y_P = 140.00m$。求测设数据 β、D_{AP}。

【解】　$\alpha_{AB} = \arctan \dfrac{y_B - y_A}{x_B - x_A} = \arctan \dfrac{140.00 - 110.00}{70.00 - 110.00}$

$\qquad\qquad = \arctan \dfrac{3}{-4} = 143°7'48''$

$\alpha_{AP} = \arctan \dfrac{y_P - y_A}{x_P - x_A} = \arctan \dfrac{140.00 - 110.00}{130.00 - 110.00}$

$\qquad\quad = \arctan \dfrac{3}{2} = 56°18'35''$

$\beta = \alpha_{AB} - \alpha_{AP} = 143°7'48'' - 56°18'35'' = 86°49'13''$

$D_{AP} = \sqrt{(x_P - x_A)^2 + (y_P - y_A)^2}$

$\qquad = \sqrt{(130.00 - 110.00)^2 + (140.00 - 110.00)^2} = \sqrt{20^2 + 30^2}$

$\qquad = 36.06m$

三、角度交会法

角度交会法又称前方交会法,是在两个控制点上用两台经纬仪测设出两个已知数值的水平角,交会出点的平面位置。该法适用于待测设点离控制点较远或量距较困难的地区。

快学快用 14　角度交会法测设地面点平面位置

如图 9-15 所示,A、B、C 为控制点,P 为待测设点,其坐标均为已知,测设方法与步骤如下:

(1)计算测设数据。根据 A、B 点和 P 点的坐标计算测设数据 β_A 和 β_B,即水平角 $\angle PAB$ 和水平角 $\angle PBA$,其中:

$$\beta_A = \alpha_{AB} - \alpha_{AP}$$
$$\beta_B = \alpha_{BP} - \alpha_{BA}$$

(2)测设。现场测设 P 点。在 A 点安置经纬仪,照准 B 点,逆时针测设水平角 β_A,定出一条方向线,在 B 点安置另一台经纬仪,照准 A 点,顺时针测设水平角 β_B,定出另一条方向线,两条方向线的交点的位置就是 P 点。在现场立一根测钎,由两台仪器指挥,前后左右移动,直到两台仪器的纵丝能同时照准测钎,在该点设置标志得到 P 点。

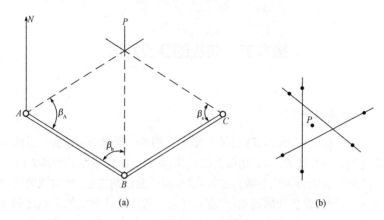

图 9-15　角度交会法

（a）角度交会观测法；（b）示误三角形

四、距离交会法

距离交会法是在两个控制点上各测设已知长度交会出点的平面位置。该法计算简单，不需经纬仪，现场操作简便。适用于场地平坦、量距方便，且控制点离待测设点的距离不超过一整尺长的地区。

快学快用 15　距离交会法测设地面点平面位置

如图 9-16 所示，P 是待测设点，其设计坐标已知，附近有 A、B 两个控制点，其坐标也已知，测设步骤如下：

（1）计算测设数据。根据 A、B 点和 P 点的坐标计算测设数据 D_1、D_2，即 P 点至 A、B 的水平距离，其中：

$$\begin{cases} D_{D_1} = \sqrt{\Delta x_{D_1}^2 + \Delta y_{D_1}^2} \\ D_{D_1} = \sqrt{\Delta x_{D_2}^2 + \Delta y_{D_2}^2} \end{cases}$$

（2）测设。在现场用一把钢尺分别从控制点 A、B 以水平距离 D_1、D_2 为半径画圆弧，其交点即为 P 点的位置。也可用两把钢尺分别从 A、B 量取水平距离 D_1、D_2 摆动钢尺，其交点即为 P 点的位置。

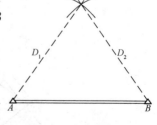

图 9-16　距离交会法

第六节　　曲线的测设方法

一、圆曲线的测设

圆曲线是渠道、公路、隧洞等工程中常用的一种曲线,当从一直线方向改变到另一直线方向,需用圆曲线连接,使路线沿曲线缓慢变换方向。

圆曲线的测设一般分两步进行:首先测设曲线的主点,称为圆曲线的主点测设,即测设曲线的起点、中点和终点。然后在已测定的主点之间进行加密,按规定桩距测设曲线上的其他各桩点,称为曲线的详细测设。

(一)圆曲线主点测设

如图 9-17 所示,设交点(JD)的转角为 α,假定在此所设的圆曲线半径为 R,则曲线的测设元素切线长 T、曲线长 L、外距 E 和切曲差 D,按下列公式计算:

切线长:$T = R \cdot \tan \dfrac{\alpha}{2}$

曲线长:$\hat{L} = R \cdot \alpha$(α 的单位应换算成 rad)

外距:$E = \dfrac{R}{\cos \dfrac{\alpha}{2}} - R = R\left(\sec \dfrac{\alpha}{2} - 1\right)$

切曲差:$D = 2T - \hat{L}$

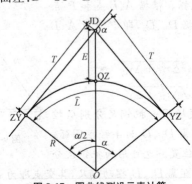

图 9-17　圆曲线测设元素计算

快学快用 16 圆曲线主点里程的计算

交点(JD)的里程由中线丈量中得到,依据交点的里程和计算的曲线测设元素,即可计算出各主点的里程。

$$ZY 里程 = JD 里程 - T$$
$$YZ 里程 = ZY 里程 + L$$
$$QZ 里程 = YZ 里程 - L/2$$
$$JD 里程 = QZ 里程 + D/2$$

$$\frac{JD 里程 - T}{ZY 里程}$$
$$\frac{+L}{YZ 里程}$$
$$\frac{-L/2}{QZ 里程}$$
$$\frac{+D/2}{JD 里程}$$

快学快用 17 圆曲线主点的测设

(1)曲线起点(ZY)的测设。测设曲线起点时,将仪器置于交点 i(JD$_i$)上,望远镜照准后一交点 $i-1$(JD$_{i-1}$)或此方向上的转点,沿望远镜视线方向量取切线长 T,得曲线起点 ZY,暂时插一测钎标志。然后用钢尺丈量 ZY 至最近一个直线桩的距离,如两桩号之差等于所丈量的距离或相差在容许范围内,即可在测钎处打下 ZY 桩。如超出容许范围,应查明原因,重新测设,以确保桩位的正确性。

(2)曲线终点(YZ)的测设。在曲线起点(ZY)的测设完成后,转动望远镜照准前一交点 JD$_{i+1}$或此方向上的转点,往返量取切线长 T,得曲线终点(YZ),打下 YZ 桩即可。

(3)曲线中点(QZ)的测设。测设曲线中点时,可自交点 i(JD$_i$),沿分角线方向量取外距 E,打下 QZ 桩即可。

(二)曲线细部测设

圆曲线图的详细测设是指除曲线主点以外,还需要按一定的桩距 l_0,在曲线上测设一些细部点。常用的测设方法有偏角法和切线支距法。

快学快用 18 采用偏角法进行曲线细部测设

偏角法是以曲线起点(ZY)或终点(YZ)至曲线上待测设点 P_i 的弦线与切线之间的弦切角 Δ_i 和弦长 c_i 来确定 p_i 点的位置。

(1)测设数据计算。如图 9-18 所示,依据几何原理,偏角 Δ_i 等于相应

弧长所对的圆心角 φ_i 的一半,即:$\Delta_i = \varphi_i/2$。

则:

$$\Delta_i = \frac{\hat{l}_i}{2R} \quad (\text{rad})$$

弦长 c 可按下式计算:

$$c = 2R\sin\frac{\varphi_i}{2} = 2R\sin\Delta_i$$

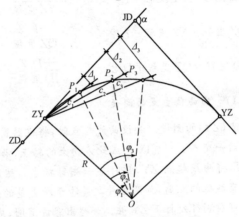

图 9-18　偏角法详细测设圆曲线

(2)测设。具体测设步骤如下:

1)安置经纬仪(或全站仪)于曲线起点(ZY)上,盘左瞄准交点(JD)，将水平盘读数设置为 0°。

2)水平转动照准部,使水平度盘读数为:+920 桩的偏角值 $\Delta_1 =$ 1°45′24″,然后,从 ZY 点开始,沿望远镜视线方向量测出弦长 $C_1 = 13.05\text{m}$，定出 P_1 点,即为 K2+920 的桩位。

3)再继续水平转动照准部,使水平度盘读数为:+940 桩的偏角值 $\Delta_2 = 4°43′48″$,从 ZY 点开始,沿望远镜视线方向量测长弦 $C_2 = 32.98\text{m}$,定出 P_2 点;或从 P_1 点测设短弦 $C_2 = 19.95\text{m}$(实测中,通常一般采用以弧代弦,取短弦为 20m),与水平度盘读数为偏角 Δ_2 时的望远镜视线方向相交而定出 P_2 点。以此类推,测设 P_3、P_4、…,直到 YZ 点。

4)测设至曲线终点(YZ)作为检核,继续水平转动照准部。使水平

盘读数为 $\Delta_{YZ}=17°04'48''$，从 ZY 点开始，沿望远镜视线方向量测出长弦 $C_{YZ}=17.48\text{m}$，或从 K3+020 桩测设短弦 $C=6.21\text{m}$，定出一点。

快学快用 19　采用切线支距法进行曲线细部测设

切线支距法又称直角坐标法，是以曲线的起点 ZY（对于前半曲线）或终点 YZ（对于后半曲线）为坐标原点，通过该点的切线为 x 轴，过原点的半径为 y 轴，按曲线上各点坐标 x、y 设置曲线上各点的位置。

如图 9-19 所示，设 P_i 为曲线上欲测设的点位，该点至 ZY 点或 YZ 点的弧长为 $\hat{l_i}$，φ_i 为 $\hat{l_i}$ 所对应的圆心角，R 为圆曲线半径，则 P_i 点的坐标按下式计算：

$$x_i = R \cdot \sin\varphi_i$$

$$y_i = R \cdot (1 - \cos\varphi_i) = x_i \cdot \tan\frac{\varphi_i}{2}$$

式中

$$\varphi_i = \frac{\hat{l_i}}{R} \qquad (\text{rad})$$

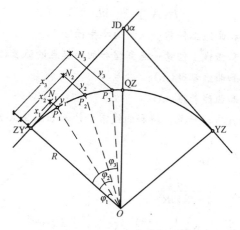

图 9-19　切线支距法详细测设圆曲线

切线支距法详细测设圆曲线，为了避免支距过长，一般是由 ZY 点和 YZ 点分别向 QZ 点施测，测设步骤如下：

（1）从 ZY 点（或 YZ 点）用钢尺或皮尺沿切线方向量取 P_i 点的横坐

标 x_i，得垂足点 N_i。

(2)在垂足点 N_i 上，用方向架或经纬仪定出切线的垂直方向，沿垂直方向量出 y_i，即得到待测定点 P_i。

(3)曲线上各点测设完毕后，应量取相邻各桩之间的距离，并与相应的桩号之差作比较，若较差均在限差之内，则曲线测设合格；否则应查明原因，予以纠正。

二、缓和曲线的测设

缓和曲线可以使曲率逐渐缓和过渡，离心加速度逐渐变化减少振荡，有利于超高和加宽的过渡，并且视觉条件好。常用测设方法有切线支距法和偏角法。

快学快用 20　缓和曲线测设数据计算

(1)缓和曲线测设数据计算的公式：

$$rl = A^2 \qquad rL_S = A^2$$

式中　　r——缓和曲线上任意一点的曲率半径(m)；

　　　　l——缓和曲线上任意一点到缓和曲线起点的弧长(m)；

　　　　A——缓和曲线参数(m)；

　　　　L_S——缓和曲线长度(m)。

(2)缓和曲线常数计算。缓和曲线常数计算如图 9-20 所示。

内移值：$p = \dfrac{L_S^2}{24R}$

切线增值：$q = \dfrac{L_S}{2} - \dfrac{L_S^3}{240R^2}$

切线角：$\beta = \dfrac{L_S}{2R}(\text{rad}) = \dfrac{L_S}{2R} \cdot \dfrac{180}{\pi}$ (°)

缓和曲线终点的直角坐标：

$$\begin{cases} X_h = L_S - \dfrac{L_S^3}{40R^2} \\ Y_h = \dfrac{L_S^2}{6R} - \dfrac{L_S^4}{336R^3} \end{cases}$$

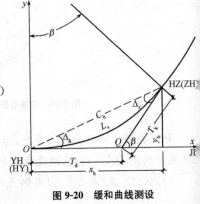

图 9-20　缓和曲线测设

缓和曲线起、终点切线的交点 Q 到缓和曲线起、终点的距离,即缓和曲线的长、短切线长:

$$T_d = \frac{2}{3}L_S + \frac{L_S^3}{360R^2} \qquad T_k = \frac{1}{3}L_S + \frac{L_S^3}{126R^2}$$

缓和曲线弦长:

$$C_h = L_S - \frac{L_S^3}{90R^2}$$

缓和曲线总偏角:

$$\Delta h = \frac{L_S}{6R} \quad (\text{rad})$$

快学快用 21　采用切线支距法进行缓和曲线测设

切线支距法是以 XH(HX) 为原点,切线方向为 x 轴,法线方向为 y 轴建立直角坐标系。

(1)计算公式(图 9-20):

$$x = l - \frac{l^5}{40R^2L_S^2}$$

$$y = \frac{l^3}{6RL_S} - \frac{l^7}{336R^3L_S^3}$$

式中　l——缓和曲线上任意一点到缓和曲线起点的弧长(m);

　　　L_S——缓和曲线长度(m)。

(2)测设方法具体步骤如下:

1)从 XH(HX)点沿 JD 方向量取 x_1,得 N_1 点。

2)在 N_1 点的垂向上,向曲线的偏转方向量取 y_1,得 P_1 点点位。

3)重复以上步骤测设到缓和曲线终点。

快学快用 22　采用偏角法进行缓和曲线测设

(1)计算公式(图 9-21):

$$\Delta = \frac{\beta}{3} \cdot \left(\frac{l}{L_S}\right)^2 \frac{180°}{\pi}$$

$$C \approx l'$$

式中　l——缓和曲线上任意一点到缓和曲线起点弧长;

　　　l'——缓和曲线上任意一点到相邻点的弧长;

　　　C——缓和曲线上任意一点到相邻点的弦长。

(2)测设方法。

1)在 XH(HX)点置经纬仪,后视 JD,配度盘为$0°00'00''$。

2)拨 P_1 点的偏角 Δ_1(注意正拨、反拨),从 XH(HX)量取 C',与视线的交点为 P_1 点位。

3)拨 P_2 点的偏角 Δ_2,从 P_1 量取 $C(P_1$、P_2 点桩号差),与视线的交点为 P_2 点位。

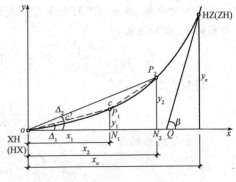

图 9-21　偏角法图示

4)重复上述 3)项测到 HZ(ZH)点。

三、圆曲线带有缓和曲线的测设

设置缓和曲线的条件为:

$$\alpha \geqslant 2\beta$$

当 $\alpha < 2\beta$ 时,即 $L < L_s$(L 为未设缓和曲线时的圆曲线长),不能设置缓和曲线,需调整 R 或 L_s。

快学快用 23 　**圆曲线带有缓和曲线测设数据计算**

(1)元素计算公式(图 9-22)。

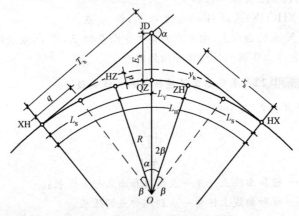

图 9-22　圆曲线带有缓和曲线的测设

切线长：$T_h=(R+p)\tan\dfrac{\alpha}{2}+q$

圆曲线长：$L_y=(\alpha-2\beta)\dfrac{\pi}{180}R$

平曲线总长：$L_h=L_y+2L_S$

外　　距：$E_h=(R+p)\sec\dfrac{\alpha}{2}-R$

切曲差：$D_h=2T_h-L_h$

(2)桩号推算：

交点桩号：
$$\begin{array}{r} JD \\ -T_h \\ \hline \end{array}$$

第一缓和曲线起点桩号：
$$\begin{array}{r} XH \\ +L_S \\ \hline \end{array}$$

第一缓和曲线终点桩号：
$$\begin{array}{r} HZ \\ +L_y \\ \hline \end{array}$$

第二缓和曲线起点桩号：
$$\begin{array}{r} ZH \\ -L_S \\ \hline \end{array}$$

第二缓和曲线终点桩号：
$$\begin{array}{r} HX \\ -L_h/2 \\ \hline \end{array}$$

平曲线中点桩号：
$$\begin{array}{r} QX \\ +D_h/2 \\ \hline \end{array}$$

交点桩号：
$$JD(校核)$$

快学快用 24　圆曲线带有缓和曲线的测设方法

圆曲线带有缓和曲线(图9-22)的测设方法见表9-12。

表 9-12　　　　　　　　圆曲线带有缓和曲线的测设方法

编　号	测设分类	方法名称	计算公式	测设步骤
1	主点测设	—	—	(1)从 JD 向切线方向分别量取 T_h,可得 XH、HX 点; (2)从 XH、HX 点分别向 JD 方向及垂向,量取 x_h、y_h 可得 HZ、ZH 点; (3)从 JD 向分角线方向量取 E_h,可得 QX 点
2	详细测设	切线支距法	(1)以 XH(HX)为原点,切线方向为 x 轴,法线方向为 y 轴建立直角坐标系,如图 9-23 所示。计算公式: $$\begin{cases} x=R\sin\varphi+q \\ y=R(1-\cos\varphi)+p \end{cases}$$ 式中 φ —— $\varphi=\dfrac{l'}{R}\cdot\dfrac{180}{\pi}$; l' —— $l'=l-\dfrac{L_S}{2}$; l —— 主圆曲线上任意一点到 XH(HX)点的弧长。 (2)以 HZ(ZH)点为原点,切线方向为 x 轴,法线方向为 y 轴立直角坐标系如图 9-24 所示。计算公式: $$\begin{cases} x=R\sin\varphi \\ y=R(1-\cos\varphi) \end{cases}$$ 式中　φ —— $\varphi=\dfrac{l}{R}\cdot\dfrac{180°}{\pi}$; l —— 主圆曲线上任意一点到 HZ(ZH)的弧长	从 XH(HX)点沿切线方向量取 T_d 找到 Q 点,并用 T_k 校核;再以 Q 点与 HZ(ZH)为 x 方向,从 HZ(ZH)量取 x,垂向上量取 y,可测设曲线
		偏角法	$\Delta_i=\dfrac{1}{2}\cdot\dfrac{l}{R}\cdot\dfrac{180}{\pi}$ 式中　l —— 主圆曲线上任意一点 HZ(ZH)的弧长	(1)置仪于 HZ(ZH)点,后视 XH(HX)点,向偏离曲线方向拨角 $\dfrac{2}{3}\beta$,倒镜配度盘为 $0°00'00''$; (2)拨角 Δ_1,从 HZ(ZH)量取 C_1(C_1 计算公式同单圆曲线)与视线交会出中桩点位 P_1; (3)同以上步骤测设到 QZ 点

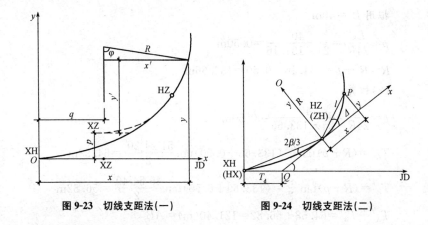

图 9-23 切线支距法(一)　　　　**图 9-24 切线支距法(二)**

【**例 9-2**】 某道路,如图 9-25 所示,JD_{20} 为双交点,JD_{20A} 桩号为:K5+204.50,$\alpha_A=51°24'20''$,$\alpha_B=45°54'40''$,$\overline{AB}=121.40m$,试拟定缓和曲线长,求算曲线半径,计算曲线要素及控制桩量程。

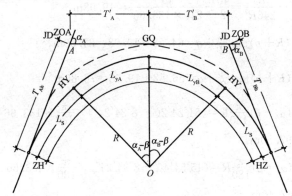

图 9-25 某山岭区三级公路

【**解**】 (1)求未设缓和曲线时半径 R',拟用 L_S。

$$R'=\frac{\overline{AB}}{\left(\tan\dfrac{\alpha_A}{2}+\tan\dfrac{\alpha_B}{2}\right)}=\frac{121.40}{\left(\tan\dfrac{51°24'20''}{2}+\tan\dfrac{45°54'40''}{2}\right)}$$

$$=134.16m$$

拟用 $L_S = 40\text{m}$

$$p \approx \frac{L_S^2}{24R'} = \frac{40}{24 \times 134.16} = 0.50\text{m}$$

$$R = R' - p = 134.16 - 0.50 = 133.66\text{m}$$

(2)核算：

$$p = \frac{L_S^2}{24R} = \frac{40^2}{24 \times 133.66} = 0.50\text{m}$$

$$T_A' = (R+p)\tan\frac{\alpha_A}{2}(133.66+0.50)\tan\frac{51°24'20''}{2} = 64.58\text{m}$$

$$T_B' = (R+p)\tan\frac{\alpha_B}{2} = (133.66+0.50)\tan\frac{45°54'40''}{2} = 56.82\text{m}$$

$$T_A' + T_B' = 64.58 + 56.82 = 121.40(\text{m}) = \overline{AB}$$

(3)要素计算：

$$\beta = \frac{L_S}{2R} \cdot \frac{180°}{\pi} = \frac{40}{2 \times 133.66} \times \frac{180°}{\pi} = 8°34'24''$$

$$q = \frac{L_S}{2} - \frac{L_S^2}{240R^2} = \frac{40}{2} - \frac{40^3}{240 \times 133.66^2} = 19.98\text{m}$$

$$T_{Ah} = (R+p)\tan\frac{\alpha_A}{2} + q = 64.58 + 19.98 = 84.56\text{m}$$

$$T_{Bh} = (R+p)\tan\frac{\alpha_B}{2} + q = 56.82 + 19.98 = 76.80\text{m}$$

$$L_{yA} = (\alpha_A - \beta)\frac{\pi}{180}R = (51°24'20'' - 8°34'24'') \times \frac{\pi}{180} \times 133.66$$
$$= 97.50\text{m}$$

$$L_{yB} = (\alpha_B - \beta)\frac{\pi}{180}R = (45°54'40'' - 8°34'24'') \times \frac{\pi}{180} \times 133.66$$
$$= 87.10\text{m}$$

$$L_h = L_{yA} + L_{yB} + 2L_S = 97.58 + 87.10 + 2 \times 40 = 264.68\text{m}$$

(4)控制桩里程计算：

JD_{20A}	K5+204.50
$-)T_{Ah}$	84.56

XH	+119.94
$+)L_S$	40

| HZ | +159.94 |
| +)L_{yA} | 97.58 |

| GQ | 257.52 |
| +)L_{yB} | 87.10 |

| ZH | +344.62 |
| +)L_S | 40 |

| HX | +384.62 |
| −)$L_h − T_{Ah}$ | −264.68+84.56 |

| JD_{20A} | K5+204.50(校核无误) |

【例 9-3】 JD_{10}桩号 K8+762.40,转角 $\alpha=20°23'05''$,$R=200$m,拟用 $L_S=50$m,试计算主点里程桩并设置基本桩。

【解】

(1)判别能否设置缓和曲线。

$$\beta=\frac{L_S}{2R}\cdot\frac{180°}{\pi}=\frac{50}{2\times200}\times\frac{180°}{\pi}=7°9'43''$$

∵ $\alpha=20°23'05''>2\beta=14°19'26''$

∴ 能设置缓和曲线。

(2)缓和曲线常数计算。

$$p=\frac{L_S^2}{24R}=\frac{50^2}{24\times200}=0.52\text{m}$$

$$q=\frac{L_S}{2}-\frac{L_S^3}{240R^2}=\frac{50}{2}-\frac{50^3}{240\times200}=24.99\text{m}$$

$$X_h=L_S-\frac{L_S^3}{40R^2}=50-\frac{50^3}{40\times200^2}=49.92\text{m}$$

$$X_h=\frac{L_S^2}{6R}-\frac{L_S^4}{336R^3}=\frac{50^2}{6\times200}-\frac{50^4}{336\times200^3}=2.08\text{m}$$

(3)曲线要素计算。

$$T_h(R+p)\tan\frac{\alpha}{2}+q=(200+0.52)\tan\frac{20°23'05''}{2}+24.99=61.04m$$

$$L_y=(\alpha-2\beta)\frac{\pi}{180}R=(20°23'05''-2\times7°9'43'')\times\frac{\pi}{180}\times200=21.15m$$

$$L_h=L_y+2L_S=21.15+2\times50=121.15m$$

$$E_h=(R+p)\sec\frac{\alpha}{2}-R=(200+0.52)\sec\frac{20°23'05''}{2}-200=3.74m$$

$$D_h=2T_h-L_h=2\times61.04-121.15=0.93m$$

(4)基本桩号计算。

JD_{10}	K8+762.40
$-)T_h$	61.04
ZH	+701.36
$+)L_S$	50
HY	+751.36
$+)L_y$	21.15
YH	+772.51
$+)L_S$	50
HZ	+822.51
$-)L_h/2$	121.15/2
QZ	+761.935
$+)D_h/2$	0.93/2
JD_{10}	K8+762.40(校核无误)

(5)基本桩设置。

1)从 JD_{10} 分别沿 JD_9 和 JD_{11} 方向量取 61.04m,可得 XH、HX 点。

2)从 JD_{10} 沿分角方向量取 3.74m,可得 QZ 点。

3)由 XH、HX 点分别沿 JD_{10} 方向量取 49.92m 得垂足,再从垂足沿垂向量取 2.08m,可测设 HZ、ZH 点。

四、复曲线与回头曲线测设

(一)复曲线测设

1. 设置有缓和曲线的复曲线测设

设置有缓和曲线的复曲线主要有中间不设缓和曲线而两边皆设缓和

曲线的复曲线和中间设置有缓和曲线的复曲线两种。

快学快用 25 *设置有缓和曲线的复曲线的测设方法*

如图 9-26 所示,设主、副曲线两端分别设有两段缓和曲线,其缓和曲线长分别为 L_{S1}、L_{S2}。为使两不同半径的圆曲线在原公切点(GQ)直接衔接,两缓和曲线的内移值必须相等,即:$P_主 = P_副 = P$。

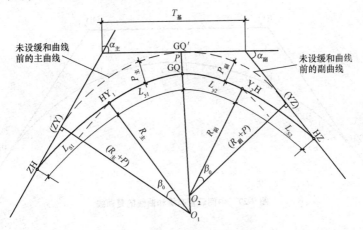

图 9-26 两边皆设缓和曲线的复曲线

则:

$$\begin{cases} c_1 = R_主 \cdot L_{S1} = R_主 \cdot \sqrt{24 R_主\ P} \\ c_2 = R_副 \cdot L_{S2} = R_副 \cdot \sqrt{24 R_副\ P} \end{cases}$$

假如 $R_主 > R_副$,则 $c_1 > c_2$。所以在选择缓和曲线长度时,必须使 $c_2 \geq 0.035 v^3$。对于已选定的 L_{S2},可得:

$$L_{S2} = L_{S1} \cdot \sqrt{\frac{R_副}{R_主}}$$

图 9-26 中的关系式如下:

$$T_基 = (R_主 + P) \cdot \tan\frac{\alpha_主}{2} + (R_副 + P) \cdot \tan\frac{\alpha_副}{2}$$

测设时,通过测得的数据 $\alpha_主$、$\alpha_副$ 和 $T_基$ 以及根据要求拟订的数据 $R_主$、L_{S1},采用公式反算 $R_副$,其中:$P = P_主 = \dfrac{L_{S1}^2}{24 R_主}$;采用公式反算副曲线缓

和段长度 L_{S2}。

快学快用 26 中间设置有缓和曲线的复曲线的测设方法

中间设置有缓和曲线的复曲线是指复曲线的两圆曲线间有缓和曲线段衔接过渡的曲线形式。常在实地地形条件限制下,选定的主、副曲线半径相差悬殊超过 1.5 倍时采用,如图 9-27 所示。

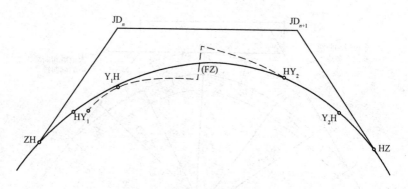

图 9-27　中间设置有缓和曲线的复曲线

2. 不设缓和曲线的复曲线测设

不设缓和曲线的复曲线的测设方法有切基线法和弦基线法。

快学快用 27 切基线法测设不设缓和曲线的复曲线

切基线法是虚交切基线,只是两个圆曲线的半径不相等。如图 9-28 所示,主、副曲线的交点为 A、B,两曲线相接于公切点 GQ 点。将经纬仪分别安置于 A、B 两点,测算出转角 α_1、α_2,用测距仪或钢尺往返丈量 A、B 两点的距离 $\overline{AB}$,在选定主曲线的半径 R_1 后,可按以下步骤计算副曲线的半径 R_2 及测设元素。

(1)根据主曲线的转角 α_1 和半径 R_1 计算主曲线的测设元素 T_1、L_1、E_1、D_1。

(2)根据基线 AB 的长度 $\overline{AB}$ 和主曲线切线长 T_1 计算副曲线的切线长 T_2:

$$T_2 = \overline{AB} - T_1$$

（3）根据副曲线的转角 α_2 和切线长 T_2 计算副曲线的半径 R_2：

$$R_2 = \frac{T_2}{\tan\dfrac{\alpha_2}{2}}$$

（4）根据副曲线的转角 α_2 和半径 R_2 计算副曲线的测设元素 T_2、L_2、E_2、D_2。

快学快用 28 弦基线法测设不设缓和曲线的复曲线

图 9-29 为利用弦算基线法测设复曲线的示意图，设定 A、C 分别为曲线的起点和公切点，目的是确定曲线的终点 B。具体测设方法如下：

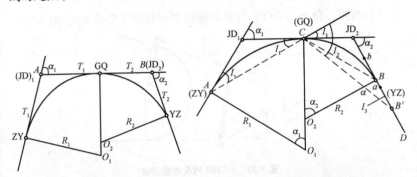

图 9-28 切基线法测设复曲线　　图 9-29 弦基线法测设复曲线

（1）在 A 点安置仪器，观测弦切角 I_1，根据同弧段两端弦切角相等的原理，则得主曲线的转角为：$\alpha_1 = 2I_1$。

（2）设 B' 点为曲线终点 B 的初测位置，在 B' 点放置仪器观测出弦切角 I_3，同时在切线上 B 点的估计位置前后打下骑马桩 a、b。

（3）在 C 点安置仪器，观测出 I_2。由图 9-29 可知，复曲线的转角 $\alpha_2 = I_2 - I_1 + I_3$。旋转照准部照准 A 点，将水平度盘读数配置为：$0°00'00''$ 后倒镜，顺时针拨水平角 $\dfrac{\alpha_1 + \alpha_2}{2} = \dfrac{I_1 + I_2 + I_3}{2}$，此时，望远镜的视线方向即为弦 CB 的方向，交骑马桩 a、b 的连线于 B 点，即确定了曲线的终点。

（4）用测距仪（全站仪）或钢尺往返丈量得到 AC 和 CB 的长度 $\overline{AC}$、$\overline{CB}$，并计算主、副曲线的半径 R_1、R_2。

$$\begin{cases} R_1 = \dfrac{\overline{AC}}{2\sin\dfrac{\alpha_1}{2}} \\[4mm] R_2 = \dfrac{\overline{CB}}{2\sin\dfrac{\alpha_2}{2}} \end{cases}$$

(5)求得的主、副曲线半径和测算的转角分别计算主、副曲线的测设元素,然后仍按前述方法计算主点里程并进行测设。

(二)回头曲线测设

1. 测设数据计算

(1)当圆心角 $\gamma < 180°$ 时,计算和测设方法与虚交曲线相同(图9-30)。

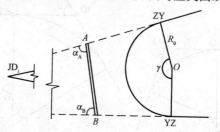

图9-30 $\gamma < 180°$回头曲线测设

(2)当 $\gamma > 180°$ 时,为倒虚交。如图9-31所示,倒虚交点 JD_i',视地形定基线 AB,测 α_A、α_B,丈量 $\overline{AB}$。

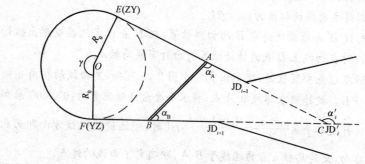

图9-31 $\gamma > 180°$回头曲线测设

$$\alpha_i' = \alpha_A + \alpha_B$$

解△ABC，

$$AC = AB \frac{\sin\alpha_B}{\sin\alpha_i'}$$

$$BC = AB \frac{\sin\alpha_A}{\sin\alpha_i'}$$

又有：

$$EC = FC \frac{R_0}{\tan \dfrac{180° - \alpha_i'}{2}}$$

可知：$AE = EC - AC, BF = FC - BC$（$AE, BF$ 可为正或负）

主曲线中心角：
$$\gamma = 360° - \alpha_i'$$

主曲线长度：
$$L = \frac{\pi R_0 \gamma}{180°}$$

2. 测设方法

(1)主点测设。

1)由 A 点沿切线方向量取 AE（注意正、负号），可得 ZY 点。

2)由 B 点沿切线方向量取 BF，可得 YZ 点（图 9-32）。

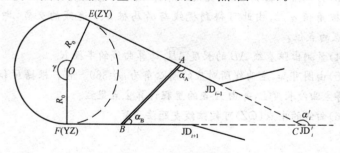

图9-32 主点测设图

(2)曲线详细测设。回头曲线详细测设方法有切基线法和弦基线法两种。

快学快用 _29 **切基线法回头曲线详细测设**

(1)根据现场的具体情况，在 DF、EG 两切线上选取顶点切基线 AB 的初定位置 AB'，其中 A 为定点，B' 为初定点。

(2)将仪器安置于初定点 B' 上，观测出角 α_B，并在 EG 线上 B 点的估

计位置前后设置 a、b 两个骑马桩。

(3)将仪器安置于 A 点，观测出角 α_A，则路线的转角 $\alpha=\alpha_A+\alpha_B$。后视定向点 F，反拨角值 $\alpha/2$，可得到视线与骑马桩 a、b 连线的交点，即为 B 点的点位。

(4)量测出顶点切基线 AB 的长度 $\overline{AB}$，并取 $T=\overline{AB}/2$，从 A 点沿 AD、AB 方向分别量测出长度 T，便定出 ZY 点和 QZ 点；从 B 点沿 BE 方向量测出长度 T，便定出 YZ 点。

(5)计算主曲线的半径 $R=T/\tan\dfrac{\alpha}{4}$。再由半径 R 和转角 α 求出曲线的长度 L，并根据 A 点的里程，计算出曲线的主点里程。

快学快用 30　弦基线法回头曲线详细测设

(1)根据现场的情况，在 EF、GH 两切线上选取弦基线 AB 的初定位置 AB'，其中，A(ZY 点)为定点，B' 为视点。

(2)将仪器安置于初定点 B' 上，观测出角 α_2 并在 GH 线上 B 点的位置前后，设置 a、b 两骑马桩。

(3)将仪器安置于 A 点，观测出角 α_1，则 $\alpha'=\alpha_1+\alpha_2$。以 AE 为起始方向，反拨角值 $\alpha'/2$，由此可得到视线与骑马桩 a、b 连线的交点，即为 B(YZ)点的点位。

(4)量测出弦基线 AB 的长度 $\overline{AB}$，计算曲线的半径 R。

(5)由图可知，主曲线所对应的圆心角为 $\alpha=360°-\alpha'$。根据 R 和 α 便可求得主曲线长度 L，并由 A 点的里程计算主点里程。

(6)曲线的中点(QZ)可按弦线支距法设置。

支距长：

$$DC=R\cdot\left(1+\cos\frac{\alpha'}{2}\right)=2R\cdot\cos^2\frac{\alpha'}{4}$$

测设时从 AB 的中点向圆心所作的垂线，量测出 DC 的长度，即可求得曲线的中点 C(QZ)。

(三)有缓和曲线回头曲线测设

1. 测设数据计算

如图 9-33 所示已知倒虚交点 JD_i'，基线 $\overline{AB}$，α_A，α_B，$\alpha_i'=\alpha_A+\alpha_B$。

解 $\triangle ABC$ 可求得 AC、BC，拟定 R_0，L_S 可得：

$$P = \frac{L_S^2}{24R_0}$$

$$q = \frac{L_S}{2} - \frac{L_S^3}{240R_0^2}$$

$$\beta = \frac{L_S}{2R_0} \quad (\text{rad})$$

$$CE = CF = (R_0 + P)\tan\frac{\alpha_i'}{2} - q$$

$$L_y = (360° - \alpha_i' - 2\beta)\frac{\pi}{180}R_0$$

$$L_h = L_y + 2L_s$$

$$AE = CE - AC, \quad BF = CF - BC(AE、BF \text{ 可为正或负})$$

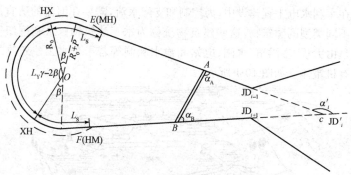

图 9-33　有缓和曲线回头曲线测设

2. 测设方法

(1)主点测设。

1)从 A 点沿切线方向量取 AE，可得 MH 点。

2)从 B 点沿切线方向量取 BF，可得 HM 点。

3)分别从 MH、HM 点用切线支距法量取 X_h、Y_h，可得 HX、XH 点。

(2)详细测设。

1)缓和曲线测设同前述缓和曲线测设方法。

2)主圆曲线测设同前述回头曲线测设方法。

第十章 水工建筑物施工测量

第一节 概 述

一、水利枢纽工程的组成

在水利水电工程建设中,为控制和支配水流,需要在河流的适宜河段修建不同类型的建筑物,这些建筑物统称为水工建筑物。水利枢纽工程一般是由大坝、溢洪道、水闸、电站和输水涵洞等若干个水工建筑物组成的一有机整体。如图 10-1 所示。

图 10-1 水利枢纽工程

二、水利枢纽工程的测量工作

水利枢纽工程的测量工作主要分为以下三个方面:

(1)工程勘察阶段的测量工作。布设图控制网,测绘工程设计所需的大比例尺地形图。

(2)工程施工阶段的测量工作。建立施工控制网,进行各种建筑物的放线。

（3）运营管理阶段的测量工作。对建筑物的结构状态进行沉陷、平面位移、倾斜位移和裂缝观测；研究维护建筑物安全的方法，同时用观测资料改进设计方法。

三、水工建筑物施工测量规定

（1）施工测量前，应收集与工程有关的测量资料，并应对工程设计文件提供的控制点进行复核。

（2）利用原有平面控制网进行施工测量时，其精度应满足施工控制网的要求。

（3）水工建筑物施工，在施工前及施工过程中应按要求测设一定数量的永久控制点和沉降、位移观测点，并应定期检测。

（4）当距岸一定长度以上，定位精度要求很高的水域难以搭建测量平台时，宜采用高精度的 GPS 定位技术进行施工定位。

（5）施工放线应有多余观测，细部放线应减少误差的积累。

四、水工建筑物施工控制网的建立

1. 施工平面控制网的建立

（1）施工平面控制网，可采用 GPS 网、三角形网、导线及导线网等形式。首级施工平面控制网等级，应根据工程规模和建筑物的施工精度要求按表 10-1 选用。

表 10-1　　　　　　　　首级施工平面控制网等级的选用

工程规模	混凝土建筑物	土石建筑物
大型工程	二等	二或三等
中型工程	三等	三或四等
小型工程	四等或一级	一级

（2）各等级施工平面控制网的平均边长，应符合表 10-2 的规定。

表 10-2　　　　　　水工建筑物施工平面控制网的平均边长

等　　级	二等	三等	四等	一级
平均边长/m	800	600	500	300

(3)施工平面控制网宜按两级布设。控制点的相邻点位中误差,不应大于 10mm。对于大型的、有特殊要求的水工建筑物施工项目,其最末级平面控制点相对于起始点或首级网点的点位中误差不应大于 10mm。

2. 施工高程控制网的建立

(1)施工高程控制网,宜布设成环形或附合路线;其精度等级的划分,依次为二、三、四、五等。

(2)施工高程控制网等级的选用,应符合表 10-3 的规定。

表 10-3　　　　　　　　施工高程控制网等级的选用

工程规模	混凝土建筑物	土石建筑物
大型工程	二等或三等	三等
中型工程	三等	四等
小型工程	四等	五等

(3)施工高程控制网的最弱点相对于起算点的高程中误差,对于混凝土建筑物不应大于 10mm,对于土石建筑物不应大于 20mm。根据需要,计算时应顾及起始数据误差的影响。

五、水工建筑物施工放线依据

水工建筑物施工放线工作应依据下列资料:

(1)水工建筑物总体平面布置图、剖面图、细部结构设计图。

(2)水工建筑物基础平面图、剖面图。

(3)水工建筑物金属结构图、设备安装图。

(4)水工建筑物设计变更图。

(5)施工区域控制点成果。

第二节　　土坝施工放线

土坝是一种较为普通的坝型。根据土料在坝体的分布及其结构的不同,土坝可分为多种类型。图 10-2 所示为一种黏土心墙坝的结构示意图。

土坝施工放线工作包括坝轴线的定位与测设,坝身控制测量,土坝清基开挖线的放线、坡脚线的放线和边坡放线等。

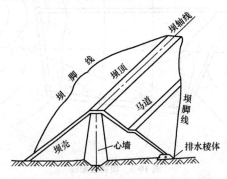

图 10-2　黏土心墙坝

一、坝轴线的定位与测设

土坝一般为直线坝型。土坝位置的选定就是指土坝轴线位置的确定,通常有以下两种情况:

(1)对于中小型土坝的坝轴线,一般是由工程设计人员和勘测人员组成选线小组,深入现场进行实地踏勘,根据当地的地形、地质和建筑材料等条件,经过方案比较,直接在现场选定。

(2)对于大型土坝以及与混凝土坝衔接的土质副坝,一般经过现场踏勘,图上规划等多次调查研究和方案比较,确定建坝位置,并在坝址地形图上结合枢纽的整体布置,将坝轴线标于地形图上。

快学快用　1　土坝轴线的测设方法

(1)建立大坝平面控制网。如图10-3所示,1、2为土坝轴线的两个端点,$1'$、$2'$为其延长点,A、B、C、D是土坝轴线附近的控制点。

(2)在图上量出1、2两点的平面直角坐标值。

(3)根据 A、D 及 1、2 四个点的平面直角坐标,求出放线角 α_1、β_1、α_2、β_2。

(4)在 A、D 安置两台经纬仪,用角度交会法交出1、2点。

还可以用上述方法从 B、C 两点检查1、2点是否正解。

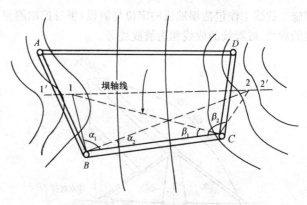

图 10-3　坝轴线测设

二、坝身控制测量

(一)坝身平面控制测量

由于土坝的体积通常都比较大,因此为了进行坝身的细部放线,需要以坝轴线为基础建立控制线作为坝身的平面控制。

快学快用 2 平行于坝轴线的控制线的测设

平行于坝轴线的控制线可布设在坝顶上下游线、上下游坡面变化处,也可按一定间隔布设(如 10m、20m、30m 等),以便控制坝体的填筑和进行土石方量的计算。

平行于坝轴线的控制线的测设,如图 10-4 所示。具体测设步骤如下:

(1)分别在坝轴线的端点 Q_1 和 Q_2 安置经纬仪,瞄准后视点,旋转 90°各作一条垂直于坝轴线的横向基准线。

(2)沿此基准线量取各平行控制线距坝轴线的距离,得各平行线的端点。

(3)用方向桩的实地标定。

快学快用 3 垂直于坝轴线的控制线的测设

垂直于坝身轴线的控制线,通常按 50m、30m 或 20m 的间距以里程来测设,具体步骤如下:

(1)沿坝轴线测设里程桩。在坝轴线一端附近,测设出在轴线上设计

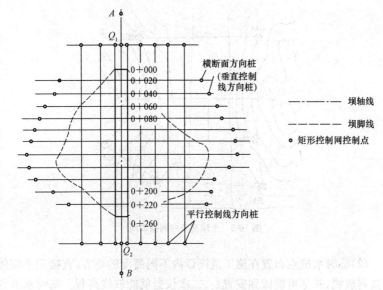

图 10-4　坝身控制线示意图

坝顶与地面的交点,作为零号桩,其桩号为 0+000。如图 10-4 所示,在 Q_1 安置经纬仪,瞄准另一端点 Q_2 得坝轴线方向。用高程放线的方法,在坝轴线上找到一个地面与坝顶高程相等的点,这个点即为零号桩点。然后由零号桩起,由经纬仪定线,沿坝轴线方向按选定的间距(图中为 20m)丈量距离,顺序打下 0+020、0+040、0+060、…里程桩,直至另一端坝顶与地面的交点为止。

(2)测设垂直于坝轴线的控制桩。如图 10-4 所示,将经纬仪安置在里程桩上,瞄准 Q_1 或 Q_2 旋转照准部 90°定出垂直于坝轴线的一系列平行线,并在上下游施工范围以外用方向桩标定在实地上,这些桩亦称横断面方向桩。

(二)坝身高程控制测量

用于土坝施工放线的高程控制,由若干永久性水准点组成基本网和临时作业水准点两级布设,如图 10-5 所示。

(1)基本网布设在施工范围以外,并应与国家水准点联测,组成闭合或附合水准路线,用三等或四等水准测量的方法施测。

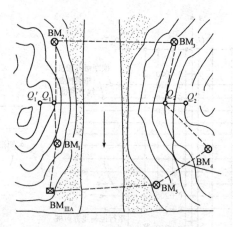

图 10-5　土坝高程控制基本网

（2）临时水准点布置在施工范围以内不同高度的地方,直接用于坝体的高程放线,并尽可能做到安置一、二次仪器就能放线高程。临时水准点应根据施工进程及时设置,附合到永久水准点上。一般按四等或五等水准测量的方法施测,并应根据永久水准点定期进行检测。

三、土坝清基开挖线与坡脚线放线

1. 土坝清基开挖线放线

坝体填筑前,必须对基础进行清理,以便坝体与岩基较好地结合。为此,应放出清基开挖线,即坝体与原地面的交线。

清基开挖线的放线,可用图解法求得放线数据在现场放线。

（1）沿坝轴线测量纵断面,即测定轴线上各里程桩的高程。

（2）绘出纵断面图,求出各里程桩的中心填土高度。

（3）在每一里程桩进行横断面测量,绘出横断面图。

（4）根据里程桩的高程、中心填土高度与坝面坡度,在横断面图上套绘大坝的设计断面。

如图 10-6 所示,Q_1、Q_2 为坝壳上下游清基开挖点,M_1、M_2 为心墙上下游清基开挖点,它们与坝轴线的距离分别为 D_1、D_2、D_3、D_4,用这些数据即可在实地放线。由于清基存在一定深度,开挖时也要有一定坡度,故 D_1 和 D_2 应根据深度适当加宽进行放线,用石灰连接各断面的清基开挖点,即为大坝的清基开挖线。

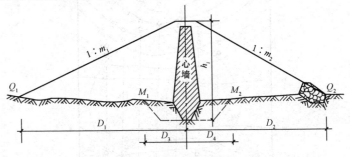

图 10-6 土坝清基放线数据

2. 坡脚线放线

清基完成以后应放出坡脚线,以便填筑坝体。坡脚线就是坝底与清基后地面的交线。其放线方法有断面法和平行法两种。

快学快用 4 横断面法进行土坝坡脚线放线

可以用图解法获得放线数据。由于清基时里程桩受到了破坏,所以应先恢复轴线上的所有里程桩,然后进行纵横断面测量,绘出清基后的横断面图,套绘土坝设计断面,获得类似图 10-6 的坝体与清基后地面的交点 Q_1 及 Q_2,D_1 及 D_2 的放线数据。在实地将这些点标定出来,分别连接上下游坡脚点即得上下游坡脚线,如图 10-4 所示。

快学快用 5 平行线法进行土坝坡脚线放线

平行线法测设坡脚线的原理是由距离(已知平行控制线与坝轴线的间距)求高程(坝坡面的高程),而后在平行控制线方向上用高程放线的方法,定出坡脚点。如图 10-7 所示,MM' 为坝身平行控制线,距坝顶边线 20m,若坝顶高程为 60m,边坡为 1:2,则 MM' 控制线与坝坡面相交的高程为 $60-20\times\dfrac{1}{2}=50$m。

放线时在 A 点安置经纬仪,瞄准 M' 定出控制线方向,有水准仪在方向线上探测高程为 50m 的地面点,就是所求的坡脚点。连接各坡脚点即得坡脚线。

如果应用全站仪放线,同样在 M 点安置全站仪,瞄准 M' 定出控制线方向,直接应用全站仪进行探测高程即可。

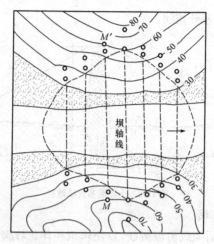

图10-7　坡脚线的放线——平行线法

四、土坝边坡放线

填土筑坝时，为了标示出上料填土的界线，每当坝体升高约1m，就要用桩（即为上料桩）将边坡的位置标定出来。标定上料桩的工作称为边坡放线。它的工作主要包括上料桩的测设和坡面修整。

快学快用 6　填土筑坝时上料桩的测设

放线前先要确定上料桩与坝轴线之间的水平距离。这个距离是指大坝竣工后坝面与坝轴线之间的距离，即现轴距。但为了使压实并修理后的坝面恰好是设计的坝面，在大坝施工时，应多铺一部分料，根据材料和压实方法的不同，一般应加宽1～2m填筑。上料桩就应标定在加宽的边坡线上（图10-8中的虚线处）。因此，各上料桩的坝轴距比按设计所算数值要大1～2m，将其编成放线数据表，供放线时使用。而坝顶面铺料超高部分视具体情况而定。在施测上料桩时，可采用测距仪或钢尺测量坝轴线到上料桩距离，用水准仪测量高程。

快学快用 7　土坝坡面修整

坝体填筑至设计高度且坡面压实后，还要根据设计的坡度进行坡面的修整。此时可用水准仪或经纬仪按测设坡度线的方法求得修坡量，根据平行线在坝坡面上打若干排平行于坝轴线的桩，离坝轴线等距离的一

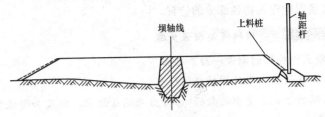

图 10-8　土坝边坡放线示意图

排桩所在的坝面应具有相同的高程,用水准仪测得各桩所在点的坡面高程,实测坡面高程减去设计高程就可计算出修整坡量。

第三节　混凝土坝施工放线

混凝土坝主要有重力坝和拱坝两种形式,其放线精度比土坝要求高。如图 10-9 所示为混凝土重力坝的示意图。它的施工放线工作包括坝轴线的测设、坝体控制测量、清基开挖线的放线和坝体立模放线等。

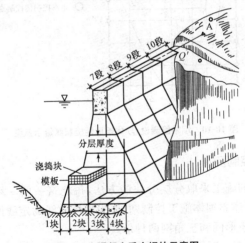

图 10-9　混凝土重力坝的示意图

一、坝轴线的测设

作为坝体与其他附属建筑物放线的依据,混凝土坝轴线的位置是否正确,直接影响建筑物各部分的位置。

快学快用 8 坝轴线的测设步骤

混凝土坝轴线的测设一般步骤如下:

(1)先在图纸上设计坝轴线的位置。

(2)根据图纸上量出的数据,计算出两端点的坐标以及和附近三角点之间的关系。

(3)在现场用交会法测设坝轴线两端点,如图 10-10 中的 A、A' 两点。

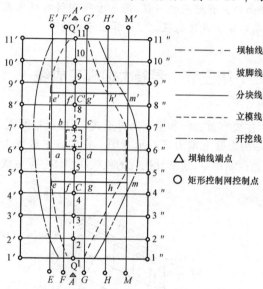

图 10-10 坝轴线测设、坝体矩形网控制测量示意图

二、坝体控制测量

混凝土坝的施工采取分层分块的方法,每浇筑一层一块就需要放线一次。因此,要建立坝体施工控制网,作为坝体放线的定线网。坝体施工控制网一般有矩形网和三角网两种形式。

快学快用 9 坝体施工矩形控制网的布设

矩形控制网以坝轴线为基准,按施工分段分块尺寸建立矩形网。如图 10-10 所示,矩形控制网的布设是以坝轴线 AA' 为基准,由若干条平行和垂直于坝轴线的控制线所组成。格网的尺寸由施工分块的大小而定。

测设时,将经纬仪安置在 A 点,照准 A' 点,在坝轴线上选 C、C' 两点,通过这两点测设与坝轴线相垂直的方向线。由 C、C' 两点开始,分别沿垂线方向按分块的宽度钉出 e、f 和 g、h、m 以及 e'、f' 和 g'、h'、m' 等点。最后连接 ee'、ff'、gg'、hh' 及 mm',将连线延伸到开挖区处,且在西侧山坡上设置 E、F、G、H、M 和 E'、F'、G'、H'、M' 等放线控制点。

在坝轴线方向上,找出坝顶与地面相交的两点 Q 与 Q',再根据坝轴线的分块长度钉出坝基点 2、3、$\cdots$、10,分别用这些点各测设与坝轴线相垂直的方向线,并将方向线延长到上、下游围堰(或两侧山坡)上,设置 $1'$、$2'$、$\cdots$、$11'$ 和 $1''$、$2''$、$\cdots$、$11''$ 等放线控制点。

快学快用 10　坝体施工三角控制网的布设

三角控制网是由基本网加密建成三角网作为定线网。如图 10-11 所示,是由包括 AB(基本网的一边,拱坝轴线两端点)在内的加密定线网 $A—E—F—B—C—D—A$,各控制点的测量坐标可通过测量计算求得。

施工测量中坝体细部尺寸放线是以施工坐标系 xoy 为依据的,因此需要根据设计图纸求算得各点的施工坐标,有时也需要将施工坐标换算成测量坐标。

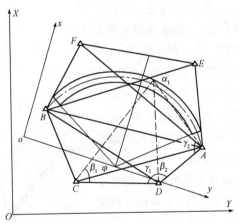

图 10-11　坝体三角控制网测量示意图

三、清基开挖线放线

清基开挖线的主要任务是确定对大坝基础进行清除基岩表层松散物的范围,它的位置由坝两侧坡脚线、开挖深度和坡度决定。先绘出纵横断面图,由各横断面图上定坡脚点,获得坡脚线及开挖线,如图 10-10 所示。

开挖的位置是先在图上求得,然后在实地用逐步接近法测定。开挖点定出后,在开挖范围外的该断面方向上,应设立两个以上的保护桩,并绘出算图,便于核查。清基开挖过程中,还应控制开挖深度,以便施工人员掌握开挖情况。

四、坝体立模放线

1. 坝坡脚线放线

基础清理完毕后便开始坝体立模浇筑。立模时先要找出上、下游坝坡面与岩基的接触点,即分跨线上下游坡脚点。

如图 10-12 所示为一个坝段的横断面图。若要放出坡脚点 A 的位置,可先从设计图上查得坡顶 B 点的高程 H_B 及距坝轴线的距离 a_1,以及上游设计坡度 $1:m$。而后取坡面上某一点 C,设其高程为 H_C,则 $S_1 = a_1 + (H_B - H_C)m$,由坝轴线起沿断面量一段距离 S_1 得 D 点,并用水准仪实测 D 点高程得 H_D,如果 $H_D = H_A$(H_A 为 A 点的设计高程),C 点即为坡脚点。否则,应根据实测的 D 点高程,再计算 $S_2 = a_2 + (H_B - H_C)m$,从坝轴线量出 S_2 得 A 点,并实测 A 点的高程,用逐步接近法最后就能获得坡脚点的位置。同法可放出其他各坡脚点,连接各相邻坡脚点,即得上游坡脚线,沿此线就可按 $1:m$ 的坡度架立坡面模板。

2. 坝体分块的立模放线

在坝体分块立模时,可将分块线投

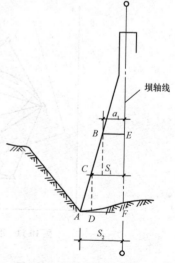

图 10-12　坝坡脚放线示意图

影到基础面上或已浇好的坝块面上,模板架立在分块线上,因此分块线也叫立模线,但立模后立模线被覆盖,还要在立模线内侧弹出平行线(称为放线线,图10-10中虚线)用来立模放线和检查校正模板位置。放线线与立模线之间一般有0.2～0.5m的距离。

坝体分块的立模放线方法通常采用角度前方交会法和方向线交会法。

快学快用 11　采用角度前方交会法进行坝体分块的立模放线

如图10-13所示,由A、B、C三个控制点用前方交会法先测设某坝块的4个角点d、e、f、g,它们的坐标由设计图纸上查得,然后与三控制点的坐标可计算出交会角。如欲测设g点,可算出α_1、α_2、α_3,便可在实地测定出g点的位置。依次放出角点d、e、f,最后用分块边长和对角线校核点位,无误则在立模线内侧标出d、e、f、g四个角点。

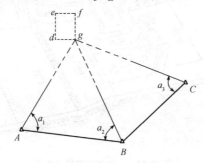

图10-13　前方交会法立模放线

快学快用 12　采用方向线交会法进行坝体分块的立模放线

如图10-10所示,要测设分块2的顶点a的位置,可在6'点安置经纬仪,瞄准6″点,同时在F点安置经纬仪,瞄准F'点,两架经纬仪视线的交点即为a的位置。用同样的方法可交会出这一分块的其他三个顶点的位置,得出分块2的立模线。

第四节　水闸施工放线

　　水闸是具有挡水和泄水双重作用的水建筑物，一般由闸室段和上、下游连接段三大部分组成，如图 10-14 所示。闸室由底板、闸墩、闸门、工作桥和公路桥组成，它是水闸的主体。上、下游连接结构包括翼墙、消力池、护坦、护坡等防护设施。

　　水闸的施工放线工作包括：水闸主轴线的测设和建立高程控制；基础开挖线的放线；闸底板的放线；上层建筑物的控制和放线。

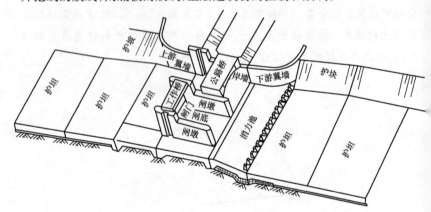

图 10-14　水闸组成布置示意图

一、主轴线的测设和高程控制线的建立

1. 主轴线的测设

　　水闸主轴线，由闸室中心线（横轴）和河道中心线（纵轴）两条互相垂直的直线组成。

快学快用 13　水闸主轴线的测设步骤

　　(1)从水闸设计图上可以量出两轴交点和各端点的坐标，用前方交会法定出它们以及邻近控制点的实地位置。

（2）主轴线定出后，将经纬仪安置在两轴线的交点上，测量两轴线是否等于90°，如不等于90°，需进行调整。

（3）待主轴线位置确定后，用木桩固定下来。如图10-15所示，CD为河道中心线，AB为闸室中心线。

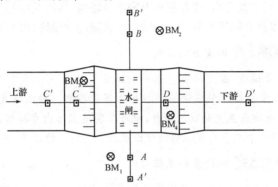

图10-15　主轴线测设示意图

2. 高程控制网的建立

高程控制通常采用三等或四等水准测量方法测定。水准点应布设在河流两岸不受施工干扰的地方，临时水准点应靠近水闸位置。图10-15中，BM_1与BM_2布设在河流两岸，它们与国家水准点联测，作为闸的高程控制，BM_3与BM_4布设在闸塘内的水准点，用来控制闸的底部高程。

二、基础开挖线放线

开挖线的位置是由水闸底板的周界以及翼墙、护坡等与地面的交线决定。为了定出开挖线，可以采用套绘断面法。一般先绘制闸塘开挖图，计算放线数据，再到实地放线。开挖图可绘在毫米方格纸上，选用一定的比例尺，绘出闸塘底的周界，再按闸底高程、地面高程以及采用的边坡画出开挖线。

当挖到接近底板高程时，一般应预留30～50cm的保护层，在闸底板浇筑前再挖，以防止天然地基受扰动而影响工程质量。在挖去保护层时，要用水准测定底面高程，测定误差不能大于10mm。

三、水闸底板放线

底板是闸室和上、下游翼墙的基础。闸孔较多的水闸底板需分块浇筑。底板放线的目的是先放出每块底板立模线的位置，以便装置模板进行浇筑。底板浇筑完后，要在底板上定出主轴线、各闸孔中心线和门槽控制线，然后以这些轴线为基准标出闸墩和翼墙的立模线，以便安装模板。

> **快学快用 14** **闸室底板放线**

为定出立模线，首先应在清基后的地面上恢复主轴线及其交点的位置，将经纬仪安置在原轴线两端的标桩上进行投测。轴线恢复后，从设计图上量取底板四角至主轴线的距离，便可在实地上标出立模线的位置。模板装完后，用水准测量在模板内侧标出底板浇筑高程的位置，并弹墨标明。

> **快学快用 15** **水闸翼墙底板放线**

在标定底板模线时，应标出翼墙和闸墩的中心位置及其轮廓线，并在地基上打桩标明。底板浇筑完后，应在底板上再恢复主轴线，标定出闸孔和闸墩中心线以及门槽控制线等，且弹墨标明。最后，根据墩、墙的尺寸和已标明的轴线，再放出立模线的位置。

四、上层建筑物的控制

当闸墩浇筑到一定高度时，应在墩墙上测定一条高程为整米数的水平线，弹墨标出，作为继续往上浇筑时量算高程的依据。当闸墩着顶浇筑完工后，再根据主轴线定出工作桥和公路桥中心线。在闸墩上立模浇筑最后一层（即盖顶）时，为了保证各墩顶高程相等，并符合设计要求，应用水准测量检查和校正模板内的标高线。

第五节　隧洞施工放线

一、概述

隧洞施工时，一般都由两端相向开挖。有时为了增加工作面，加快工程进度，可在隧洞中心线上增开竖井（图 10-16）、平洞或斜洞。这就需要严格控制挖掘方向和高程,保证隧洞贯通,达到贯通的目的。

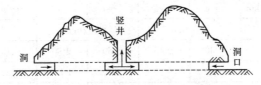

图 10-16 隧洞施工的开挖工作面

1. 隧洞施工测量的任务

隧洞施工测量的任务主要有以下两个方面:

(1)测设隧洞中线的方向和高程,指示掘进方向,保证隧洞按要求的精度正确贯通。

(2)控制掘进的断面形状,使其符合设计尺寸。

2. 隧洞施工测量工作内容

隧道施工测量工作的内容按施工顺序可以分为:洞外控制测量、洞内控制测量、洞内中线测设和洞内构筑物放线等。

3. 地下洞室测量一般规定

(1)地下洞室测量包括下列内容:根据贯通测量设计,建立洞内、外平面与高程控制,进行洞室施工放线,测绘洞室开挖和衬砌断面、计算开挖和填筑工程量等。

(2)水工隧洞开挖的极限贯通误差,应符合表 10-4 的规定。当在主斜洞内贯通时,纵向误差按横向误差的要求执行。对于上、下两端相向开挖的竖井,其极限贯通误差,不应超过±200mm。

表 10-4 水工隧洞开挖贯通误差

相向开挖长度/km		1~4	4~8
极限贯通误差 /mm	横向	±100	±150
	纵向	±200	±300
	竖向	±50	±75

(3)在进行贯通测量设计时,可取极限误差的 1/2,作为贯通面上的贯通中误差,根据隧洞长度,各项测量中误差的分配,应符合表 10-5 的规定。

表 10-5　　　　　　　　　　　　　贯通中误差分配值

相向开挖长度/km	1～4	4～8	1～4	4～8	1～4	4～8
误差名称	横向/mm		纵向/mm		竖向/mm	
洞外测量	±30	±45	±60	±90	±15	±20
洞内测量	±40	±60	±80	±120	±20	±30
全部贯通测量	±50	±75	±100	±150	±25	±40

注:当通过竖井贯通时,应把竖井定向当做一个新增加的独立因素参加贯通中误差的分配。

(4)横向贯通中误差的估算。

1)采用三角测量方法布设洞外控制时,其横向贯通中误差的估算可按下列两种方法:

①以相邻洞口点 J、C 的局部相对点位误差椭圆在贯通面上的投影面来计算,即:

$$M_Y = \pm m_0 \sqrt{Q'_{\Delta X \Delta X} \cos^2 \alpha + Q'_{\Delta Y \Delta Y} \sin^2 \alpha + Q'_{\Delta X \Delta Y} \sin 2\alpha}$$

其中:

$$Q'_{\Delta X \Delta X} = Q'_{XCXC} - 2Q'_{XJXC} + Q'_{XJXJ}$$

$$Q'_{\Delta Y \Delta Y} = Q'_{YCYC} - 2Q'_{YJYC} + Q'_{YJYJ}$$

$$Q'_{\Delta X \Delta Y} = Q'_{XCYC} - Q'_{XCYJ} - Q'_{XJYC} + Q'_{XJYJ}$$

式中　　　　　m_0——单位权中误差;

　　　　　　　α——隧洞贯通面的坐标方位角;

Q'_{XCXC}、Q'_{XJXJ}、Q'_{YJYJ}——J、C 两点中以某一点为起算点,进行间接观测平差计算所得的另一点对该起算点的权系数。

②把靠近隧洞一侧的三角点当做单导线,按上述 2)项所述的导线法进行估算。

2)采用导线布设洞外控制时,横向贯通中误差按下式计算:

$$M_Y = \pm \sqrt{(m_{\gamma\beta}^2 + m_{\gamma l}^2)/n}$$

$$m_{\gamma\beta} = \pm \frac{m_\beta}{\rho} \sqrt{\sum R_X^2}$$

$$m_{\gamma l} = \pm \frac{m_l}{l} \sqrt{\sum \overline{d_\gamma^2}}$$

式中　$m_{\gamma\beta}$——由于测角误差所产生的贯通面上的横向中误差(mm);

$m_{\gamma 1}$——由于量边误差所产生在贯通面上的横向中误差(mm)；

m_β——导线测角中误差(″)；

R_X、d_Y——导线环点至贯通面的垂直距离和投影长度；

$\dfrac{m_1}{l}$——导线边长相对中误差；

n——测量组数。

3)洞内导线测量误差对横向贯通误差的影响为 M_Y'，其计算方法同第2)项。

4)竖井定向测量引起的横向贯通中误差按下列公式计算：

$$M_{Y0}=\frac{m_0 D_X}{\rho}$$

式中　m_0——井下基边的定向中误差；

D_X——井下基边至横向贯通面(Y)的垂直距离。

5)洞外、洞内控制测量误差对横向贯通面中误差总的影响为：

$$M_u=\pm\sqrt{M_Y^2+M_Y'^2+M_{Y0}^2}$$

(5)洞外和洞内高程控制测量误差，对竖向贯通的影响，按下式计算：

$$M_h=\pm\sqrt{m_h^2+m_h'^2}$$

$$m_h=\pm M_\Delta\sqrt{L}\ ,\ m_h'=\pm M_\Delta'\sqrt{L'}$$

式中　m_h、m_h'——洞外、洞内高程测量中误差；

M_Δ、M_Δ'——洞外、洞内 1km 路线长度的高程测量高差中数中误差；

L、L'——洞外、洞内两洞口间水准路线长度(km)。

(6)工程开工之前，应根据隧洞的设计轴线，拟定平面和高程控制略图，按表 10-4、表 10-5 所规定的精度指标，进行预期误差的估算，以便确定洞外和洞内控制等级和作业方法。

二、洞外控制测量

(一)平面控制测量

1. 平面控制测量的任务

洞外平面控制测量的主要任务，是测定各洞口控制点的平面位置，以便根据洞口控制点将设计方向导向地下，指引隧洞开挖。因此，洞外平面控制网中应包括洞口控制点。

2. 平面控制测量要求

(1)洞外平面控制测量,可布设测角网、测边网或边角网,网的等级可根据隧洞相向开挖长度,参照表 10-6 的规定选择。

表 10-6　　　　　　　洞外控制网等级选择

控制网等级	隧洞开挖长度/km	控制网等级	隧洞相向开挖长度/km
二	6~8	四	1~4
三	4~6	五	≤1

等级确定后,控制测量的技术要求均按《水利水电工程施工测量规范》(SL 52—1993)有关规定执行。

(2)当隧洞较长,布置测角网三角形个数较多时,应在网中加测一定数量的测距边。而在测边网中宜在适当位置增加一些角度观测。

(3)采用光电测距导线作为洞外控制时,导线宜组成环形,且环数不宜太少,边数不宜过多,隧洞横向贯通中误差的技术要求应符合表 10-7 的规定。

表 10-7　　　　　　　洞外光电测距基本导线技术要求

隧洞相向开挖长度/km	要求的横向贯通中误差/mm	导线全长/km	平均边长/m	测角中误差/mm	测距中误差(″)	全长相对闭合差	方位角闭合差(″)
1~4	30	5.4	200	2.5	5	1:25000	$5\sqrt{n}$
		3.3	300	5.0	10	1:20000	$10\sqrt{n}$
		6.8	400	2.5	5	1:32000	$5\sqrt{n}$
4~8	45	10.5	300	1.8	5	1:32000	$3.6\sqrt{n}$
		19.5	500	1.0	2	1:55000	$2\sqrt{n}$
		11.0	700	2.5	5	1:33000	$5\sqrt{n}$

注:本表是将附合导线的最弱点点位中误差视作"要求的横向贯通中误差"计算而得。

(4)长距离引水隧洞平面控制网,其边长应投影到隧洞的平均高程面上。

(5)布设洞口点或洞口附近控制点时应注意以下事项:

1)洞口点应尽量纳入控制网内,也可采用图形强度较好的插点图形与控制网连接。

2)位于洞口附近的控制点,应有利于施工放线及测设洞口点。

3)由洞口点向洞内传递方向的连接角测角中误差,应比本级导线测角精度提高一级,至少不应低于洞内基本导线的测角精度。

(6)三角点或导线点的标志,可因地制宜地埋设简易标石或设岩石标,在长隧洞进出口处或支洞口,宜埋设一定数量的混凝土观测墩。

快学快用　16　洞外平面控制测量方法

(1)三角网法。对于隧洞较长、地形复杂的山岭地区,平面控制网一般布设三角网,其形式如图 10-17 所示。三角网的定位精度比导线高,有利于控制隧洞贯穿的横向误差。对于长度在 1km 以内、横向贯通误差容许值为 $\pm 10 \sim \pm 30$cm 的隧洞,布设三角网的精度应满足下列要求:

1)基线丈量的相对误差为 1/20000。

2)三角网精度最低边的相对误差为 1/10000。

3)三角形角度闭合差为 30″。

4)角度观测时,用 DJ_2 型经纬仪测一测回,DJ_6 型经纬仪测两测回。

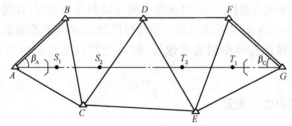

图 10-17　三角网法

(2)导线测量法。当洞外地形复杂、量距又特别困难时,主要采用光电测距仪导线作为洞外控制。在洞口之间布设一条导线或大致平行的两条导线。导线的转折角用 DJ_2 型经纬仪观测,距离用光电测距仪观测,根据坐标反算,可求得两洞口点连线方向的距离和方位角,据此可以计算掘进方向。

(3)GPS 法。用 GPS 法测定各洞口控制点的平面坐标,由于各控制点之间可以互不通视,没有测量误差积累,因此,特别适合于特长隧道及通视条件较差的山岭隧道,且具有布设灵活方便、定位精度高的特点。

(二)高程控制测量

1. 高程控制测量的任务

洞外高程控制测量的任务,是按照测量设计中规定的精度要求,施测隧洞口附近水准点的高程,作为高程引测进洞的依据,并以此控制开挖坡度和高程。高程控制一般采用三、四等水准测量,当两洞口之间的距离大于 1km 时,应在中间增设临时水准点。

2. 高程控制测量要求

(1)洞外高程控制的等级,应根据隧洞相向开挖长度参照表 10-8 的规定选择。

表 10-8　　　　　　　　　洞外高程控制等级的选择

高程等级	隧洞相向开挖长度/km	高程等级	隧洞相向开挖长度/km
三	4~8	五	≤1
四	1~4		

(2)当采用边角网、测边网或导线网布设洞外控制时,其高程控制可与平面控制相结合,用光电测距三角高程代替三、四等水准测量。

(3)高程标石可根据需要埋设,但每个洞口附近至少应有两个高程点。

三、洞内控制测量

(1)洞内平面控制测量,一般布设地下导线。地下导线分为基本导线(贯通测量用)和施工导线(施工放线用)。

(2)洞内施工导线点的布设,主要为满足开挖施工放线需要,宜 50m 左右选埋一点,并每间隔数点与基本导线附合。施工导线必须注意校核,杜绝错误的发生。

(3)洞内各等级光电测距基本导线的技术要求应符合表 10-9 的规定。

(4)导线边长用钢带尺丈量时,其技术要求应符合表 9-8 的规定。并应加入尺长、倾斜和温度改正。

表 10-9 洞内光电测距基本导线技术要求

隧洞相向开挖长度 /km	要求的横向贯通中误差 /mm	导线测量精度		平均边长 /m	导线全长 /km
		测边中误差 /mm	测角中误差 /mm		
2.5～4	40	5	1.8	300	2.4
		5	1.8	200	2.0
		5	2.5	200	1.6
		5	5.0	250	1.0
1～1.5	40	10	5	250	1.0
		5	2.5	150	1.5
		5	2.5	200	1.4
		10	5	150	0.75
<1.0	40	5	5	200	1.0
		10	5	150	0.75
		10	5	150	0.5
		5	5	100	0.8

注:1. 本表按支导线端点误差计算。

2. 相向开挖长度大于 4km 时,基本导线的技术要求应作专门设计。

(5)导线边采用横基尺分段测量时,每段的测量中误差按下式计算:

$$m_S = \pm m_L \sqrt{n}$$

式中　　m_L——基本导线要求的边长中误差;

　　　　m_S——横基尺每段边长测量中误差;

　　　　n——分段数。

(6)洞内基本导线应独立地进行两组观测,导线点两组坐标值较差,不得大于表 10-5 洞内测量误差的 $\sqrt{2}$ 倍,合格后取两组坐标值的平均值作为最后成果。

(7)对于曲线隧洞及通过竖井、斜井或转向角大于 30°的平洞贯通时,其导线精度应相应提高一级(或作专门设计)。

(8)洞内(包括斜井)的高程控制,一般采用四等高程测量,在未贯通前,高程测量宜进行两组观测,以资校核。洞内高程标石,应尽量与基本导线点标石合一。

(9)在洞内使用各类光电测距仪时,应特别注意仪器的防护,仪器及反射镜面上的水珠或雾气应及时擦拭干净,以免影响测距精度。

(10)隧道贯通后,应及时进行贯通测量,并对贯通误差进行调整和分配。

四、地下洞室施工测量

(1)地下洞室细部放线轮廓点相对于洞轴线的点位中误差,不应大于下列规定:

1)开挖轮廓点 50mm(不许欠挖)。

2)混凝土衬砌立模点 10mm。

(2)开挖放线以施工导线标定的轴线为依据,直线段用串线法标定洞中心线时,两吊线的间距不应小于 5m,其延伸长度,应小于 20m,曲线段应采用经纬仪标定中线。隧洞开挖,宜在洞内安置激光准直仪,或用激光经纬仪标定中线。

(3)开挖掘进细部放线,应在每次爆破后进行,掌子面上除标定中心和腰线外,还应画出开挖轮廓线。

(4)地下洞室混凝土衬砌放线,应以贯通后经调整配赋的洞室轴线为依据,在衬砌断面上标出拱顶、起拱线和边墙的设计位置。立模后应进行检查。

(5)随着洞室工程的施工进展,应及时测绘开挖和混凝土衬砌竣工断面。断面测点相对于洞轴线的点位中误差允许偏差为:

1)开挖竣工断面:±50mm。

2)混凝土竣工断面:±20mm。

(6)隧洞在混凝土衬砌过程中,应根据需要及时在两侧墙上埋设一定数量的铜质(或不锈钢)永久标志,并测定高程、里程等数据,以备运行期间使用。

快学快用 17 隧洞掘进方向测设

直线隧洞通常在洞口设置两个控制点,如图 10-18 所示,A、B、C、D 为路线测量时设置的四个转点,A、D 作为两洞口标准控制点。在地面控制布网时,将四点纳入网中。在得到四点的精密坐标值之后,即可反算 AB、CD 和 AD 的坐标方位角及直线长度。AD 与 AB 坐标方位角之差即为 β_1 之值;DA 与 DC 坐标方位角之差即为 β_2 之值,于是 B 点对于 AD 的

垂距 BB'、C 点对于 AD 的垂距 CC' 可计算出。

为了测设 B' 点,可将经纬仪置于 B 点,后视 A 点,递时针拨角 $(90°-\beta_1)$,按视线方向量出 BB' 长度取得 B' 点位。同法可测设 C' 点。此时 B'、C' 即在 AD 直线上,B'、C' 即可作为方向标

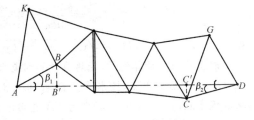

图 10-18　直线隧洞掘进方向

使用。以上 B'、C' 方向标的测设,通常称为隧道控制点的移桩。

路线进洞时,将经纬仪置于 A 点(D 点),瞄准 B' 点(C' 点),即得进洞的方向。为了避免仪器轴系误差的影响,通常采用正倒镜分中定向的方法。洞内路线中线各点的坐标应根据标准控制点 A、D 的坐标计算,而不能使用 B'、C' 点计算。

当洞口仅设置一个控制点时,如图 10-18、图 10-19 所示,洞口标准控制点 A、B 位于三角网的两端,各三角点的坐标为 (x_i, y_i),为确定 A、B 点洞口隧道中线掘进方向,需算出 β_1、β_2 和 AB 水平距离 D_{AB}。

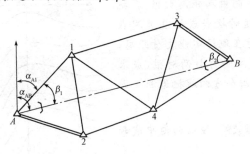

图 10-19　直线隧洞掘进方向

$$\beta_1 = \alpha_{AB} - \alpha_{A1} \qquad \beta_2 = \alpha_{B3} - \alpha_{BA}$$

用坐标反算的方法,可求出以上二式中诸方位角:

$$\begin{cases} \alpha_{AB} = \arctan \dfrac{y_B - y_A}{x_B - x_A} & \alpha_{A1} = \arctan \dfrac{y_1 - y_A}{x_1 - x_A} \\[2mm] \alpha_{B3} = \arctan \dfrac{y_3 - y_A}{x_3 - x_B} & \alpha_{BA} = \alpha_{AB} + 180° \end{cases}$$

同样按坐标反算法可求 D_{AB}：

$$D_{AB} = \frac{y_B - y_A}{\sin\alpha_{BA}} = \frac{x_B - x_A}{\cos\alpha_{BA}}$$

或　　　　　　$$D_{AB} = \sqrt{(x_B - x_A)^2 + (y_B - y_A)^2}$$

以上角值应计算到秒，距离应计算到毫米。现场施工时，在实地安置仪器于 A 点后视 1 点，拨水平角 β_1 即为 AB 进洞方向；同样置仪器于 B 点后视 3 点，拨角 $(360° - \beta_2)$ 即为 BA 进洞方向。

快学快用 18　隧洞洞口掘进方向的标定

将测定出的掘进方向标定在地面上的方法，如图 10-20 所示。用 1、2、3、4 桩标定掘进方向，再在大致垂直于掘进方向上埋设 5、6、7、8 桩，掘进方向桩要用混凝土桩或石桩，埋设在施工过程中不受损坏、不被扰动的地方，并量出进洞点 A 至 2、3、6、7 等桩的距离。有了方向桩和距离数据，在施工过程中可随时检查或恢复进洞点的位置。有时在现场不能丈量距离，则可在各 45° 方向再打两对桩，成米字形控制，用四个方向线把进洞点固定下来。

快学快用 19　隧洞洞内中线和腰线的测设

随着隧洞的向前掘进，需要往洞内引测隧洞的中线和腰线。

（1）中线测设。根据隧洞洞口中线控制桩和中线方向桩，在洞口开挖

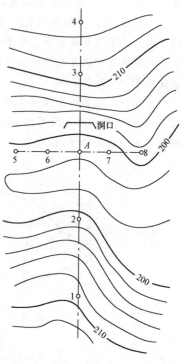

图 10-20　洞口控制点和掘进方向标定

面上测设开挖中线，并逐步往洞内引测中线上的里程桩。一般情况下，隧洞每掘进 20m 左右时，就要测设一个中线桩，将中线向前延伸。中线桩可同时埋设在隧洞的底部或顶部。

（2）腰线测设。在隧洞施工中,为了控制施工的标高和隧洞横断面的放线,在隧洞岩壁上,每隔一定距离(5～10m)测设出洞底设计地坪高出1m的标高线,称为腰线。腰线的高程由引入洞内的施工水准点进行测设。由于隧洞的纵断面有一定的设计坡度,因此,腰线的高程按设计坡度随中线的里程而变化,它与隧洞的设计地坪是平行的。

快学快用 20　隧洞开挖断面放线

图 10-21 所示为某隧洞圆拱直墙式断面,从断面设计中可以得知断面宽度 b、拱高 d,拱弧半径 R 和起拱线的高度 L 等数据。

放线时,应先在工作面上定出中垂线的位置,将经纬仪安置在洞内中线桩上,后视另一个中线桩,倒转望远镜,以十字丝中心在工作面上下定出 2～3 点,连成直线,即为中垂线 AB,由此向两边量取 $b/2$,即得到侧墙线。然后,测定工作面中垂线以下部分的地面高程,令其与该处底板设计高程之差为 Δd,则拱弧圆心应在中垂线上离地为 $L+d-R+\Delta d$ 高度的地方,用小钢卷尺从地面顺中垂线量取这样一段长度,即可定出拱弧圆心的位置。

对于圆形断面其放线方法与上述方法类似,即先放出断面的中垂线和圆心,再测设出圆形断面。

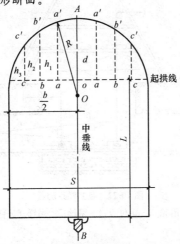

图 10-21　隧洞圆拱直墙式断面

五、竖井联系测量

竖井联系测量的任务：将地面控制点的坐标、方位角和高程，通过竖井传递到地下，以保证新增工作面隧道开挖的正确贯通。它的测量工作内容包括：在实地确定竖井开挖位置，测定高程以求竖井开挖深度，在开挖到洞底时再将地面方向及高程通过竖井传至洞内。

快学快用 21　方向线法定向

由地面用钢丝悬挂重锤向洞内投点。投点常采用单荷重投影法。投点时，应先在钢丝上挂以较轻的荷重，用绞车慢慢将其下入井中，然后在井底换上作业重锤，放入盛有水或机油的桶内，但不能与桶壁接触。桶在放入重锤后必须加盖，以防止滴水冲击。为了调整和固定钢丝在投影时的位置，在井上设有定位板。通过移动定位板，可以改变垂线的位置。

如图 10-22 所示，A 为地面上的近井控制点，O_1、O_2 为两垂线，A' 为洞内近井点，将作为洞内导线的起算点。观测在两垂线稳定的情况下进行，在地面上观测 α 角和连接角 ω，同时丈量三角形的边长 a、b、c。在井下观测 α' 角和连接角 ω'，并丈量三角形边长 a'、b'、c'。

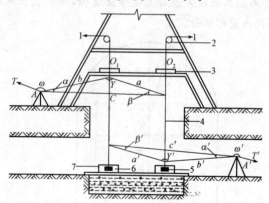

图 10-22　竖井联系测量

1—绞车；2—滑轮；3—定位板；4—钢丝；5—吊锤；6—稳定液；7—桶

快学快用 22　使用陀螺经纬仪传递方位角

在地面上选择控制网中的一条边,以长边为好,且该边坐标方位角的精度高,同时在洞内选择一条定向边,也以长边为好,且在该边两端点可安置仪器进行观测。

将仪器迁至井下定向边的一端点 P 上,测得定向边 PQ 的陀螺方位角 m。设 A_0 和 A 分别为地面已知边 AB 和井下定向边 PQ 的真方位角;r_0 和 r 分别为地面 AB 边和井下 PQ 边的子午线收敛角;α_0 和 α 分别为已知边 AB 和定向边 PQ 的坐标方位角;Δ 为仪器常数。由图 10-23 和图 10-24 可得:

$$\alpha = A - r = m + \Delta - r$$

因为
$$\Delta = A_0 - m_0 = \alpha_0 + r_0 - m_0$$

所以
$$\alpha = \alpha_0 + (m - m_0) + \delta_r$$

式中 $\delta_r = (r_0 - r)$,为地面与井下两测站子午线收敛角之差,其值可按下式计算:

$$\delta_r'' = \frac{y_A - y_P}{R} \tan\varphi \cdot \rho''$$

式中　R——地球半径;

　　　φ——当地的纬度;

　　　y_A、y_P——分别为地上和井下两测站点的横坐标。

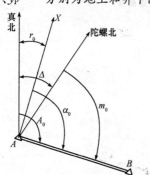

图 10-23　地面测定已知边陀螺方位角

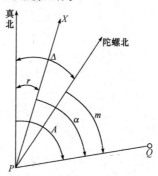

图 10-24　井下测定定向边陀螺方位角

如图 10-25 所示,将一钢尺悬挂在竖井中,A 为地面水准点,B 为井下待测高程点,使用两台水准仪分别在地面和井下同时观测,根据观测数据,按下式计算 B 点的高程:

$$H_B = H_A + a_1 - [(b_1 - a_2) + \Delta l_d + \Delta l_t]$$

式中 　Δl_d——钢尺尺长改正数;

　　　Δl_t——温度改正数(取平均温度)。

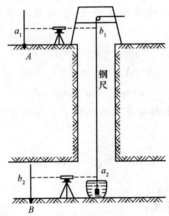

图 10-25　竖井传递高程

第十一章　安装与附属工程测量

第一节　金属结构与机电设备安装测量

一、一般规定

(1)金属结构与机电设备的安装测量工作,应包括下列内容:测设安装轴线与高程基点,进行安装点的放线和安装竣工测量等。

(2)金属结构与机电设备安装轴线和高程基点,应埋设稳定的金属标志,一经确定,在整个施工过程中不宜变动。

(3)安装测量的精度指标应符合表 11-1 的规定。

(4)在安装测量的作业中应注意以下几点:

1)必须使用精度相当于或高于 DS_1、DJ_2 型水准仪和经纬仪。

2)量测距离的钢带尺,必须经过检定并附有尺长方程式。

3)高程测量必须相应地使用因瓦水准尺,红黑面水准尺以及有毫米刻度的钢板尺。

表 11-1　　　　金属结构与机电设备安装测量的精度指标

设备种类	细部项目	允许偏差		备　注
		平面 /mm	高程 /mm	
压力钢管安装	(1)始装节管口中心位置	±5	±5	相对钢管安装轴线和高程基点
	(2)与蜗壳、阀门伸缩节等有连接的管口中心	±6～10	±10	
	(3)其他管口中心位置	±10	±15	

设备种类	细部项目	允许偏差		备　注
		平面/mm	高程/mm	
平面闸门安装	主反轨之间的间距和侧轨之间间距	−1～+4	—	相对门槽中心线
弧形门、人字门安装	—	±2～3	±1～3	相对于安装轴线
水轮发电机安装	(1)座环安装中心及方位误差	+2～5	高程±3,水平度0.5;	相对机组中心线和高程基准点
	(2)机坑里衬安装和蜗壳安装中心	±5～±10	±5～±10	
天车、起重机轨道安装	轨距	±5	(1)同跨两平行轨道相对高差小于10。(2)坡度不大于1/1500	一条轨道相对于另一条轨道

二、安装轴线及高程基点的测设

(1)金属结构与机电设备安装轴线测设的精度要求,应符合表 11-1 的规定。

(2)在安装过程中,由于种种原因致使原来的安装轴线或高程基点,部分或全部被破坏时,可按下列不同情况予以恢复。

1)利用剩余的轴线点或高程基点。

2)以已精确安装就位的构件轮廓线或基准面恢复原轴线或高程基点。

3)按规定精度,由平面或高程控制网点重新测定。

无论采用何种方法恢复的轴线或高程基点,必须进行多方校核,以获得与已安装构件的最佳吻合。

(3)测设安装部位的高程基点时应注意以下两点:

1)一个安装工程部位至少应测设两个高程基点。

2)测设安装工程基点相对邻近等级高程控制点的高程中误差应不大于±10mm。

三、安装点的细部放线

(1)安装点的测设必须以安装轴线栅高程基点为基准,组成相对严密的局部控制系统,安装点的误差,均相对于安装轴线和高程基点。

(2)由安装轴线点,高程基点测设安装点应符合以下要求:

1)测设方法:一般采用直角坐标法或极坐标法进行。

2)距离测量以钢带尺为主,丈量结果中应加倾斜、尺长、温度、拉力及(平链)悬链等改正(不加投影改正)。距离丈量的技术要求应符合表 11-2 的规定。

表 11-2　　　　　　　　　安装点距离丈量技术要求

丈量时拉力	温度读记(℃)	边长丈量次数	同测次串尺		边长丈量较差的相对误差
			读数次数	较差/mm	
与鉴定钢带尺时相同	1.0	2	2	1	1:10000

3)在用光电测距仪测量距离时,宜用"差分法"操作。

4)方向线测设:要求后视距离应大于前视距离,用细铅笔尖(或重球线)作为照准目标。经纬仪正倒镜两次定点取平均值,作为最后方向。

5)安装点的高程放线,应采用水准测量法,水准测量的技术要求应符合表 11-3 的规定。

表 11-3　　　　　　　　　安装点水准测量技术要求

序号	项　　目	使用仪器	使用标尺	测站限差要求
1	精密高程精密水平度测量	DS_1	因瓦水准尺、钢板尺	按二等水准测量要求或另行规定操作要求
2	一般安装点高程测量	DS_3	红黑面水准尺、钢板尺	按三等水准测量要求

(3)在高精度的水平度测量中,应使用在底部装配有球形接触点的因瓦水准尺或钢板尺(钢板尺应镶嵌在木制尺中)。

四、安装放线点的检查

(1)对已测放的安装点,必须按下列要求进行检查:

1)检查工作应采用与测放时不同的方法。

2)对构成一定几何图形的一组安装测点,应检核其非直接量测点之间的关系。

3)对铅垂投影的一组点,必须检查各投影点间边长的几何关系。

4)由一个高程基点测放的安装高程点或高程线,应用另一高程基点进行检查,或用两次仪器高重复测定。

(2)所有平面与高程安装点的检测值与测放值的较差,不应大于放线点中误差的 $\sqrt{2}$ 倍,以保证放线点之间严密的几何关系。

(3)安装构件的铅垂度检查测量,宜在距构件 $10\sim20\mathrm{cm}$ 的范围内用细钢丝悬挂重锤(重锤置于盛有溶液的桶中)。然后根据要求在需要检查的位置上,用小钢板尺量取构件与垂线之间的距离,并按一定比例尺绘制垂直剖面图。

第二节　附属工程测量

一、一般规定

(1)附属工程测量内容主要有:筛分、拌和及皮带供料系统测量;缆机、塔机及桥机测量;围堰与戗堤施工测量。

(2)位于施工区内的附属工程的控制测量可直接利用施工区已建的控制网点或其加密点;远离施工区的附属工程的控制测量可单独建立控制网。

(3)水利水电工程中的交通运输、送电及管道等线路工程测量,应结合实际执行相应的专业标准。

二、筛分、拌和及皮带供料系统测量

(1)筛分、拌和及皮带供料系统的测量,应先利用邻近的控制点测设

系统的主轴线,然后以主轴线为基准测设辅助轴线和测量放线点。

(2)筛分、拌和及皮带供料系统测量放线点的限差见表 11-4。

表 11-4　　　　　筛分、拌和及皮带供料系统测量放线点的限差　　　　mm

项　　目	限　　差	
	平面	高程
拌和楼、筛分楼、制冷、制热系统的主轴线点(相对于邻近基本控制点)	±30	±20
辅助轴线(相对于主轴线)	±5	
立柱基础定位点(相对于辅助轴线)	±5	±5
立柱垂直度(相对于立柱基础点)	1/2000	
同层水平度		±(3~5)
皮带机机头、机尾衔接点	±20	±10
皮带机供料线各支撑点间相对偏差	±50	±10

(3)与筛分楼或拌和楼相连的砂石骨料或混凝土皮带运输系统的中心线应由筛分楼或拌和楼的中心线定出。

(4)高架供料线各立柱的倾斜值测量限差为±20mm,各立柱不应出现连续同向的倾斜值。

(5)筛分、拌和及皮带供料系统的高程控制点精度不应低于四等水准精度。

三、缆机、塔机及桥机测量

(1)缆机、塔机和桥机的测量放线点的精度要求如下:

1)两岸缆机中心线、轨道中心线放线点相对于邻近控制点的限差为±50mm。

2)两岸缆机中心线、两岸轨道中心线的间距测量限差为±100mm。

3)两岸缆机中心线、两岸轨道中心线的不平行度测量限差为±1′。

4)同岸轨道中心线间距的测量限差为±3mm。

5)缆机主、副塔后拉锚索定位点相对于邻近控制点的测量限差为±30mm。

6)塔机基础中心定位点相对于邻近控制点的测量限差为±30mm。

7)轨道纵向水平度测量的限差为±2mm,相邻两轨水平度的测量限差为±1mm。

8)基础和机座的高程可用四等水准精度进行测量。

(2)塔机、桥机轨道中心线间距和同岸缆机轨道中心线间距测量应使用经检定过的钢尺。两岸缆机中心线间距和两岸轨道中心线间距测量应使用满足精度要求的全站仪或光电测距仪。

四、围堰与戗堤施工测量

(1)围堰、戗堤施工开始前应收集或实测施工区域内陆上和水下地形图或断面图。

(2)围堰、戗堤轴线放线点相对于邻近控制点的测量限差为±30mm,边(坡)线、填料分界线的放线点相对于邻近控制点的测量限差为±100mm。

(3)围堰、戗堤进占时应在两岸测设明显的轴线方向标记,其水中部分可用浮标标记。为便于夜间施工,也可安装激光准直仪,用可见红光指示围堰和戗堤的轴线。

(4)在戗堤进占过程中,应根据施工需要及时进行轴线、桩号及高程测量。

(5)在围堰填筑过程中,应及时测量各种填料分界线,并用明显标志加以区分。

(6)围堰填筑完毕时应实测围堰横断面,绘制竣工横断面图,在图上绘出各种填料实测分界线和原始地形线,并以竣工横断面图为依据计算分类填筑工程量。

第十二章　渠道测量

第一节　渠道选线测量

一、踏勘选线

渠道选线的任务就是要在地面上选定渠道的合理路线,标定渠道中心线的位置。对于大中型渠道一般应经过实地查勘、室内选线、外业选线等步骤;对于小型渠道,可以根据已有资料和选线要求直接在实地查勘选线。

快学快用 1　渠道选线实地踏勘

踏勘前,最好先在小比例尺(一般为1:50000)地形图上初步布置渠线位置,地形复杂的地段可布置几条比较线路,然后对所经地带进行实际查勘,调查渠道沿线的地形、地质条件,并对渠线某些控制性的点如渠道、沿线沟谷、跨河点等进行简单测量,对困难工地段要进行初勘和复勘,经反复分析比较后,初步确定一个可行的渠线布置方案。

快学快用 2　渠道室内选线

室内选线是在室内从图上选线,即在适合的地形图上选定渠道中心线的平面位置,并在图上标出渠道转折点到附近明显地物点的距离和方向(由图上量得)。如该地区无适用的地形图,则应根据查勘时确定的渠道线路,测绘沿线宽约100～200m的带状地形图,其比例尺视渠线的长度而定。在山区丘陵区选线时,为了确保渠道的稳定,应力求挖方。因此,环山渠道应先在图上根据等高线和渠道纵坡初选渠线,并结合选线的其他要求对此线路进行必要修改,定出图上的渠线位置。

快学快用 3　渠道外业选线

外业选线是将室内选线的结果转移到实地上,标出渠道的起点、转折点和终点。外业选线也还要根据现场的实际情况,对图上所定渠线作进一步论证研究和补充修改,使之更加完善。

实地选线时,一般应借助仪器选定各转折点的位置。对于平原地区的渠线应尽可能选成直线,如遇转弯时,则在转折处打下木桩。在丘陵山区选线时,为了较快地进行选线,可用经纬仪按视距法测出有关渠段或转折点间的距离和高差。由于视距法的精度不高,对于较长的渠线为避免高程误差累积过大,最好每隔 2~3km 与已知水准点校核一次。如果选线精度要求高,则用水准仪测定有关点的高程,探测出渠线的位置。渠道中线选定后,应在渠道的起点、各转折点和终点用大木桩或水泥桩在地面上标定出来,并绘略图注明桩点与附近固定地物的相互位置和距离。

二、水准点的布置与施测

在渠道选线的同时,应沿渠线附近每隔 1~3km 左右在施工范围以外布设一些水准点,并组成附合和闭合水准路线,当路线长度在 15km 以内时,也可组成往返观测的支水准路线。水准点的高程一般采用四等水准测量的方法施测,大型渠道有的采用三等水准测量。

第二节　渠道中线测量

渠道中线测量是指根据选线所定的起点、转折点及终点,通过量距、测角把渠道中心线的平面位置在地面上用一系列的木桩标定出来的工作。其任务是要测出线路的长度和转角的大小,并在线路转折处设置曲线。

一、平原地区的中线测量

在平原地区,渠道中心线一般为直线。距离丈量,一般用皮尺或测绳沿中线丈量(用经纬仪或花杆目视定直线)。为了便于计算路线长度和绘制纵断面图,沿路线方向每隔 100m、50m、20m 打一木桩,地势平坦间隔大,反之间隔小,以距起点的里程进行编号,称为里程桩(整数)。如起点(渠道是以其引水或分水建筑物的中心为起点)的桩号为 0+000,每隔 100m 加打一木桩时,则以后各桩的桩号为 0+100;0+200 等,"+"号前的数字为公里数，"＋"号后的数字是米数，如 1＋500 表示该桩离渠道起点 1km 又 500m。在两整数里程桩间如遇重要地物和计划修建工程建筑物(如涵洞、跌水等)以及地面坡度变化较大的地方，都要增钉木桩，称为加桩。其桩号也以里程编号，如图 12-1 中的 1＋185、1＋233 及 1＋266 为路线跨过小沟边及沟底的加桩。里程桩和加桩通称中心线桩(简称中心桩)，将桩号用红漆书写在木桩一侧，面向起点打入土中。为了防止以后测量时漏测加桩，还应在木桩的另一侧从起点桩依次编写序号，图 12-1 中的顺序号为 1、2、3、4、5、6。

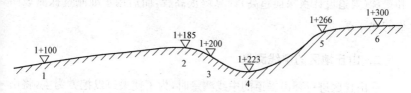

图 12-1　路线跨沟时的中心桩设置图

当距离丈量到转折点，渠道从一直线方向转向另一直线方向，此时需要测角和测设曲线，将经纬仪安置在转折点，测出前一直线的延长线与改变方向后的直线间的夹角 I，称为偏角，在延长线左的为左偏角，在右的为右偏角，因此测出的 I 角应注明左或右。如图 12-2 中 IP_1 处为右偏，即 $I_右 = 23°20'$。根据规范要求：当 $I < 6°$，不测设曲线；$I = 6° \sim 12°$ 及 $I > 12°$，曲线长度上 $\hat{L} < 100m$ 时，只测设曲线的三个主点桩；在 $I > 12°$，同时曲线长度 $\hat{L} > 100m$ 时，需要测设曲线细部。

在量距的同时，还要在现场绘出草图如图 12-2 所示，图中直线表示渠道中心线，直线上的黑点表示里程桩

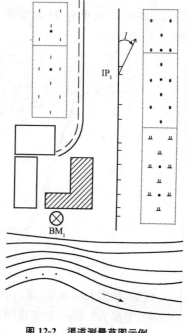

图 12-2　渠道测量草图示例

和加桩的位置，IP$_1$（桩号为 0+380.9）为转折点，在该点处偏角 $I_右=23°20'$，即渠道中线在该点处，改变方向右转 $23°20'$。但在绘图时改变后的渠线仍按直线方向绘出，仅在转折点用箭头表示渠线的转折方向（此处为右偏，箭头画在直线右边），并注明偏角角值。至于渠道两侧的地形则可根据目测勾绘。在山区进行环山渠道的中线测量时，为了使渠道以挖方为主，将山坡外侧渠堤顶的一部分设计在地面以下，此时一般要用水准仪来探测中心桩的位置。首先根据渠首引水口高程、渠底比降、里程和渠深（渠道设计水深加超高）计算堤顶高程，而后用水准测量探测该高程的地面点。

二、山丘地区的中线测量

在山丘区进行环山渠道的中线测量时，为了使渠道以挖方为主，将山坡外侧渠堤顶的一部分设计在地面以下，如图 12-3 所示，此时一般要用水准仪来探测中心桩的位置。首先根据渠首引水口进水闸底板的高程 H_0、渠底比降 i、里程 D 和渠深（渠道设计水深加超高）计算堤顶高程。即：

$$H_{堤底}=H_0-iD+h_{渠深}$$

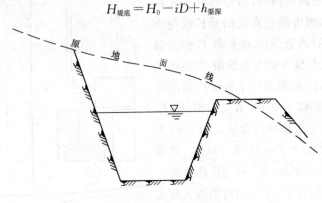

图 12-3 环山渠道断面图

例如，如图 12-4 所示，渠首引水口的渠底高程为 64.25m，渠底比降为 1/1000，渠深为 2.50m，则渠首（0+000）处的堤顶高程应为 64.25+2.50

$=66.75\mathrm{m}$。测设时,水准点高程 $H_M=66.230\mathrm{m}$,按高程放线方法,水准仪安置好后,后视水准点 M,得读数为 $1.482\mathrm{m}$,算出视线高程 $H_1=H_M+a$ $=66.230+1.482=67.712\mathrm{m}$,然后将前视尺沿山坡上、下移动,使前视读数 $b=67.712-66.75=0.962\mathrm{m}$,但实测读数为 $1.385\mathrm{m}$,说明 A 点位置偏低,应向里移一段距离(不大于渠堤到中心线的距离)在该点上打一木桩,标志渠道起点($0+000$)的位置。

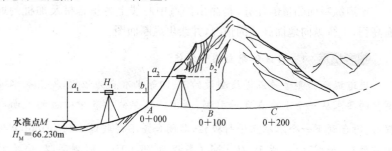

图 12-4　山丘地区渠线确定

按此法继续沿山坡依次计算出 $0+100$、$0+200$、$\cdots$ 的堤顶高程,用同样方法定出 $0+100$、$0+200$、$\cdots$点的位置。

中线测量完成后,对于大型渠道一般应绘出渠道测量路线平面图。如图 12-5 所示,在图上绘出渠道走向、各弯道上的圆曲线桩点等,并将桩号和曲线的主要元素数值(I、L 和曲线半径 R、切线长 T)注在图中的相应位置上。

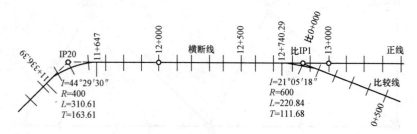

图 12-5　渠道测量路线平面图

第三节　渠道纵横断面测量

一、渠道纵断面测量

渠道纵断面测量的任务,是测出渠道中心线上各里程桩及加桩的地面高程,了解纵向地面高低的情况,并绘出纵断面图。

快学快用　4 **渠道纵断面测量方法**

渠道纵断面测量是以沿线测设的三、四等水准点为依据,按五等水准测量的要求从一个水准点开始引测,测出一段渠线上各中心桩的地面高程后,附合到下一个水准点进行校核,其闭合差不得超过 $\pm 10\sqrt{n}$ mm(n 为测站数)。如图 12-6 所示,从 BM_1(高程为 76.605m)引测高程,依次对 0+000,0+100,…进行观测,由于这些桩相距不远,按渠道测量的精度要求,在一个测站上读取后视读数后,可连续观测几个前视点(最大视距不得超过 150m),然后转至下一站继续观测。

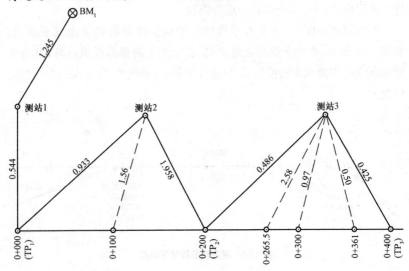

图 12-6　纵断面测量示意图

当采用"视线高法"计算高程时,应按以下步骤进行观测与记录及计算:

(1)读取后视读数,并算出视线高程,即

视线高程＝后视点高程＋后视读数

如图 12-6 所示,在第 1 站上后视 BM$_1$,读数为 1.245,则视线高程为 76.605＋1.245＝77.850m,见表 12-1。

表 12-1　　　　　　　　　　纵断面水准测量记录

测站	测 点	后视读数 /m	视线高 /m	前视读数/m		高 程 /m	备 注
				中间点	转点		
1	BM$_1$	1.245	77.850			76.605	已知高程
	0+000(TP$_1$)	0.933	78.239		0.544	77.306	
2	100			1.56		76.68	
	0+200(TP$_2$)	0.486	76.767		1.958	76.281	
3	0+265.5			2.58		74.19	
	0+300			0.97		75.80	
	0+361			0.50		76.27	
	0+400(TP$_3$)				0.425	76.342	
...	...	...	...	...	...	...	...
7	0+800(TP$_6$)	0.848	75.790		1.121	74.942	
	BM$_2$				1.324	74.466	已知高程为 74.451
Σ		8.896			11.035		
计算校核	8.896－11.035＝－2.139,74.466－76.605＝－2.139						

(2)观测前视点并分别记录前视读数。由于在一个测站上前视要观测多个桩点,其中仅有一个点是起着传递高程作用的转点,而其余各点只需读出前视读数就能得出高程,为区别于转点,称为中间点。中间点上的前视读数精确到厘米即可,而转点上的观测精度将影响到以后各点,要求

读至 mm,同时还应注意仪器到两转点的前、后视距离大致相等(差值不大于 20m)。用中心桩作为转点,要置尺垫于桩一侧的地面,水准尺立在尺垫上,并使尺垫与地面同高,即可代替地面高程。观测中间点时,可将水准尺立于紧靠中心桩旁的地面,直接测算地面高程。

(3)计算测点高程。例如,表 12-1 中,0+000 作为转点,它的高程 77.850-0.544(第一站的视线高程-前视读数)=77.306m,凑整成 77.31m 为该桩的地面高程。0+100 为中间点,其地面高程为第二站的视线高程减前视读数=78.239-1.56=76.679m,凑整为 76.68m。即:

$$H_测 = H_i - b_中$$

(4)计算校核和观测校核。当经过数站(如表 12-1 中为 7 站)观测后,附合到另一水准点 BM_2(高程已知,为 74.451m),以检核这段渠线测量成果是否符合要求。为此,先要按下式检查各测点的高程计算是否有误,即

$\sum$后视读数-$\sum$转点前视读数=BM_2 的高程-BM_1 的高程

如表 12-1 中,$\sum$后-$\sum$前(转点)与终点高程(计算值)-起点高程均=-2.139m,说明计算无误。

然而,BM_2 的已知高程为 74.451m,而测得的高程是 74.466m,因此这段渠线的纵断面测量误差为:74.466-74.451=+15mm,此段共设 7 个测站,允许误差为$\pm 10mm\sqrt{7} = \pm 26mm$,观测误差小于允许误差,成果符合要求。

由于各桩点的地面高程在绘制纵断面图时仅需精确至 cm,所示其高程闭合差可不进行调整。

快学快用 5　渠道纵断面图绘制

渠道纵断面图以水平距离(里程)为横坐标,高程为纵坐标绘在毫米方格纸上,其比例尺通常为 1:1000~1:10000,依渠道大小而定。为了明显表示地势变化,纵断面图的高程比例尺应比水平距离比例尺大 10~50 倍。如图 12-7 所示,水平距离比例尺为 1:5000,高程比例尺为 1:100。由于各桩点的地面高程一般都很大,为了节省纸张和便于阅图,图上的高程可不从零开始,而从合适的数值起绘。

根据各桩点的里程和高程在图上标出相应地面点,连接各点绘出地面线。再根据设计的渠道高程和渠道比降绘出渠底设计线。对于各桩点

的渠底设计高程,则是以起点的渠底设计高程、渠道比降和离起点的距离
计算求得,然后根据各桩点的地面高程和渠底高程,即可算出各点的挖深
或填高数,分别填在图中相应位置。以表 12-1 为例,绘出渠道纵断面图
(图 12-7)。

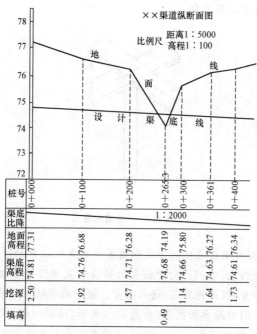

图 12-7　渠道纵断面图

二、渠道横断面测量

　　渠道横断面测量的任务是测出各里程桩和加桩处与渠道中心线垂直
方向上地面变化情况,并绘出横断面图。

　　横断面测量时,以中心桩为起点测出横断面方向上地面坡度变化点
间的距离和高差。测量的宽度随渠道大小而定,也与挖填深度有关,较大
型的渠道,挖方或填方大的地段应该宽一些,一般以能在横断面图上套绘
出设计横断面为准,并留有余地。施测的宽度与施工量的大小、地形等的
设计宽度、边坡的坡度有关。

快学快用 6 渠道横断面测量方法

(1)定横断面方向。在中心桩上根据渠道中心线方向,用木制的十字直角器(图 12-8)或其他简便方法即可定出垂直于中线的方向,此方向即是该桩点处的横断面方向。

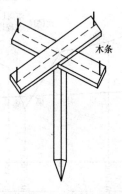

木条

图 12-8 十字直角器

(2)测出坡度变化点间的距离和高差。测量时以中心桩为零起算,面向渠道下游分为左、右侧。对于较大的渠道可采用经纬仪视距法或水准仪测高法配合量距(或视距法)进行测量。较小的渠道可用皮尺拉平配合测杆读取两点间的距离和高差,如图 12-9 所示,读数一般取位至 0.1m,按表 12-2 的格式做好记录。如 0+100 桩号左侧第 1 点的记录,表示该点距中心桩 3.0m,低 0.5m;第 2 点表示它与第一点的水平距离是 2.9m,低于第 1 点 0.3m;第 2 点以后坡度无变化,与上一段坡度一致,注明"同坡"。

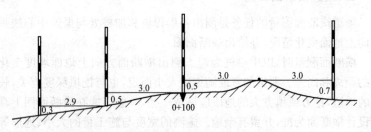

图 12-9 横断面测量示意图

表 12-2　　　　　　　　　　横断面测量记录表　　　　　　　　　　　m

坡向	高差 距离	左侧	中心桩 高程	右侧	高差 距离	坡向
同坡	$\dfrac{-0.3}{2.9}$	$\dfrac{-0.5}{3.0}$	$\dfrac{0+000}{77.31}$	$\dfrac{+0.5}{3.0}$	$\dfrac{-0.7}{3.0}$	同坡
同坡	$\dfrac{-0.3}{2.9}$	$\dfrac{-0.5}{3.0}$	$\dfrac{0+100}{76.68}$	$\dfrac{+0.5}{3.0}$	$\dfrac{-0.7}{3.0}$	平

快学快用　7　渠道横断面图绘制

　　绘制横断面图仍以水平距离为横轴、高差为纵轴绘在方格纸上。为了计算方便，纵横比例尺应一致，一般取 1∶100 或 1∶200。绘图时，首先应在方格纸适当位置定出中心桩点。图 12-10 为 0+100 桩号的梁道横断面图，纵横比例尺为 1∶100。

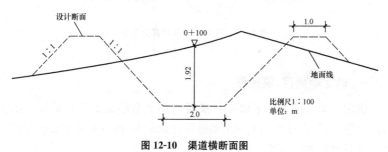

图 12-10　渠道横断面图

第四节　渠道挖填土方量计算

　　在渠道工程施工中，必须首先进行挖、填土方量的计算，然后才能根据土方量编制渠道工程的经费预算，确定工程投资和合理安排劳动力。在渠道土方量计算时，挖、填方量应分别计算，其计算方法采用平均断面法。首先应求出相邻两断面挖、填面积，取其平均值，然后根据相邻断面

之间的水平距离计算出挖、填土方量(图 12-11),以公式表示为

$$V_{填}=\frac{(A_1+A_2)+(A_3+A_4)}{2}d$$

$$V_{挖}=\frac{A'_1+A'_2}{2}d$$

式中　$A_1\sim A_4$——填方面积(m²);

　　　A'_1、A'_2——挖方面积(m²);

　　　d——两断面间距离(m)。

运用平均断面法进行渠道挖填土方量的计算过程可分为确定断面挖填范围的确定、计算断面挖填面积计算和计算土方三个步骤。

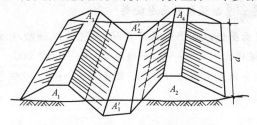

图 12-11　平均断面法计算土方量

一、确定断面挖、填范围

确定挖填范围主要采取在各横断面图上套绘渠道设计横断面的方法。套绘时,先在透明纸上画出渠道设计横断面,然后根据中心桩挖深或填高数转绘到横断面图上。

如图 12-10 所示,欲在该图上套绘设计断面,则先从纵断面图上查得 0+100 桩号应挖深 1.92m,再在该横断面图的中心桩处向下按比例量取 1.92m,取得渠底的中心位置,然后将绘有设计横断面的透明纸覆盖在横断面图上,透明纸上的渠底中点对准图上相应点,渠底线平行于方格横线,用针刺或压痕的方法将设计断面的轮廓点转到图纸上,最后连接各点套绘出设计横断面(图 12-10 中的虚线所示)。这样,根据套绘在一起的地面线和设计断面线就能表示出应挖或应填范围。

二、计算断面挖、填面积

渠道挖、填面积的计算方法主要有方格法和梯形法。

快学快用 8 **方格法计算渠道断面挖、填面积**

方格法是将欲测图形分成若干个面积相等的小方格,数出图形范围内的方格总数,然后乘以每方格所代表的面积,从而求得图形面积。计算时,分别按挖、填范围数出该范围内的方格数目,对于不完整的方格用目估拼凑成完整的方格数。

快学快用 9 **梯形法计算渠道断面挖、填面积**

梯形法是将欲测图形分成若干个等高的梯形,然后以计算梯形面积的形式求得图形面积。如图 12-12 所示,将中间挖方图形划分为若干个梯形,其中梯形的中线长为 l_i,梯形高为 h,为方便计算,常将梯形的高采用 1cm,因此只需量取各梯形的中线长并相加,即可求出图形面积 A,计算公式为

$$A = h(l_1 + l_2 + \cdots + l_n) = h\sum l$$

由于欲测图形在划分后有可能使图形两端的三角形的高不为 1cm,这时应单独估算面积,然后加到所求面积中去。

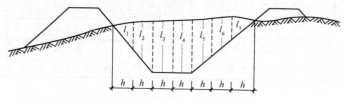

图 12-12 面积计算——梯形法

三、计算土方

渠道挖、填土方计算使用"渠道土方计算表"逐项填写和计算,见表 12-3。计算时,先从纵断面图上查取各中心桩的填挖数量及各桩横断面图上量算的填、挖面积填入表中,然后根据土方计算公式,即可求得两中心桩之间的土方数量。

表 12-3   渠道土方计算表

桩号	地面高程 /m	设计渠底高程 /m	中心桩填挖 /m		断面面积 /m		平均断面面积/m²		距离 /m²	体积 /m³	
			填高	挖深	填	挖	填	挖		填	挖
1	2	3	4	5	6	7	8	9	10	11	12
0+000	45.21	44.80		0.41	0.40	2.80	1.55	3.40	25.0	38.8	85.0
0+025	46.00	44.76		1.24	2.70	4.00	1.35	4.40	36.5	49.3	160.6
0+061.5	45.70	44.71		0.99		4.80	0.45	3.10	38.5	17.3	119.4
0+0100	44.90	44.65		0.25	0.90	1.40	1.40	1.30	14.3	20.0	18.6
0+114.3		44.63	0		1.90	1.20	2.45	0.60	26.9	65.9	16.1
0+114.2	44.12	44.59	0.47		3.00		2.85		38.8	110.0	
0+180	44.41	44.53	0.12		2.70		2.30	0.15	10.9	25.1	1.6
0+190.9		44.51	0		1.90	0.30	1.80	0.90	9.1	16.4	8.2
0+200	44.60	44.50		0.10	1.70	1.50	2.65	1.50	60.1	159.3	90.2
0+260.1	44.95	44.41		0.54	3.60	1.50	2.50	0.90	29.9	74.8	26.9
0+290		44.36	0		1.40	0.30	2.05	0.15	10.0	17.0	1.5
0+300.5	44.17	44.35	0.18		2.00		1.90	0.35	53.9	102.4	18.9
0+353.9		44.27	0		1.80	0.70	1.60	0.80	27.0	43.2	21.6
0+380.3	44.32	44.23		0.09	1.40	0.90	1.30	0.65	4.6	6.0	3.0
0+385.5		44.22	0		1.20	0.40	1.60	0.40	14.5	23.2	5.8
0+400	43.20	44.20	0.28		2.00	0.40	合 计		400.0	769.3	577.4

第五节　渠道边坡放线

渠道边坡放线的任务是在每个里程桩和加桩点处,沿横断面方向将渠道设计断面的边坡与地面的交点用木桩标定出来,并标出开挖线、填筑线,以便施工。边坡放线工作内容包括标定中心桩的挖深或填高和边坡的放线。

一、标定中心桩位置

放线施工前应先检查中心桩有无丢失，位置有无变动。如发现有疑问的中心桩，应根据附近的中心桩进行检测，以校核其位置的正确性。如有丢失应进行恢复，然后根据纵断面图上所计算的各中心桩的挖深或填高数，分别用红油漆写在各中心桩上。

二、边坡桩放线

渠道的横断面形式一般有三种：图 12-13（a）为挖方断面（当挖深达 5m 时应加修平台）；图 12-13（b）为填方断面；图 12-13（c）为挖、填方断面。在挖方断面上需标出开挖线，填方断面上需标出填方的坡脚线，挖、填方断面上既有开挖线也有填土线，这些挖、填线在每个断面处是用边坡桩标定的。所谓边坡桩，就是设计横断面线与原地面线交点的桩（如图 12-14 中的 d,e,f 点），在实地用木桩标定这些交点桩的工作称为边坡桩放线。标定边坡桩的放线数据是边坡桩与中心桩的水平距离，通常直接从横断面图上量取。为便于放线和施工检查，现场放线前先在室内根据纵横断面图将有关数据制成表格，见表 12-4。

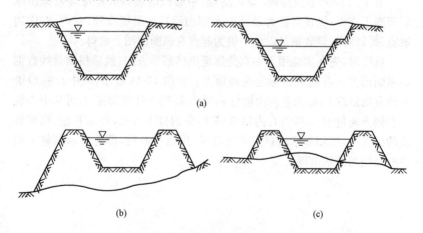

(a)

(b)　　　　　　　　　　　　(c)

图 12-13　渠道横断面图

(a)挖方断面；(b)填方断面；(c)挖、填方断面

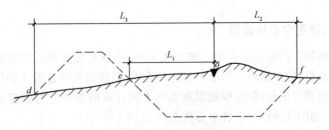

图 12-14　边坡桩放线示意图

表 12-4　　　　　　　　　　　　渠道断面放线数据表

计算者×××　　　m

桩号	地面高程	设计高程		中心桩		中心桩置边坡桩的距离			
		渠底	渠堤	填高	挖深	左外坡脚	左内边坡	右内边坡	右外坡脚
0+000	77.31	74.81	77.31		2.50	7.38	2.78	4.40	
0+100	76.68	74.76	77.26		1.92	6.84	2.80	3.65	6.00
0+200	76.28	74.71	77.21		1.57	5.62	1.80	2.36	4.15
…	…	…			…	…	…	…	…

表 12-4 中的地面高程、渠底高程、中心桩的填高或挖深等数据由纵断面图上查得;堤顶高程为设计的水深加超高加渠底高程;左内、右内边坡宽、外坡脚宽等数据是以中心桩为起点在横断面图上量得。

放线时,先在实地用十字直角器定出横断面方向,然后根据放线数据沿横断面方向将边坡桩标定在地面上。如图 12-14 所示,从中心桩 O 沿左侧方向量取 L_1 得到左内边坡桩 e,量 L_3 得到左外坡脚桩 d,再从中心桩沿右侧方向量取 L_2 得到右内边坡桩 f,分别打下木桩,即为开挖、填筑界线的标志,连接相邻断面对应的边坡桩,用白灰画线,即能显示出整个渠道的开挖与填筑范围。

第十三章　线路测量

第一节　道路测量

一、道路测量概述

1. 道路测量基本过程

(1)勘测设计阶段。道路工程的勘测设计是分阶段进行的,一般先进行初步设计,再进行施工图设计。在此阶段测量可分为线路初测和线路定测,其目的是为各阶段设计提供详细的资料。初测的主要工作是对所选定的路线进行平面和高程控制测量,并测绘路线大比例尺带状地形图;定测的主要工作有线路中线测量、纵断面测量和横断面测量。

(2)施工阶段。道路工程施工阶段的测量工作是按设计文件要求的位置、形状及规格将道路中线及其构筑物测设于实地。施工阶段的主要测量工作有复测中线及放线等。

(3)运营管理阶段。道路工程运营管理阶段的测量工作是为线路及其构筑物的维修、养护、改建和扩建提供资料,包括变形观测和维修养护测量等。

2. 道路测量工作内容

(1)收集规划设计区域各种比例尺地形图、平面图和断面图资料,收集沿线水文、工程地质以及测量控制点等有关资料。

(2)根据设计人员在图上完成的初步设计方案,在实地标出线路的基本走向,沿着基本走向进行平面和高程控制测量。

(3)根据线路工程的需要,沿着基本走向测绘带状地形图或平面图,在指定的测绘工程点上测绘地形图。

(4)根据定线设计,把线路中心线上的各类点位测设到实地,称为中线测量。中线测量包括线路起止点、转折点、曲线主点和线路中心线里程桩、加桩等。

(5)测绘线路走向中心线上各地面点的高程,绘制线路走向的纵断面图。根据线路工程的需要测绘横断面图。

(6)根据线路工程的详细设计进行施工测量。工程竣工后,对照工程实体测绘竣工平面图和断面图。

3. 道路测量基本要求

道路测量所得到的各种测量成果和标志,均是道路工程设计、施工的重要依据。其测量精度和速度都将直接影响设计和施工的质量和进度,如出现差错,将会造成很大损失。因此,测量人员必须要认真负责,努力做好测量工作。为了保证精度和防止错误,测量工作必须采用统一的直角坐标和高程系统,按照"从整体到局部,先控制后碎部"的工作程序和原则,做到步步有校核的工作方法。

二、道路中线测量

道路中线测量的任务是通过设计测量(即勘测)为公路设计提供依据;通过施工测量(即恢复定线)把中线位置重新敷设到地面上,供施工之用。

(一)道路中线测量工作内容

道路中线测量是道路测量的主要内容之一,在测量前应做好组织与准备工作。首先应熟悉设计文件或领会工作内容,施工测量时要对设计文件进行复核,并针对不同的曲线类型及地形采用不同的测设方法;设计测量时应和选定线组取得联系,了解选线意图和线型设计原则,选定半径等做好测设前的准备工作。

中线测量的工作内容主要包括:

(1)准确标定路线,即钉设路线起终点桩、交点桩及转点桩,且用小钉标点。

(2)观测路线右角并计算转角,同时填写测角记录本,钉出曲线中点方向桩。

(3)隔一定转角数观测磁方位角,并与计算方位角校核。

(4)观测交点或转点间视距,且与链距校核。

(5)中线丈量,同时设置直线上各种加桩。

(6)设置平曲线以及各种加桩。

(7)填写直线、曲线、转角一览表。

(8)固定路线,并填写路线固定表。

(二)道路中线敷设的方法和要求

(1)路线中线敷设可采用极坐标法、GPS-RTK 法、链距法、偏角法、支距法等方法进行。

(2)采用极坐标法、GPS-RTK 法敷设中线时,应符合以下要求:

1)中桩钉好后宜测量并记录中桩的平面坐标,测量值与设计坐标的差值应小于中桩测量的桩位限差。

2)可不设置交点桩而一次放出整桩与加桩,亦可只放直线、曲线上的控制桩,其余桩可用链距法测定。

3)采用极坐标法时,测站转移前,应观测检查前、后相邻控制点间的角度和边长,角度观测左角一测回,测得的角度与计算角度互差应满足相应等级的测角精度要求。距离测量一测回,其值与计算距离之差应满足相应等级的距离测量要求。测站转移后,应对前一测站所放桩位重放 1～2 个桩点。采用支导线敷设少量中桩时,支导线的边数不得超过 3 条,其等级应与路线控制测量等级相同,观测要求应符合规定,并应与控制点闭合,其坐标闭合差应小于 7cm。

4)采用 GPS-RTK 法时,求取转换参数采用的控制点应涵盖整个放线段,采用的控制点应大于 4 个,并应利用另外一个控制点进行检查,检查点的观测坐标与理论值之差应小于桩位检测之差的 0.7 倍。放桩点不宜外推。

(三)交点与转点的测设

1. 交点的测设

线路的转折点称为交点,它是布设线路、详细测设直线和曲线的控制点。交点的测设方法通常有穿线定点法、拨角放线法、交会法等几种。

快学快用　1　采用穿线定点法进行交点的测设

穿线定点法适用于纸上定线时进行的实地放线,地形不太复杂,且纸上路线离开导线不远的地段;实地定线;施工测量时的恢复定线。具体施测步骤见表 13-1。

表 13-1　　　　　　　　　　穿线定点法施测步骤

序　号	项　目	内　容
1	量距 (或量角)	在地形图上量出导线与路线的关系。如图 13-1 所示，在导线上选择 A'、B'、C' 等点或导线点，再量取距离 l_1、l_2、l_3 等或角度 β，同时把距离按照地形图的比例换算成实际距离。量距时应量取垂直于导线的距离，便于确定方向如 1、2、4、5、8 点，或量取斜距与角度如 6 点；也可选择导线与路线相交的点如 3、7 点。为了提高放线的精度，一般一条直线上最少应选择三个临时点，这些点选择时应注意选在与导线较近、通视良好、便于测设量距的地方。最后绘制放点示意图，标明点位和数据作为放点的依据
2	放点	放点时首先应在现场找到导线点或导线上 A'、B'、C' 等点(A'、B'、C' 等点在地形图上量取与导线点的距离，再在实地上量取得出)。如量取垂距，在导线各点上用方向架定出垂线方向，在此方向上量取 l_i 得路线上临时点位；如量取斜距，先在导线各点上用经纬仪测出斜距方向，在此方向上量取距离 l_i 得临时点；如为导线与路线交点，则从导线点向另一导线点方向量取 l_i，可得临时点位置
3	穿线	由于在地形图上量距时产生的误差，或实地放支距时测量仪器的误差，或其他操作存在的误差，在地形图上同一直线上的各点，放于地面后，其位置可能不在同一直线上，此时需要经过大多数点穿出一系列直线。穿线方法可用花杆或经纬仪进行，穿出线位后在适当地点标定转点(小钉标点)，使中线的位置准确标定在地面上
4	交点	当相邻两直线在地面上标定后，分别延长两直线交会定出交点。如图 13-2 所示，已知 ZD_k、ZD_{k+1}、ZD_{k+2}、ZD_{k+3} 的位置，并求出两相邻直线的交点 JB_i

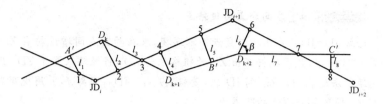

图 13-1　量距的方法

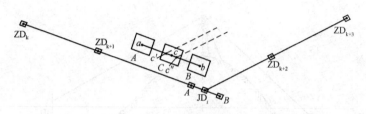

图 13-2　支点的确定

快学快用 2　采用拨角放线法进行交点的测设

拨角放线法适用于纸上定线的实地放线时，导线与设计线距离太远或不太通视；施工测量时的恢复定线。通常先由导线计算出路线起点的方向、位置，再通过坐标计算出设计路线的交点、主要桩点、偏角和交点间距离。依照这些资料沿路线直接拨角并量距定出交点及主要桩点。为了消除拨角量距积累误差，每隔一定距离与导线联系闭合一次。

快学快用 3　采用交会法进行交点的测设

交会法适用于放线时地形复杂，导线控制点便于利用，施工测量时从栓桩点恢复交点。先计算或测出两导线点或栓桩点与交点的连线之间的夹角，再用两台经纬仪拨角交会定出交点位置。

2. 转点的测设

当两相邻点互不通视或直线较长时，需在其连线上测设一些供放线、交点、测角、量距时照准时用的点，这些点称为转点。它的主要作用为传递方向，其测设方法有在两交点间设转点和在两交点延长线上设转点两种。

快学快用 4　在两交点间设转点

已知 JD_i、JD_{i+1} 为两相邻交点互不通视，求在两交点间增设转点 ZD。如图 13-3 所示，先用花杆穿出 ZD 的粗略位置 ZD'，将经纬仪置于 ZD'，用直线延伸法延长 JD_i、ZD' 到 JD'_{i+1}，量取 $JD'_{i+1} \sim JD_{i+1}$ 距离 f，并用视距观测 l_1、l_2，那么 ZD～ZD' 的距离为：

$$d = \frac{l_1}{l_1 + l_2} \cdot f$$

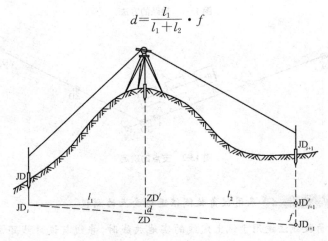

图 13-3　两交点间设转点

移动 ZD'，距离为 d，置经纬仪重新测量 f，直到 $f=0$ 或在容许误差之内，置仪点即为 ZD 位置，并用小钉标定。最后检测 ZD 右角是否为 $180°$ 或在容许误差之内。

快学快用 5　在两交点延长线上设转点

已知 JD_i、JD_{i+1} 为两相邻交点互不通视，求在两交点间的延长线上增设转点 ZD。如图 13-4 所示，先在两交点的延长线上用花杆穿出转点的粗略位置 ZD'，将经纬仪安置于 ZD'，分别用盘左、盘右后视 JD_i，在 JD_{i+1} 处标出两点分中得 JD'_{i+1}，量取 $JD_{i+1} \sim JD'_{i+1}$ 距离 f，并用视距观测 l_1、l_2，那么 ZD 与 ZD' 的距离为：

$$d = \frac{l_1}{l_1 - l_2} \cdot f$$

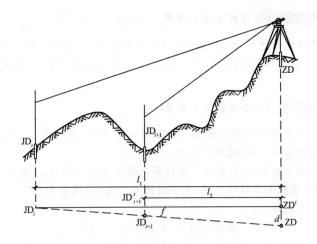

图 13-4　两交点延长线上设转点

横向移动 ZD′距离为 d,并安置仪器重新观测且量取 f,直到 $f=0$ 或在允许误差之内,置仪点即为 ZD 位置,并用小钉标定。最后检测 ZD 与两交点的夹角是否为 $0°$或在容许误差之内。

(四)转角的测定

线路的交点和转点定出后,就可测出线路的转向角。转角是指路线由一个方向偏转为另一个方向时,偏转后的方向与原方向的夹角,通常以 α 表示,如图 13-5 所示。转角有左转、右转之分,按路线前进方向,偏转后的方向在原方向的左侧称左转角,通常以 $\alpha_左$(或 α_Z)表示;反之为右转角,通常以 α 右(或 α_Y)表示。

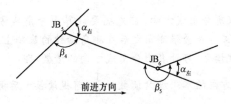

图 13-5　路线的右转角和左转角

快学快用 6　路线右角的测定

按路线的前进方向,以路线中心线为界,在路线右侧的水平角称为右角,通常以 β 表示,如图 13-5 所示的 β_4、β_8。在中线测量中,一般是采用测回法测定。

快学快用 7　路线转角的计算

转角是在路线转向处设置平曲线的必要条件,通常是通过观测路线前进方向的右角 β 后,经计算得到。

当右角 β 测定以后,根据 β 值计算路线交点处的转角 α,当 $\beta<180°$ 时为右转角(路线向右转);当 $\beta>180°$ 时为左转角(路线向左转)。左转角和右转角按下式计算:

$$若\ \beta>180°\quad 则:\alpha_左=\beta-180°$$
$$若\ \beta<180°\quad 则:\alpha_右=180°-\beta$$

快学快用 8　分角线方向的标定

为便于中桩组敷设平曲线中点桩,测角组在测角的同时,应将曲线中点方向桩钉设出来,如图 13-6 所示。分角线方向桩离交点距离应尽量大于曲线外距,以利于定向插点,一般转角越大,外距也越大。

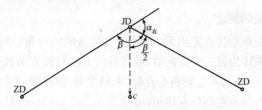

图 13-6　标定分角线方向

使用经纬仪定分角线方向,首先就要计算出分角线方向的水平度盘读数,通常这项工作是紧跟测角之后在测角读数的基础上进行的,根据测得右角的前后视读数,可计算出分角线方向的读数,即:

右转角:分角线方向的水平度盘读数 $=\dfrac{1}{2}$(前视读数+后视读数)

左转角:分角线方向的水平度盘读数 $=\dfrac{1}{2}$(前视读数+后视读数)+180°

快学快用 9　路线视距测量的方法

视距测量的方法有利用测距仪或全站仪测与利用经纬仪标尺测两种方法。

（1）利用测距仪或全站仪测。此方法是分别于交点和相邻交点（或转点）上安置棱镜和仪器，采用仪器的距离测量功能，从读数屏可直接读出两点间平距。

（2）利用经纬仪标尺测。此方法是分别于交点和相邻交点（或转点）上安置经纬仪和标尺（水准尺或塔尺），采用视距测量的方法计算两点间平距。这里应指出的是用测距仪或全站仪测得的平距可用来计算交点桩号，而用经纬仪所测得的平距，只能用作参考来校核中线测设中有无丢链现象。

当交点间距离较远时，为了达到测量精度，可在中间加点采取分段测距方法。

快学快用 10　路线磁方位角观测与推算

观测磁方位角的目的是为了校核测角组测角的精度和展绘平面导线图时检查展线的精度。路线测量规定，每天作业开始与结束必须观测磁方位角，至少一次，以便于根据观测值推算方位角进行校核，其误差不得超过 2°，若超过规定，必须查明发生误差的原因，并及时纠正。若符合要求，则可继续观测。

快学快用 11　路线控制桩位固定

为便于以后施工时恢复路线及放线，对于中线控制桩，如路线起点桩、终点桩、交点桩、转点桩、大中桥位桩以及隧道起终点桩等重要桩志，均须妥善固定和保护，防止丢失和破坏。

桩志固定方法因地制宜地采取埋土堆、垒石堆、设护桩等形式加以固定。在荒坡上亦可采取挖平台方法固定桩志。埋土堆、垒石堆顶面为 40cm×40cm 方形或直径为 40cm 圆形，高 50cm。堆顶应钉设标志桩。

为控制桩位，还应设护桩（亦称"检桩"）。护桩方法有距离交会法、方向交会法、导线延长法等，具体采用何种方法应根据实际情况灵活掌握。道路工程测量通常多采用距离交会法定位。护桩一般设 3 个，护桩间夹角不宜小于 60°，以减小交会误差，如图 13-7 所示。

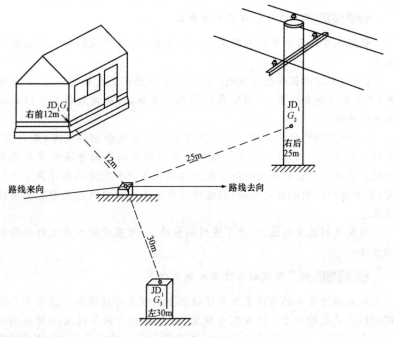

图 13-7　距离交会法护桩

三、道路施工测量

道路施工阶段的测量工作主要有恢复中线测量、测设施工控制桩、路基边桩的放线、竖曲线的测设等。

(一)恢复中线测量

1. 复测控制点

复测控制点包括复测平面及高程控制点。线路中线各主点位置由平面控制点放线确定。从勘测结束到施工前存在一定的时间间隔,因此必须复测控制点。只有在复测数据与设计提供的数据相符时,才能作为进一步施工放线的依据。对于部分丢失的控制点,要进行补测。如控制点丢失严重,需重建立新的施工控制网。

2. 中线恢复

从线路勘测结束到开始施工这段时间里,往往有一部分桩点受到碰动或丢失。为了保证线路中线位置的准确可靠,在线路施工测量中,首要任务就是恢复线路中线,即把丢失损坏的中桩重新恢复起来。

(二)测设施工控制桩

由于中线桩在路基施工中都要被挖掉或堆埋,为了在施工中能控制中线位置,应在不受施工干扰、便于引用、易于保存桩位的地方,测设施工控制桩。施工控制桩的测设方法主要有平行线法和延长线法两种。

快学快用 12 平行线法测设施工控制桩

在设计的路基宽度以外,测设两排平行于中线的施工控制桩,如图13-8所示。控制桩的间距一般取 $10\sim20$m。

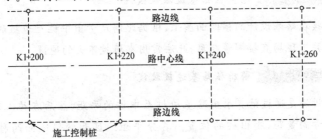

图13-8 平行线法测设施工控制桩

快学快用 13 延长线法测设施工控制桩

延长线法主要用于控制 JD 桩的位置。如图13-9所示,此法是在道路转折处的中线延长线上以及曲线中点 QZ 至交点 JD 的延长线上分别设置施工控制桩。

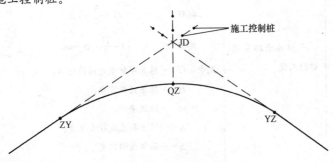

图13-9 延长线法

延长线法通常用于地势起伏较大、直线段较短的山区道路。为便于交点损坏后的恢复，应量出各控制桩至交点的距离。

(三)路基边桩放线

在路基施工前，应把地面上每一个横断面的路基边坡线与原地面相交的坡脚点(或坡顶点)用木桩标定出来，以便施工。路基边桩的位置与路基的填土高度、挖土深度、边坡坡度及边坡处的地形情况有关。路基边桩放线常用的方法有图解法和解析法两种。

快学快用 14　图解法路基边桩放线

直接在路基设计的横断面图上，根据比例尺量出中桩至边桩的距离。然后在施工现场直接测量距离，此法常用在填挖不大的地区。

快学快用 15　解析法路基边桩放线

解析法是通过计算求出路基边桩至中桩的平距，然后在施工现场沿横断面方向量距，测出桩的位置。其分平坦地区和倾斜地面两种，见表13-2。

表 13-2　　　　　　　　　采用解析法测设路基边桩

序号	项　目	内　　容
1	平坦地面路基边桩的测设	如图 13-10(a)所示为填方路基，即路堤；挖方路基称为路堑，如图 13-10(b)所示为挖方路基，则 路堤　　　　$D=\dfrac{B}{2}+mh$ 路堑　　　$D=\dfrac{B}{2}+S+mh$ 式中　D——路基中桩至边桩的距离； 　　　B——路基设计宽度； 　　　m——边坡率； 　　　h——填土高度或挖土深度； 　　　S——路堑边沟顶宽

（续）

序　号	项　　目	内　　　　容
2	倾斜地面路基边桩的测设	如图 13-11 所示,路堤边桩至中桩的距离为: 斜坡上侧　　$D_上 = \dfrac{B}{2} + m(h_中 - h_上)$ 斜坡下侧　　$D_下 = \dfrac{B}{2} + m(h_中 + h_下)$ 如图 13-12 所示,路堑边桩至中桩的距离为 斜坡上侧　　$D_上 = \dfrac{B}{2} + S + m(h_中 + h_上)$ 斜坡下侧　　$D_下 = \dfrac{B}{2} + S + m(h_中 - h_下)$ 式中　$h_中$——中桩处的填挖高度,亦为已知; 　　　$h_上$、$h_下$——斜坡上、下侧边桩与中桩的高差,在边桩未定出之前则为未知数。 因此,在实际工作中采用逐渐趋近法测设边桩,其测设步骤如下: (1)根据地面实际情况,参考路基横断面图,估计边桩至中桩的距离。 (2)测出估计位置与中桩地面间的高差,并以此作为 $h_上$、$h_下$,利用上述计算式,算出 $D_上$、$D_下$,并据此在实地定出其位置。 (3)如 D 和 $D_估$ 不相符,则重新估计边桩位置。当 $D > D_估$ 时,则将原估计位置向路基外侧移动,反之,则向路基内侧移动。 (4)重复以上工作,逐渐趋近,直到计算值与估计值相符或非常接近为止,从而定出边桩位置

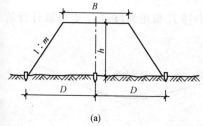

(a)

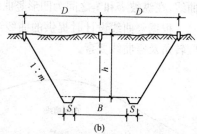

(b)

图 13-10　平坦地面路基边桩测设

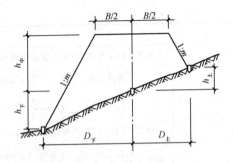

图 13-11 路堤边桩的测设

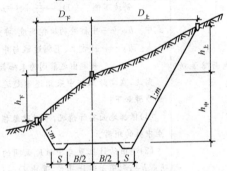

图 13-12 路堑边桩的测设

(四)竖曲线测设

在路线纵断面上两条不同坡度线相交的交点为边坡点。考虑行车的视距要求和行车的平稳,在道路纵坡的变换处竖向设置曲线,这种连接相邻坡度的曲线称为竖曲线。如图 13-13 所示,在纵坡 i_1 和 i_2 之间为凸形竖曲线,在纵坡 i_2 和 i_3 之间为凹形竖曲线。

根据竖曲线设计时提供的曲线半径 R 和相邻坡度 i_1、i_2 可以计算坡度转角及竖曲线要素。

图 13-13 竖曲线

快学快用 16 道路纵坡变换处竖曲线要素计算

竖曲线测设时,如图13-14所示,其测设元素有切线长 T、曲线长 L 和外矢距 E,计算公式如下:

$$T=R\tan\frac{\alpha}{2}$$

$$L=R\frac{\alpha}{P}$$

$$E=R(\sec\frac{\alpha}{2}-1)$$

当竖曲线的坡度转向角 α 很小时, $\alpha\approx(i_1-i_2)P$,故竖曲线各元素可用下列公式近似求得:

$$T=\frac{R}{2}(i_1-i_2)$$

$$L=R(i_1-i_2)$$

$$E=\frac{T^2}{2R}$$

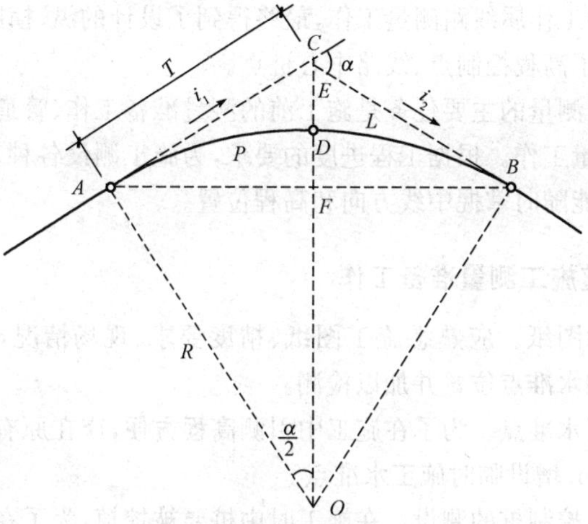

图13-14　竖曲线要素的计算

快学快用 17 竖曲线坡度转角计算

$$\alpha=\alpha_1-\alpha_2$$

由于 α_1 和 α_2 很小,所以

$$\alpha_1 \approx \tan\alpha_1 = i_1$$
$$\alpha_2 \approx \tan\alpha_2 = i_2$$

得

$$\alpha = i_1 - i_2$$

其中，i 在上坡时取正，下坡时取负；α 为正时为凸曲线，α 为负时为凹曲线。

第二节　管道测量

一、管道测量的任务

灌溉输水管道、防洪排水管道以及城市生活、生产用的供排水管道，多埋设于地下，管道测量工作要严格按照相关测量规范实施。管道测量的任务如下：

(1)前期工作属线路测量工作，最终得到了设计的纵、横断面图；在地面上已测设了高程控制点、线路中心桩点。

(2)施工测量的主要任务是施工前的测量准备工作、管道施工放线工作和竣工测量工作。根据工程进度的要求，为施工测设各种基准标志，以便在施工中能随时掌握中线方向和高程位置。

二、管道施工测量准备工作

(1)熟悉图纸。应熟悉施工图纸、精度要求、现场情况，找出各主点桩、里程桩和水准点位置并加以检测。

(2)加密水准点。为了在施工中引测高程方便，应在原有水准点之间每 100～150m 增设临时施工水准点。

(3)施工控制桩的测设。在施工时中桩要被挖掉，为了在施工时控制中线位置，应在不受施工干扰、引测方便、易于保存桩位的地方测设施工控制桩。施工控制桩分中线控制桩和位置控制桩。

(4)槽口放线。槽口放线的任务是根据设计要求埋深和土质情况、管径大小等计算出开槽宽度，并在地面上定出槽边线位置。

三、管道施工放线

管道施工放线工作主要包括设置坡度板及测设中线钉和测设坡度钉等内容。

快学快用 18　**设置坡度板及测设中线钉**

为便于控制管道中线设计位置和管底设计高程需设置坡度板。如图13-15所示,坡度板应跨槽设置,并编上板号,间隔约为 10～20m。根据中线控制桩,用经纬仪把管道中心线投测到坡度板上,用小钉作标记,以控制管道中心的平面位置。

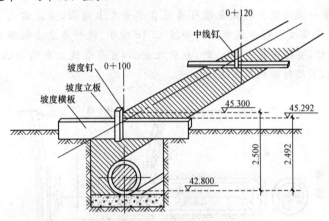

图13-15　坡度板的设置

快学快用 19　**测设坡度钉**

为准确地控制沟槽的开挖深度和管道的设计高程,需要在坡度板上测设设计坡度。为此,在坡度横板上设一坡度立板,一侧对齐中线,在竖面上测设一条高程线,其高程与管底设计高程相差一整分米数,在该高程线上横向钉一小钉,称为坡度钉,以控制沟底挖土深度和管子的埋设深度。

四、顶管施工测量

当地下管道需要穿越其他建筑物时,需采用顶管法施工。顶管施工测量工作主要包括中线测设和高程测量两项内容。

快学快用 20 顶管施工中线测设

通过顶管的两个中线桩位一条细线，并在细线上挂两个垂球，然后贴靠两垂球线再拉紧一水平细线，这根水平细线即标明了顶管的中线方向。为了保证中线测量的精度，两垂球间的距离尽可能远些。这时在管内前端横放一水平尺，其上有刻划和中心钉，尺长等于或略小于管径。顶管时用水准器将尺找平。通过拉入管内的小线与水平尺上的中心钉比较，可知管中心是否有偏差，尺上中心钉偏向哪一侧，就说明管道也偏向哪个方向。为了及时发现顶进时中线是否有偏差，中线测量以每顶进 0.5～1.0m 量一次为宜。其偏差值可直接在水平尺上读出，若左右偏差超过 1.5cm，则需要进行中线校正。如图 13-16 所示，这种方法在短距离顶管是可行的，当距离超过 50m 时，应分段施工，可在管线上每隔 100m 设一工作坑，采用对顶施工方法。

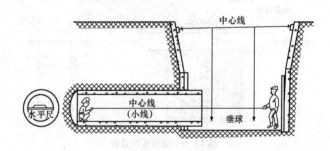

图 13-16 中线测设

快学快用 21 顶管施工高程测量

将水准仪安置在工作坑内，后视临时水准点，前视顶管内待测点，在管内使用一根小于管径的标尺，即可测得待测点的高程。将测得的管底高程与管底设计高程进行比较，即可知道校正顶管坡度的数值了。但为了工作方便，一般以工作坑内水准点为依据，按设计纵坡用比高法检验，如图 13-17 所示。

表 13-3 为顶管施工测量记录格式，反映了顶进过程中的中线与高程

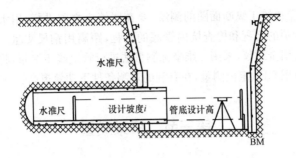

图 13-17　高程测量

情况,是分析施工质量的重要依据。根据规范规定施工时应达到以下几点要求。

（1）高程偏差:高不得超过设计高程 10mm,低不得超过设计高程 20mm。

（2）中线偏差:左右不得超过设计中线 30mm。

（3）管子错口:一般不得超过 10mm,对顶时不得超过 30mm。

表 13-3　　　　　　　　　　顶管施工测量记录

井号	里程	中心偏差 /m	水准点尺上读数/m	该点尺上应读数/m	该点尺上实读数/m	高程误差 /m	备　注
8 号	0+180.0	0.000	0.742	0.736	0.735	−0.001	水准点高程为: 12.558m $i=+5‰$ 0+管底高程为: 12.564m
	0+180.5	左 0.004	0.864	0.856	0.853	−0.003	
	0+181.0	右 0.005	0.769	0.758	0.760	+0.002	
	……	……	……	……	……	……	
	0+200.0	右 0.006	0.814	0.869	0.683	−0.006	

五、管道竣工测量

为了反映施工成果应及时进行竣工测量,管道工程竣工后,应整理并编绘全面的竣工资料和竣工图。管道竣工测量包括以下两个方面:

（1）管道竣工平面图主要测绘管道的起点、转折点、终点、检查附属构筑物的平面位置和高程,测绘管道与附近重要地物（永久性房屋、道路、高压电线杆等）的位置关系。

(2)管道竣工纵断面图的测绘,要在回填土之前进行,用水准测量方法测定管顶的高程和检查坑内管底的高程,距离用钢尺丈量。有条件的单位可使用全站仪,采用三维坐标测量法进行管道竣工测量,将更为快捷方便。应用 GPS 定位测量,在有利的观测条件下功效更高。

第三节　桥梁测量

桥梁施工测量的内容主要包括桥位平面控制测量、高程控制测量、墩台定位和墩台基础及其顶部放线等。

一、桥梁平面控制测量

当路线平面控制测量的精度、控制点分布、控制点的桩志规格不能满足桥梁设计需要时,应在定测阶段布设桥梁平面控制测量网。桥梁平面控制网建立的目的是为了满足设计精度要求,定出桥轴线的长度及具体墩位的定位放线。

桥梁平面控制网的建立应符合以下要求:

(1)桥梁的每一端附近应设置两个及以上的平面控制点,并应便于放线和联测使用,控制点间应相互通视。

(2)桥梁平面控制测量精度和等级,应满足桥轴线相对中误差(表 13-4)的要求。对特殊结构的桥梁,应根据其施工允许误差,确定控制测量的精度和等级。

表 13-4　　　　　　　　桥轴线相对中误差

测量等级	桥轴线相对中误差	测量等级	桥轴线相对中误差
二等	≤1/150000	一级	≤1/40000
三等	≤1/100000	二级	≤1/20000
四等	≤1/60000		

(3)桥梁平面测量控制网采用的坐标系宜与路线控制测量相同,但当路线测量坐标系的长度投影变形对桥梁控制测量的精度产生影响时,应采用独立坐标系,其投影面宜采用桥墩、台顶平均设计高程面。桥梁平面

测量控制网应采用自由网的形式,选定基本平行于桥轴线的一条长边作为基线边与路线控制点联测,作为控制网的起算数据。联测的方法和精度与桥梁控制网的要求相同。

(4)桥位平面控制测量,可采用多边形、双大地四边形、导线网形式。采用的观测方法、仪器设备、技术指标应满足确定的精度和等级要求。

(5)在桥轴线方向上,可根据需要每岸设置两个以上桥位控制桩,桥位桩放线精度应达到二级导线精度要求。桥位桩应设于土质坚实、稳定可靠、不被淹没和冲刷、地势较高、通视良好处。一般采用混凝土桩,山区有岩石露头处,可利用坚固的岩石设置,荒漠戈壁、森林、人烟稀少地区也可设置木质方桩。桥位控制桩宜纳入桥梁控制网进行平差计算。

(6)特大桥的桥梁专用控制点宜采用具有强制对中装置的观测墩,观测墩中应埋置钢管至弱风化层,观测墩的高度视通视条件而定,应保证相邻点间互相通视。

(7)初测阶段布设的路线平面测量控制网可以满足桥梁设计需要时,应进行下列工作:

1)检查和校核初测阶段的勘测资料和成果,各项精度和要求应符合规定。

2)现场逐一检查平面控制点的完好程度。

3)当检查确认所有标志完好时,方可进行检测。检测成果在限差以内时,采用初测成果;超限时应复测并重新计算。

4)只恢复补设个别标志时,采用插网的形式;当恢复或补设的标志较多时,应重新布网并施测。

二、桥梁高程控制测量

桥梁施工需在两岸布设若干个水准点,桥长在 200m 以上时,每岸至少设两个;桥长在 200m 以下时每岸至少一个;小桥可只设一个。水准点应设在地基稳固、使用方便、不受水淹且不易破坏处,根据地形条件、使用期限和精度要求,可分别埋设混凝土标石、钢管标石、管柱标石或钻孔标石。并尽可能接近施工场地,以便只安置一次仪器就可将高程传递到所需要的部位上去。布设水准点可由国家水准点引入,经复测后使用。其容许误差不得超过 $\pm 20\sqrt{K}$(mm);对跨径大于 40m 的 T 形刚构、连续梁和斜张桥等不得超过$\pm 10\sqrt{K}(\text{mm})$。式中 K 为两水准点间距离，以 km 计。其施测精度一般采用四等水准测量精度。

三、桥墩、台定位

(一)直线桥梁的墩、台定位

桥墩、台定位一般以桥轴线两岸的控制点为依据。墩、台定位测设方法通常有直接丈量法、光电测距法和交会法。

快学快用 22 采用直接丈量法进行墩、台定位

当桥梁墩、台位于无水河滩上，或水面较窄，用钢尺可以跨越丈量时，丈量所使用的钢尺必须经过检定，丈量的方法与测定桥轴线的方法相同，但由于是测设设计的长度(水平距离)，所以应根据现场的地形情况将其换算为应测设的斜距，还要进行尺长改正和温度改正。

为保证测设精度，丈量时施加的拉力应与检定钢尺时的拉力相同，同时丈量的方向不应偏离桥轴线的方向。在设出的点位上要用大木桩进行标定，在桩顶钉一小钉，以准确标出点位。测设墩、台的顺序最好从一端到另一端，并在终端与桥轴线的控制桩进行校核，也可从中间向两端测设。按照这种顺序，容易保证每一跨都满足精度要求。

距离测设不同于距离丈量。距离丈量是先用钢尺量出两固定点之间的尺面长度，然后加上钢尺的尺长、温度及倾斜等项改正，最后求得两点间的水平距离。而距离测设则是根据给定的水平距离，结合现场情况，先进行各项改正，算出测设时的尺面长度，然后按这一长度从起点开始，沿已知方向定出终点位置。

快学快用 23 采用光电测距法进行墩、台定位

光电测距一般采用全站仪，用全站仪进行直线桥梁墩、台定位，简便、快速、精确，只要墩、台中心处可以安置反射棱镜，并且仪器与棱镜能够通视，即使其间有水流障碍亦可采用。

测设时最好将仪器置于桥轴线的一个控制桩上，瞄准另一控制桩，此时望远镜所指方向为桥轴线方向。在此方向上移动棱镜，通过测距仪定出各墩、台中心。这样测设可以有效地控制横向误差。如在桥轴线控制桩上测设遇有障碍，也可将仪器置于任何一个控制点上，利用墩、台中心

的坐标进行测设。为确保测设点位的准确,测后应将仪器迁至另一控制点上再测设一次进行校核。

快学快用 24　采用光电测距法进行墩、台定位

交会法常用于桥墩所处的位置河水较深,无法直接丈量,也不便架设反射棱镜,则可采用角度交会法测设桥墩中心。如图 13-18 所示,控制点 A、C、D 的坐标为已知,桥墩中心 P_i 为设计坐标也已知,所以可计算出用于测设的角度 α_i、β_i,即

$$\alpha_i = \arctan \frac{x_A - x_C}{y_A - y_C} - \arctan \frac{x_{P_i} - x_C}{y_{P_i} - y_C}$$

$$\beta_i = \arctan \frac{x_{P_i} - x_D}{y_{P_i} - y_D} - \arctan \frac{x_A - x_D}{y_A - y_D}$$

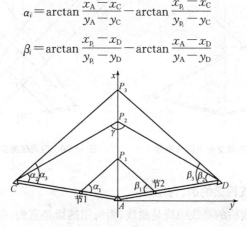

图 13-18　用角度交会测设桥墩中心

将经纬仪分别置于 C 点和 D 点上,在设出 α_i、β_i 后,两个方向的交点即为桥墩中心位置。

为了保证墩位的精度,交会角应接近于 90°,但由于各个桥墩位置有远有近,因此交会时不能将仪器始终固定在两个控制点上,而有必要对控制点进行选择。如图 13-18 中桥墩 P_1 宜在节点 1、节点 2 上进行交会。为了获得较好的交会角,不一定要在同岸交会,应充分利用两岸的控制点,选择最为有利的观测条件。必要时也可在控制网上增设插点,以达到测设要求。

两个方向即可交会出桥墩中心的位置,但为了防止发生错误和检查交会的精度,实际测量中都是用三个方向交会。并且为了保证桥墩中心位于桥轴线方向上,其中一个方向应是桥轴线方向。

由于测量误差的存在,三个方向交会会形成示误三角形,如图 13-19 所示。如果示误三角形在桥轴线方向上的边长 c_2c_3 小于或等于限差,则取 c_1 在桥轴线上的投影位置 C 作为桥墩中心的位置。

在桥墩的施工过程中,随着工程的进展,需要反复多次的交会桥墩中心的位置。为方便起见,可把交会的方向延长到对岸,并用觇牌进行固定,如图 13-20 所示。在以后的交会中,就不必重新测设角度,可用仪器直接瞄准对岸的觇牌。应在相应的觇牌上表示出桥墩的编号。

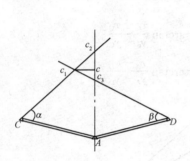

图 13-19　方向交会示误三角形

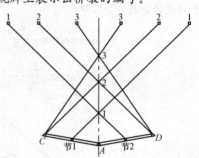

图 13-20　应用觇牌交会桥墩中心

(二)曲线桥梁的墩、台定位

由于曲线桥的路线中线是曲线,而所用的梁是直的,所以路线中线与梁的中线不能完全吻合,如图 13-21 所示。梁在曲线上的布置,是使各跨梁的中线联结起来,成为与路线中线基本相符的折线,这条折线称为桥梁的工作线。墩、台中心一般就位于这条折线转折角的顶点上。测设曲线墩、台中心,就是测设这些顶点的位置。

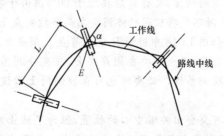

图 13-21　桥梁工作线

曲线桥梁的墩、台定位方法通常有偏角法、坐标法、导线法和交会法。

快学快用 25　采用偏角法进行曲线桥墩、台定位

(1)如图 13-22 所示,在测设墩、台中心之前,先从桥轴线的控制桩 A(或 B)测设出 ZH(或 HZ)点。

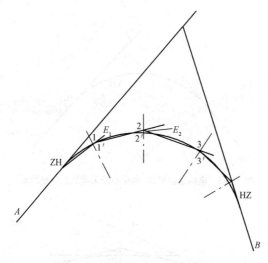

图 13-22　用偏角法测设墩、台中心

(2)按路线中线测量中用偏角法测设圆曲线带有缓和曲线的方法,测设出各墩、台纵轴线与路线中线的交点 $1'$、$2'$、$3'$、…。

(3)分别在点 $1'$、$2'$、$3'$、…上测设路线横断面方向,即墩、台纵轴线方向。由点 $1'$、$2'$、$3'$、…沿其纵轴线方向向曲线外侧测设出相应的 E 值,即可定出墩、台中心 1、2、3、…的位置。

快学快用 26　采用坐标法进行曲线桥墩、台定位

(1)如图 13-23 所示,建立直角坐标系统:以 ZH 点作为坐标原点,切线方向为 x 轴,由 z 轴顺时针转 $90°$为 y 轴正向。

(2)计算各墩、台工作线交点坐标。

1)当墩、台位于第一缓和曲线上。如图 13-24 所示,P 为第一缓和曲线上一墩、台中心,P'为该墩、台纵轴线与路线中线的交点。P'点的切线

与 x 轴的交角 β 称为切线角,按下式计算:

$$\beta = \frac{l^2}{2Rl_S}\frac{180°}{\pi}$$

式中 l 为 P' 点至 ZH 点的曲线长度。

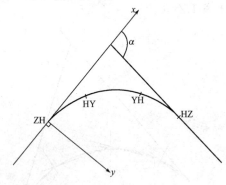

图 13-23　坐标法测设墩、台中心所采用的直角坐标系

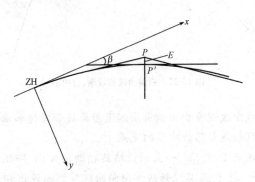

图 13-24　第一缓和曲线上墩、台中心坐标计算用图

墩、台中心 P 的坐标按下式计算:

$$\begin{cases} x = l - \dfrac{l^5}{40R^2 l_S^2} + E\sin\beta \\ y = \dfrac{l^3}{6Rl_S} - \dfrac{l^7}{336R^3 l_S^3} - E\cos\beta \end{cases}$$

式中　l ——P' 点至 ZH 点的曲线长;

　　　E ——墩、台中心 P 的偏距。

2)当墩、台位于圆曲线上。如图 13-25 所示,P 点为圆曲线上一墩、台中心,p 和 q 为曲线的内移值和切线增值,可按下式计算:

$$p=\frac{l_\text{S}^2}{24R}$$

$$q=\frac{l_\text{S}}{2}-\frac{l_\text{S}^3}{240R^2}$$

β_0 为缓和曲线角,按下式计算:

$$\beta_0=\frac{180° l_\text{S}}{2\pi R}$$

墩、台中心 P 的坐标,按下式计算:

$$\begin{cases} x=(R+E)\sin(\beta_0+\varphi)+q \\ y=(R+p)-(R+E)\cos(\beta_0+\varphi) \end{cases}$$

式中　φ——$\varphi=\dfrac{180°}{R\pi}$;

l——P' 至 HY 点的圆曲线长。

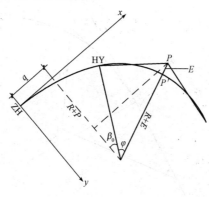

图 13-25　圆曲线上墩、台中心坐标计算用图

3)当墩、台位于第二缓和曲线上。当墩、台位于第二缓和曲线上时,按上式计算出墩、台中心在以 HZ 为原点的切线支距法坐标,然后再按下列坐标转换公式计算出坐标系统坐标:

$$\begin{bmatrix} x' \\ y' \end{bmatrix}=\begin{bmatrix} x_\text{HZ} \\ y_\text{HZ} \end{bmatrix}-\begin{bmatrix} \cos\alpha' & -\sin\alpha' \\ \sin\alpha' & \cos\alpha' \end{bmatrix}\begin{bmatrix} x \\ y \end{bmatrix}$$

式中　x',y'——本坐标系统的坐标;

x, y——以 HZ 为原点的切线支距法坐标;

x_{HZ}, y_{HZ}——HZ 点在本坐标系统的坐标;

α'——曲线右转时,$\alpha' = \alpha_Y$;曲线左转时,$\alpha' = 360° - \alpha_Z$。

当曲线为右转角时,以 $y = -y$ 代入上式。

(3)置镜点的选择与测定。

1)置镜点的选择。置镜点通常选在通视良好的位置,一次置镜便可进行全部墩、台位置的测设。置镜点尽量利用切线上的转点或交点、副交点。选择点一般通视良好,而且位于纵坐标轴上,计算也简便。如果在切线上没有合适的置镜点,则可将镜点选在与路线转点联测方便,又能与全部墩、台通视的位置。

2)置镜点的测定。如图 13-26 所示,将置镜点选择在 A 点。ZD 为切线方向上一转点,ZD 点至 ZH 点的距离 S_1 在路线测量中已测定。将仪器置于 ZD 点上,测取角度 $\alpha_{ZD \cdot A}$ 及 ZD 至 A 点的距离 S_2。ZD 的坐标为:

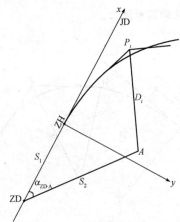

图 13-26　用坐标法测设墩、台中心

$$\begin{cases} x_{ZD} = -S_1 \\ y_{ZD} = 0 \end{cases}$$

A 点的坐标为:

$$\begin{cases} x_A = x_{ZD} + \Delta x_{ZD \cdot A} = -S_1 + S_2 \cos\alpha_{ZD \cdot A} \\ y_A = y_{ZD} + \Delta y_{ZD \cdot A} = S_2 \sin\alpha_{ZD \cdot A} \end{cases}$$

（4）墩、台定位。在算出置镜点（图13-26中A）坐标后，可进行坐标反算计算各墩、台中心的放线数据——置镜点A至各墩、台中心P_i的方位角$\alpha_{A \cdot P_i}$和距离D_i：

$$\alpha_{A \cdot P_i} = \arctan \frac{y_{P_i} - y_A}{x_{P_i} - x_A}$$

$$D_i = \frac{x_{P_i} - x_A}{\cos \alpha_{AP_i}} = \frac{y_{P_i} - y_A}{\sin \alpha_{AP_i}} = \sqrt{(x_{P_i} - x_A)^2 + (y_{P_i} - y_A)^2}$$

置镜点A至ZD的方位角：

$$\alpha_{A \cdot ZD} = \alpha_{ZD \cdot A} \pm 180°$$

快学快用 27　采用导线法进行曲线桥墩、台定位

（1）如图13-27所示，由桥轴线一端的控制桩A（或B）用偏角法测设出台尾的中心a及台前的中心b。

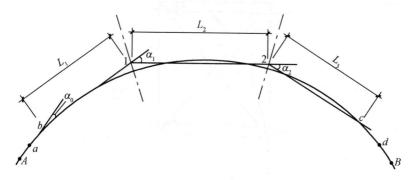

图13-27　用导线法测设墩、台中心

（2）将仪器置于台前中心b上，根据a方向以盘左盘右测设出台前的工作线偏角α_0，并在此处设出的方向上测设墩中心距L_1，即定出桥墩中心1。

（3）将仪器移至1点上，按步骤（2）继续进行测设，依次定出墩中心2、3、…，直至定出桥的另一端台尾中心d。

（4）测出台尾中心d至桥轴线控制桩B的距离，与dB的设计值进行比较以作校核。

快学快用 28 采用交会法进行曲线桥墩、台定位

交会法测设墩位,必须在河的两岸布设平面控制网,布设形式采用导线、三角网、测边网及边角网等。控制网应与路线中线采用统一的坐标系统,所以控制网必须与路线上的控制桩相联系。

通常情况下,坐标系统都以桥梁所在曲线的一条切线作为 x 轴,坐标原点设在 ZH 点、HZ 点或直线上的一个控制桩。如图 13-28 所示,为测设墩、台的中心位置,先建立大地四边形作为平面控制,同时将曲线切线上的两个转点 A 和 B 作为三角点,以便取得统一的坐标系统。

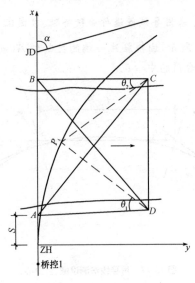

图 13-28　交会法测设墩、台中心

采用交会法进行曲线桥墩、台定位的步骤如下:

(1)在进行角度观测和基线测量之后,对该三角网进行平差计算,求出角度和边长的平差值。由于 A、B 两点位于切线上(即 x 轴上),A 点坐标很易取得:

$$\begin{cases} x_A = S \\ y_A = 0 \end{cases}$$

AB 的坐标方位角:
$$\alpha_{AB} = 0$$

以此作为起算数据,通过平差角和边长,可求得三角点 B、C、D 的坐标。

(2)计算交会所需的数据,除计算出三角点的坐标外,还需计算各墩台中心的坐标。

(3)在求得三角点和墩、台中心的坐标之后,可通过坐标反算方法计算交会方向和已知方向之间的角值,如图 13-28 中 θ_1、θ_2,从而交会出墩、台的中心位置。

为了检核和提高交会的精度,通常是利用三个方向进行交会,产生的三角形的边长如果在容许范围内,则取三角形的重心作为墩、台中心的位置。

四、桥墩、台纵横轴线测设

桥墩、台纵横轴线是墩、台细部放线的依据。对于直线桥,墩、台的纵轴线是指过墩、台中心平行于线路方向的轴线;对于曲线桥,墩、台的纵轴线是指墩、台中心处曲线的切线方向的轴线,而墩、台的横轴线是指过墩、台中心与纵轴垂直的轴线。

快学快用 29 直线桥墩、台纵横轴线的测设

墩、台的纵轴线与横轴线垂直,测设纵轴线时,将经纬仪安置在墩、台中心点上,以桥轴线方向为准测设 $90°$ 角,即为纵轴线方向。由于在施工过程中经常需要恢复墩、台的纵横轴线的位置,所以需要用桩志将其准确标定在地面上,这些标志桩称为护桩,如图 13-29 所示。

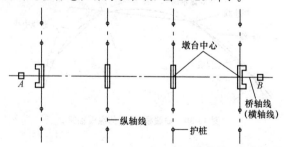

图 13-29 用护桩标定墩、台纵横轴线位置

为了消除仪器轴系误差的影响,应用盘左、盘右测设两次而取其平均位置。在设出的轴线方向上,在桥轴线两侧各设置 2~3 个护桩。这样如

果在个别护桩丢失、损坏后也能及时恢复,并在墩、台施工到一定高度会影响到两侧护桩的通视时,也能利用同一侧的护桩恢复轴线。护桩的位置应选在离开施工场地一定距离,通视良好,地质稳定的地方。桩志可采用木桩、水泥包桩或混凝土桩。

　　位于水中的桥墩,不能安置仪器,也不能设护桩,可在初步定出的墩位处筑岛或建围堰,然后用交会法或其他方法精确测设墩位并设置轴线。如在深水大河上修建桥墩,一般采用沉井、围图管柱基础,此时往往采用前方交会进行定位,在沉井、围图落入河床之前,要不断地进行观测,以确保沉井、围图位于设计位置上。当采用光电测距仪进行测设时,可采用极坐标法进行定位。

快学快用 30 曲线桥墩、台纵横轴线的测设

　　在曲线桥上,墩、台的纵轴线位于相邻墩、台工作线的分角线上,而横轴线与纵轴线垂直,如图 13-30 所示。

　　测设时,在墩、台的中心点上安置仪器,自相邻的墩、台中心方向测设 $1/2(180°-\alpha)$ 角(α 为该墩、台的工作线偏角),得纵轴线方向。自纵轴线方向测设 90°角得横轴线方向。在每一条轴线方向上,在墩、台两侧同样各设 2~3 个护桩。由于曲线桥上各墩、台的轴线护桩容易发生混淆,在护桩上标明墩、台的编号,以防施工时用错。如果墩、台的纵、横轴线有一条恰位于水中,无法设护桩,同样也可只设置一条。

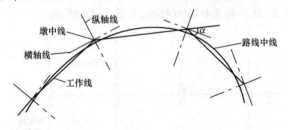

图 13-30　曲线桥墩、台的纵横轴线

五、桥梁基础施工放线

1. 明挖基础施工放线

明挖基础多在地面无水的地基上施工,先挖基坑,再在坑内砌筑基础

或浇筑混凝土基础。如系浅基础,可连同承台一次砌筑或浇筑,如图13-31所示。如果在水上明挖基础,则须先建立围堰,将水排出后进行。

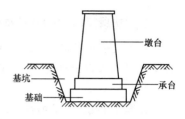

图 13-31　桥梁的明挖基础

在基础开挖之前,应根据墩、台的中心点及纵、横轴线按设计的平面形状设出基础轮廓线的控制点。如图 13-32 所示,如果基础形状为方形或矩形,基础轮廓线的控制点为四个角点及四条边与纵、横轴线的交点;如果是圆形基础,为基础轮廓线与纵、横轴线的交点,必要时尚可加设轮廓线与纵、横轴线成 45°线的交点。控制点距墩中心点或纵、横轴线的距离应略大于基础设计的底面尺寸,一般可大 0.3～0.5m,以保证安装基础模板为原则。如地基土质稳定,不易坍塌,坑壁可垂直开挖,不设模板,可贴靠坑壁直接砌筑基础和浇筑基础混凝土。此时可不增大开挖尺寸,但是应保证基础尺寸偏差在规定容许偏差范围之内。

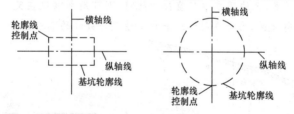

图 13-32　明挖基础轮廓线的测设

根据地基土质情况,开挖基坑时坑壁具有一定的坡度,应测设基坑的开挖边界线。此时可先在基坑开挖范围测量地面高程,然后根据地面高程与坑底设计高程之差以及坑壁坡度,计算出边坡桩至墩、台中心的距离。

如图 13-33 所示,边坡桩至墩、台中心的水平距离 d 为:

$$d = \frac{b}{2} + hm$$

式中　b——坑底的长度或宽度;

　　　h——地面高程与坑底设计高程之差,即基坑开挖深度;

　　　m——坑壁坡度(以 1：m 表示)的分母。

快学快用 31　桥梁明挖地基施工放线的内容

在测设边界桩时，自墩、台中心点到纵、横轴线，用钢尺丈量水平距离 d，在地面上设出边坡桩。再根据边坡桩划出灰线，可依此灰线进行施工开挖。

当基坑开挖至坑底的设计高程时，应该对坑底进行平整清理，然后安装模板，浇筑基础及墩身。在进行基础及墩身的模板放线时，可将经纬仪安置在墩、台中心线上的一个护桩上，以另一较远的护桩定向，此时仪器的视线即为中心线方向。安装模板使模板中心与视线重合，即为模板的正确位置。如果模板的高度低于地面，可用仪器在临近基坑的位置，放出中心线上的两点。在这两点上挂线并用垂球指挥模板的安装工作，如图 13-34 所示。在模板建成后，应对模板内壁长、宽及与纵、横轴线之间的关系尺寸，以及模板内壁的垂直度进行检验。

基础和墩身模板的高程常用水准测量的方法放线，但当模板低于或高于地面很多，无法用水准尺直接放线时，则可用水准仪在某一适当位置先测设一高程点，然后再用钢尺垂直丈量定出放线的高程位置。

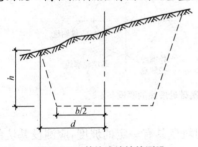

图 13-33　基坑边坡桩的测设

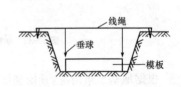

图 13-34　基础模板的放线

2. 桩基础施工放线

桩基础按施工方法的不同通常分为打（压）入桩和钻（挖）孔桩。打（压）入桩基础是预先将桩制好，按设计的位置及深度打（压）入地下；钻（挖）孔桩是在基础的设计位置上钻（挖）好桩孔，然后在桩孔内放入钢筋笼，并浇筑混凝土成桩。在桩基础完成后，在其上浇筑承台，使桩与承台成为一个整体，再在承台上修筑墩身，如图 13-35 所示。

快学快用 32 用支距法和极坐标法测设桥梁桩基础的桩位

在无水的情况下,桩基础的每一根桩的中心点可按其在以墩、台纵、横轴线为坐标轴的坐标系中的设计坐标,用支距法进行测设,如图 13-36 所示。如果桩为圆周形布置,各桩也可以与墩、台纵轴线的偏角和到墩、台中心点的距离,用极坐标法进行测设,如图 13-37 所示。一个墩、台的全部桩位宜在场地平整后一次设出,并以木桩标定,以方便桩基础施工。

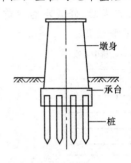

图 13-35　桥梁桩基础

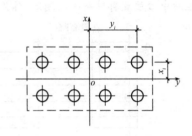

图 13-36　用支距法测设桩基础的桩位

快学快用 33 用前方交会和大型三角尺测设桥梁桩基础的桩位

如果桩基础位于水中,则可用前方交会法直接将每一个桩位定出。也可用交会设出其中一行或一列桩位,然后用大型三角尺设出其他所有桩位,如图 13-38 所示。

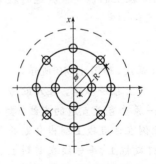

图 13-37　用极坐标法测
设桩基础的桩位

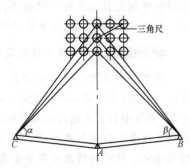

图 13-38　用前方交会和大型
三角尺测设桩基础的桩位

快学快用 34 用专用测量平台测设桥梁桩基础的桩位

采用设置专用测量平台测设桩基础桩位的方法,即在桥墩附近打支撑桩,其上搭设测量平台。如图13-39所示,先在平台上测定两条与桥梁中心线平行的直线AB、$A'B'$,然后按各桩之间的设计尺寸定出各桩位放线式$1-1'$、$2-2'$、$3-3'$…,沿此方向测距可设出各桩的中心位置。

在各桩的中心位置测设后,应对其进行检核,与设计的中心位置偏差应小于(或等于)限差要求。在钻(挖)孔桩浇注完成后,修筑承台以前,应对各桩的中心位置再进行一次测定,作为竣工资料使用。

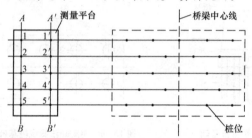

图13-39 用专用测量平台测设桩基础的桩位

每个钻(挖)孔的深度可用线绳吊以重锤测定,打(压)入深度则可根据桩的长度推算。桩的倾斜度也应测定,由于在钻孔时为了防止孔壁坍塌,孔内灌满了泥浆,因而倾斜度的测定无法在孔内直接进行,只能在钻孔过程中测定钻孔导杆的倾斜度,同时利用钻孔机上的调整设备进行校正。钻孔机导杆以及打入桩的倾斜度,可用靠尺法测定。

快学快用 35 用靠尺法测定桩的倾斜度

靠尺法所使用的工具为靠尺,靠尺用木板制成,如图13-40所示,它有一个直边,在尺的一端于直边一侧钉一小钉,其上挂一垂球。在尺的另一端,自与小钉至直边距离相等处开始,绘制一原垂直于直边的直线,量出该直线至小钉的距离S,然后按$S/1000$的比例在该直线上刻出分划并标注注记。使用时将靠尺直边靠在钻孔机导杆或桩上,垂球线在刻划上的读数则为以千分数表示的倾斜度。

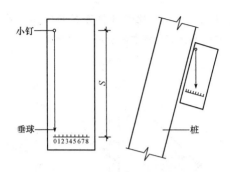

图 13-40　用靠尺法测定桩的倾斜度

3. 管柱基础施工放线

快学快用 36　**管柱基础围图的定位**

围图既对管柱的插入起导向作用,又可作为施工时的工作平台,同时也是插钢板桩围堰的围笼。由于管柱的位置是由围图决定的,因此围图的定位测量工作就十分重要。

(1)应在围图上建立交会标志。当交会标志建立在围图的几何中心有困难时,也可建立在围图的杆件上。此时,应测出交会标志在以围图的几何轴线为坐标轴的坐标值,用以求得交会标志在交会坐标系中的设计坐标值。

(2)交会时,将经纬仪安置在各控制点上同时瞄准围图上的交会标志,测出与已知方向之间的角值,将其与设计角值进行比较,求得角差,据以得出围图应移动的方向和距离,逐步调整围图,使之与设计角值相吻合,完成围图定位。

(3)交会底图如图 13-41 所示。在毫米方格纸上,以墩、台基础中心点 S 作为坐标原点,桥轴线方向为纵轴,根据基础中心点至各个测站方向的方位角将其方向线 SC、SA、SD 绘出,即为交会底图。当收到各测站报来的垂直于各交会方向的位移值及偏离的方向时,由于位移值 d 相对于交会距离 SC、SA、SD 要小得多,所以可根据各自的位移值绘出各方向线 SC、SA、SD 的平行线即为各交会方向线 $S_C C'$、$S_A A'$ 和 $S_D D'$。三条交会方向线的交点,为交会时围图中心所在的位置 S'。由于误差的存在,三条交会方向线往往不会交于一点,而出现一个示误三角形,这时可取示误三

角形的重心作为 S' 的位置。对比设计位置 S 和实际位置 S'，在图上可确定围图在桥轴线方向和上、下游方向应移动的距离。

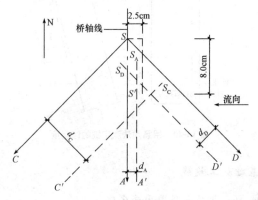

图 13-41　交会底图

快学快用 37　管柱的定位放线

管柱的定位放线是在稳固的围图平台上进行，首先测设出桥墩中心点和纵、横轴线，然后将仪器置于桥墩中心点上，用极坐标法放线管柱上位置。因为管柱的直径一般较大，未填充混凝土时管柱内是空的，因此不便直接测定管柱的中心位置，所以在放线时，可观测管柱外切点的角度和距离，借以求得管柱中心点位，而对管柱进行调整、定位（图 13-42）。

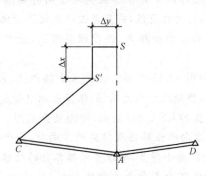

图 13-42　用全站仪进行管柱定位

如图 13-43 所示,仪器安置在墩中心点 O 上,观测两管柱外壁切线与纵轴线之夹角 α_1、α_2,并测量两管柱外壁切点至墩中心点 O 的距离 d_1、d_2,设管柱外壁的半径为 r,可计算出管柱中心的方向线与纵轴线的夹角 α 和管柱中心至墩中心的距离 d:

$$\alpha = \frac{\alpha_1 + \alpha_2}{2}$$

$$d = \frac{d_1}{\cos\left(\frac{\alpha_2 - \alpha_1}{2}\right)} = \frac{d_2}{\cos\left(\frac{\alpha_2 - \alpha_1}{2}\right)}$$

或

$$d = \frac{r}{\sin\left(\frac{\alpha_2 - \alpha_1}{2}\right)}$$

将算得的 α 与 d 与其设计值比较,以调整管柱位置。

快学快用 38　管柱倾斜的测定

管柱倾斜的测定方法通常有水准测量法和测斜器法两种,见表 13-5。

表 13-5　　　　　　　　　管柱倾斜的测定方法

序　号	项　　目	内　　　　容
1	水准测量法	由于管柱的倾斜,必然使得它在顶部也产生倾斜,用水准测量方法测出管柱顶部直径两端的高差,即可推算出管柱的斜率。测定时要在管柱顶部平行和垂直于桥轴线方向的两条直径上进行观测。如图 13-44 所示,在管柱顶部直径两端竖立水准尺,测得高差为 h,设管柱的直径为 d,则: $$\sin\alpha = \frac{h}{d}$$ 又设管柱任一截面上的中心点相对于顶面中心点的水平位移为 Δ,该截面至顶面的间距为 l,则: $$\sin\alpha = \frac{\Delta}{l}$$ 于是 $$\Delta = \frac{h}{d} l$$

（续）

序　号	项　目	内　　　容
2	测斜器法	测斜器由一十字架和一浮标组成。测斜时,十字架位于管柱内欲测的截面上,用以确定该截面中心的位置;浮标浮在管柱内水面上,它标明截面中心在水面上的垂直投影位置。 　　测量之前,先在管柱顶端平行和垂直于桥轴线方向的两直径上,于管壁标出四个标记,将相对两标记相连即可作为以管柱中心为原点的坐标轴。 　　测量时,将测斜器放入管柱内,浮标浮于水面,十字架四端拴上四根带有长度标记的测绳,然后将十字架在管柱内吊起,根据测绳上的标记,即可知道十字架所在的截面位置。适当拉紧浮标的线绳使线绳位于铅垂位置,这时浮标就会稳定地漂浮于一点。这点即是十字架所在截面的管柱中心点的平面位置。为便于量测,可在浮标上面吊一垂球,使其对准浮标上面的中心标志。此时可测出垂球线在管柱坐标系两个方向上的位移值 x、y,据此调整管柱

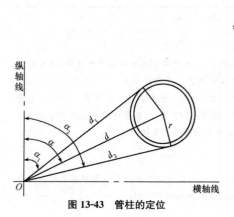

图 13-43　管柱的定位

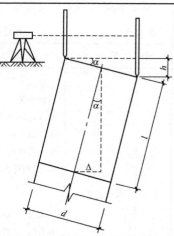

图 13-44　水准测量测定管柱倾斜

4. 沉井基础施工放线

快学快用 39 筑岛及沉井定位

(1)先用交会法或光电测距仪设出墩中心的位置,在此处用小船放置浮标,在浮标周围即可填土筑岛。岛的尺寸不应小于沉井底部5~6m,以便在岛上设出桥墩的纵、横轴线。

(2)岛筑成后,再精确地定出桥墩中心点位置及纵、横轴线,并用木桩标志,如图13-45所示,据以设放沉井的轮廓线。

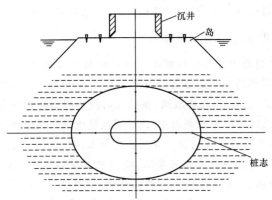

图13-45 筑岛及沉井定位

(3)在放置沉井的地方要用水准测量的方法整平地面。沉井的轮廓线(刃脚位置)由桥墩的纵、横轴线设出。设出轮廓线以后,应检查两对角线的长度,其较差不应大于限差要求。刃脚高程用水准仪设放,刃脚最高点与最低点的高差,应小于限差要求。

沉井在下沉之前,应在外壁的混凝土面上用红油漆标出纵、横轴线位置,并确保两轴线相互垂直。标出的纵、横轴线可用以检查沉井下沉中的位移,也可供沉井接高时作为下一节定位的参考。

快学快用 40 沉井的倾斜观测

沉井在下沉过程中必然会产生倾斜,为了及时掌握沉井的倾斜情况以便进行校正,故应经常进行观测。常用的沉井倾斜的观测方法有如下几种:

(1)用经纬仪观测:在纵、横轴线控制桩上安置经纬仪,直接观测标于沉井外壁上的沉井中线是否垂直。

(2)用水准仪测定:用水准仪观测沉井四角或轴线端点之间的高差Δh,然后根据相应两点间的距离D,可求得倾斜率:

$$i = \frac{\Delta h}{D}$$

当它们之间的高差为零时,则表明沉井已垂直。

(3)用悬挂垂球线的方法:在沉井内壁或外壁纵、横轴线方向先标出沉井的中心线,然后悬挂垂球直接观察沉井是否倾斜。

(4)用水准管测量:在沉井内壁相互垂直的方向上预设两个水准管,观测气泡偏移的格数,根据水准管的分划值,求得倾斜率。

快学快用 41 **沉井的位移观测**

(1)沉井顶面中心的位移观测。沉井顶面中心的位移是由于沉井平移和倾斜而引起的。测定顶面中心的位移要从桥墩纵、横轴线两个方向进行,如图 13-46 所示,在桥墩纵、横轴线的控制桩上分别安置经纬仪,照准同一轴线上的另一个控制桩点,此时望远镜视线即位于桥墩纵、横轴线的方向上,然后按视线方向投点在沉井顶面上,即图中的 1、2、3、4 点。分别量取四个点与其相对应的沉井纵、横向中心线标志点 a、b、c、d 间的距离,即得沉井纵、横中心线两端点的偏移值,即图中 Δ_F、Δ_E 和 Δ_S、Δ_N。最后再根据纵、横向中心线两端点的偏移值,即可计算出沉井顶面中心在纵、横轴线方向的偏移值 Δ_x、Δ_y:

$$\begin{cases} \Delta_x = \dfrac{\Delta_N + \Delta_S}{2} \\ \Delta_y = \dfrac{\Delta_E + \Delta_F}{2} \end{cases}$$

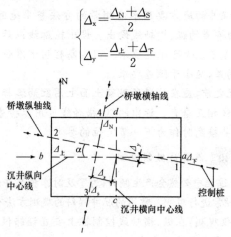

图 13-46　沉井顶面中心的位移观测

在按上式计算时,Δ_N、Δ_S 和 Δ_E、Δ_F 的正负号取决于沉井纵、横方向中心线端点 a、b 和 c、d 偏离桥墩纵、横轴线的方向。

沉井纵、横向中心线与桥墩纵、横轴线间的夹角 α 称为扭角,通常可通过偏移值 Δ_N、Δ_S 及 Δ_L、Δ_F 进行校正。

(2)沉井刃脚中心的位移观测。

1)欲求沉井刃脚中心的位移值,除测得沉井顶面中心位移值 Δ_x、Δ_y 以外,尚需测定倾斜位移值 $\Delta_{x斜}$、$\Delta_{y斜}$。

如图 13-47 所示,在用水准仪测得沉井纵、横向中心线两端点间的高差之后,可按下列公式计算纵、横方向因倾斜而产生的位移值:

$$
\begin{cases}
\Delta_{x斜} = \dfrac{h_x}{D_x} H \\[2mm]
\Delta_{y斜} = \dfrac{h_y}{D_y} H
\end{cases}
$$

式中　h_x、h_y——沉井纵、横向中心线两端点间的高差;

　　　　D_x、D_y——沉井在纵、横向的长度;

　　　　H——沉井的高度。

2)沉井刃脚中心在纵、横方向上的位移值 $\Delta_{x刃}$、$\Delta_{y刃}$ 由图 13-48 可知:

$$
\begin{cases}
\Delta_{x刃} = \Delta_{x斜} \pm \Delta_x \\[2mm]
\Delta_{y刃} = \Delta_{y斜} \pm \Delta_y
\end{cases}
$$

式中,当 $\Delta_{x斜}(\Delta_{y斜})$ 与 $\Delta_x(\Delta_y)$ 偏离方向相同时取"＋",相反时则取"－"。

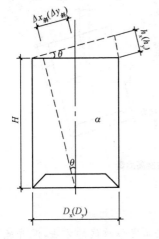

图 13-47　沉井刃脚
中心的位移观测

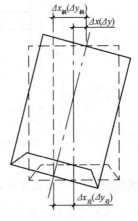

图 13-48　沉井刃脚中心在
纵、横方向上的位移值

快学快用 42 **沉井接高测量**

沉井的下沉要逐节浇注将其接高。前一节下沉完毕,在它上面安装模板,继续浇注。模板的安装要保证其中心线与已浇注好的完全重合。因为沉井在下沉过程中会产生倾斜,所以要求下一节模板要保持与前一节有相同的倾斜率。这样才可以使各节中心点连线为一直线,在对倾斜进行校正之后,各节都处于铅垂位置。

在立模时使前、后两节的纵、横中心线重合,不能以桥墩纵、横轴线进行投放,而应根据前一节上纵、横中心线标志,用垂球或经纬仪将其引至模板的顶面。为保持与前一节有同样的倾斜率,如图 13-49 所示,还需在纵、横方向上将投在模板顶面之点分别移动一个 $\Delta_{x\text{斜}}$ 和 $\Delta_{y\text{斜}}$。其值可按下式求得:

$$
\begin{cases}
\Delta_{x\text{斜}} = \dfrac{h_x}{D_x} H \\[2ex]
\Delta_{y\text{斜}} = \dfrac{h_y}{D_y} H
\end{cases}
$$

式中　h_x、h_y——前一节沉井由于倾斜在纵、横方向上所引起的高差;

　　　D_x、D_y——沉井在纵、横向的长度;

　　　H——沉井接高的高度。

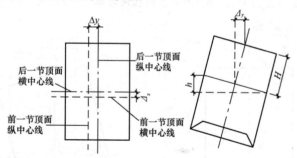

图 13-49　沉井的接高测量

快学快用 43 **浮运沉井施工放线**

深水河流沉井基础一般采用浮运施工定位放线的方法,沉井底节钢刃脚在拼装工作船上拼装。

(1)因工作船在水上会受水流波动影响而摆动,所以测设工作应尽可能选在风平浪静,船体相对平稳时进行。首先基准面的测设,可在工作船附近适当位置安置水准仪,对纵、横中心线四端点或四角点上水准尺快速进行观测,反复进行零位调整,使在同一平面上,作为零基准面。然后以此在沉井轮廓线上放出零基准面其他各点。

(2)当在工作船平面甲板上完成沉井底节放线后,施工拼装应按轮廓线和零基准面点进行。虽然拼装与筑岛沉井基本相同,但应注意控制工作船的相对稳定,才能取得较好成果。拼装完成后,应检查并在顶面设出纵、横中心线位置,采用的方法与前接高测量相同。

(3)浮运沉井一般是钢体,顶面标志可直接刻划在上面。为了沉井下水后能保持悬浮,钢体内部的混凝土可以分多次填入。

(4)沉井底节拼装焊固,并检验合格后,在工作船的运载下送入由两艘铁驳组成的导向船中间,并用联结梁作必要连接。导向船由拖轮拖至墩位上游适当位置定位,并在上、下游抛主锚和两侧抛边锚固定。每一个主锚和边锚都按照设计位置用前方交会法设出。

(5)导向船固定后,利用船上起重设备将沉井底节吊起,抽去工作船,然后将沉井底节放入水并悬浮于水中,其位置由导向船的缆绳控制,处在墩位上游并保持直立。随着沉井逐步接高下沉,上游主锚绳放松,下游主锚绳收紧,并适当调整边锚绳,使导向船及沉井逐步向下游移动,一直到沉井底部接近河床时,沉井也达到墩位。沉井从下水、接高、下沉,达到河床稳定深度,需要较长的工期。与此同时,应对沉井不断进行检测和定位。

第四节　输电线路测量

输电线路是电厂升压变电站和用户降压变电站的间输电导线。一般情况下,导线通过绝缘子悬挂在杆塔上,称为输电线路。输电线路的测量工作内容包括为选线、定线、平断面测量,杆塔定位和施工放线。

一、路径的选择

架空输电线所经过的地面,称为路径。选择路径时,需要综合考虑和注意以下问题:

(1)路径要短而直、转弯少而转角小、交叉跨越不多,当导线最大弛度时不小于限距。

(2)当线路与公路、铁路以及其他高压线路平行时,应至少间隔一个安全倒杆距离(最大杆塔高度加 3m)。

(3)当线路与公路、铁路、河流以及其他高压线、重要通信线交叉跨越时,其交角应不小于 30°。

(4)线路应尽量绕过居民区和厂矿区,特别油库、危险品仓库和飞机场更应远离。

(5)线路应尽量避免穿越林区,特别是重要的经济林区和绿化区。如果不可避免时,应严格遵守有关砍伐的规定,尽量减少树木砍伐数量。

(6)杆塔附近应无地下坑道、矿井、滑坡、塌方等不良地质条件;转角点附近的地面必须坚实平坦,有足够的施工场地。

(7)沿线应有可通车辆的道路或通航的河流,便于施工运输和维护、检修。

二、定线测量

输电线的路径方案确定后,应在施工现场标出线路的起讫点、转角点和主要交叉跨越点的大体位置,还必须定出方向桩和直线桩,测定转角大小,并在转角点上定出分角桩,如图 13-50 所示。

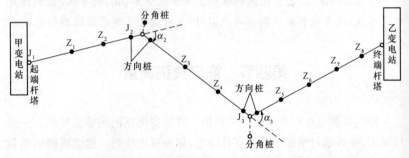

图 13-50　定线测量应该标定的各种桩位

(1)转角桩在图纸上和施工现场上都要在编号前冠一个"J"(即"角")表示,一般称为 J 桩。在 J 桩附近要标出来线和去线的方向,表示这个方向的木桩为方向桩,一般钉在离 J 桩 5m 左右的路径中线上,并在木桩侧面注上"方向"二字。

(2)分角桩钉在 J 桩的外分角线(大于 180°的钝角分角线)上,也离 J 桩 5m 左右,桩侧注上"分角"二字。分角桩与两边导线合力的方向相反,杆塔竖立后,要在分角方向打一条拉线,保证杆塔不致偏倒。转折点的角度要用正倒镜观测一测回,记入定线手簿中。

(3)不在转角点附近的路径方向桩,通常称为直线桩。它位于两个转角桩中心的连线上,是平断面测图和施工定位的依据,起着测站的作用。直线桩应选在路径中心线上突出明显、能够观测地形的地方,相邻两直线桩之间的距离,一般不应超过 400m。直线桩应在编号前冠一个"Z"(即"直")表示。

三、平断面测量

平断面测量的工作内容主要包括:测定各桩位高程及其间距;测定路径中线上桩位到各碎部点的距离和高差;绘制出纵断面图和平面示意图;测绘危险点、边线断面、风偏断面。

快学快用 44 输电线路桩位高程和间距测定

平断面测量之前,应先用水准仪从邻近的水准点引测线路起点的高程。线路上其他各桩位的高程和间距,可用视距高程导线测定。

快学快用 45 输电线路路径纵断面图测绘

(1)断面图除了反映地面的起伏状况外,还应显示出线路跨越的地面突出建筑物的高度。

(2)当线路跨越其他高压线和通信线时,除了以电杆符号表示出它们的顶高外,还应注明高压线的伏数和通信线的线数,并注明上线高。

(3)被跨越的河流、湖泊、水库,应调查和测定最高洪水位,并在图中表示出来。

快学快用 46 输电线路平面示意图测绘

平面示意图测绘在断面图下面的标框内,路径中线左右各绘 50m 的范围,比例尺为 1:5000。平面示意图上应显示出沿路径方向的地物、地貌的特征,注出村庄、河流、山头、水库等的名称,以便施工时能据此找到杆位。

比较重要的交叉跨越地段,还要根据要求测绘专门的交叉跨越平面图,采用的比例尺一般为1:500。

快学快用 47 输电线路危险点、边线断面和风偏断面测绘

(1)危险品。凡是靠近路径中线的地面突出物体,其至导线的垂距可能小于限距,称为危险点。危险点在图上以符号"⊙"表示。

(2)边线断面。当边线经过的地面高出路径中线地面0.5m以上时,须测绘边线断面。因边线断面的方向与路径中线平行,而位置比中线断面高,故可绘在中线断面的上方。在平面图上应显示出边线断面的左右位置。左边的边线断面用"—·—·—·—"表示;右边的边线断面用"·····················"表示。

(3)风偏断面。当线路沿山坡而过,如果垂直于路径方向的山坡坡度在1:3以上时,导线因风力影响靠近山坡,需要测绘这个方向的断面,以便设计人员考虑杆塔高度或调整杆塔位置。这种垂直于路径方向的断面称为风偏断面。风偏断面测量宽度一般为15m,用纵横一致的比例尺(高程和平距一般都为1:500)绘在相应中线断面点位旁边的空白处。

四、杆塔定位测量

杆塔定位测量是在平断面测绘的基础上,根据图上反映的地形情况,合理地安排杆塔位置,选择适当的杆型和杆高,称为排杆。杆位确定后,则可以在实地标定出竖立杆塔的位置。

第十四章 建筑物施工变形监测

第一节 概 述

一、变形监测的概念

建筑物在施工及运行过程中,受荷重和外力作用及各种因素影响,随时间的推移而其状态不断发生变化。这种变化在一定限度之内是正常的现象,但如果超过了规定的界限,就会影响建筑物的正常使用,严重时还会危及建筑物的安全。因此,在工程建筑物的施工和运营期间,必须对它们进行监测,这项工作称为变形监测。变形监测一般包括:水平位移、垂直位移、裂缝、挠度和伸缩缝观测。

二、变形监测的任务

建筑物变形监测的具体任务包括:

(1)监测建筑场地及特殊构件的稳定性。

(2)检查、分析和处理工程有关质量事故。

(3)验证有关建筑地基、结构设计的理论和设计参数的准确性与可靠性。

(4)研究变形规律,预报变形趋势。

三、建筑物变形产生的原因

建筑物产生变形的原因有很多,主要可归纳为以下三个方面:

(1)自然条件及其变化,即建筑物地基的工程地质、水文地质、土的物理性质、大气温度和风力等因素引起。例如,同一建筑物由于基础的地质条件不同,引起建筑物不均匀沉降,使其发生倾斜或裂缝。

（2）建筑物自身的原因,即建筑物本身的荷载、结构、形式及动载荷（如风力、振动等）的作用。

（3）勘测、设计、施工的质量及运营管理工作的不合理也会引起建筑物的变形。

四、施工期变形监测一般规定

（1）施工期间外部变形监测的项目包括:施工区的滑坡观测;高边坡开挖稳定性监测;围堰的水平位移和沉陷观测;临时性的基础沉陷（回弹）和裂缝监测等。

（2）各项监测的位移量中误差,应符合表 14-1 的规定。

表 14-1　　　　　　　　变形监测位移量中误差

观测项目	位移量中误差/mm		备　注
	平　面	高　程	
滑坡监测	±5	±5	相对于工作基点
高边坡稳定监测	±3~5	±5	相对于工作基点
临时围堰观测	±5	±10	相对于围堰轴线
基础沉陷（回弹）	—	±3	相对于工作基点
裂缝	±3		相对于观测线

注:对于施工区外的大滑坡和高边坡监测的精度标准可另行确定。

（3）变形观测的基点,应尽量利用施工控制网中的三角点。不敷应用时,可建立独立的、相对的控制点,其精度应不低于四等网的标准。

（4）观测周期应根据变形体的具体情况确定,在观测系统建立的初期,应连续观测两次或数次,以确定可靠的首次基准值。在正常的情况下,一般每半月观测一次。若遇特殊情况（洪水、地震、分期蓄水等）,应增加测次。

第二节　选点与埋设

一、工作基点的选择与埋设

(1)基点必须建立在变形区以外稳固的基岩上。对于在土质和地质不稳定地区设置基点时应进行加固处理。基点应尽量靠近变形区。其位置的选择应注意使它们对测点构成有利的作业条件。

(2)工作基点一般应建造具有强制归心的混凝土观测墩。

(3)垂直位移的基点,至少要布设一组,每组不少于三个固定点。

二、测点的选择与埋设

(1)测点应与变形体牢固结合,并选在变形幅度、变形速率大的部位,且能控制变形体的范围。

(2)滑坡测点宜设在滑动量大,滑动速度快的轴线方向和滑坡前沿区等部位。

凡人员能够接近的测点,宜埋设管径与观测标志配套的钢管,以便插入观测标志。对于人员不易接近的危险地段,可埋设高 1.2m 的钢管(或木桩),上端焊接(或打入)简易的固定观测标志。

(3)高边坡稳定监测点,宜呈断面形式布置在不同的高程面上,其标志应明显可见,尽量做到无人立标。

(4)采用视准线监测的围堰变形点,其偏离视准线的距离不应大于20mm。垂直位移测点宜与水平位移测点合用。围堰变形观测点的密度,应根据变形特征确定:险要地段 20～30m 布设一个测点;一般地段 50～80m 布设一个测点。

(5)山体或建筑物裂缝观测点,应埋设在裂缝的两侧。标志的形式应专门设计。

(6)采用地面摄影进行变形监测时,其测点的埋设,应根据摄影站和被摄目标的远近,计算标志的大小,以使标志在像片上能获得清晰的影像。

第三节　位移观测

建筑物及地基在荷载作用下将产生水平和竖直位移。建筑物的位移观测是在建筑物上设置固定的点,然后用仪器测量出它在沿水平方向和竖直方向的位移。

一、水平位移观测

根据监测项目的形状和地形条件,建筑物的水平位移观测通常采用前方交会法、视准线法、精密全站仪坐标法进行观测。

(一)前方交会法观测

滑坡、高边坡稳定监测,采用交会法时,其主要技术要求,应符合表14-2的规定。

表 14-2　　　　　前方交会法进行滑坡、高边坡监测的技术要求

方法 点位中误差	测角前方交会			测边前方交会			边角前方交会			
	测角中误差 (″)	交会边长 /m	交会角 γ (°)	测距中误差 /mm	交会边长 /m	交会角 γ (°)	测角中误差 (″)	测距中误差 /mm	交会边长 /m	交会角 γ (°)
±3mm	±1.0 ±1.8	≤200	30~120 60~120	±2	≤500	70~110	±1.8	±2	≤500	40~140 60~120
±5mm	±1.8 ±2.5	≤250	40~140 60~120	±3	≤500	60~120	±2.5″	±3	≤700	40~140

注:观测时,应有多余观测。

(二)视准线法观测

采用视准线法监测水平位移时,应符合表14-3的规定。视准线观测之前,应测定活动觇牌的零位差,测定固定觇牌的同轴误差。经纬仪(视准仪)应按相关规定的要求进行检验校正。

表 14-3　　　　　　　　　　　视准线法技术要求

方法 精度 要求	活动觇牌法				小角度法			
	视准线 长度 /m	测回数	半测回 读数差 /mm	测回差 /mm	视线 长度 /m	测角中 误差 (″)	半测回 读数差 (″)	测回差 (″)
±3mm	≤300	3	3.5	3.0	≤500	1.0	4.5	3.0
±5mm	≤500	3	5.0	4.0	≤600	1.8	3.5	2.5

快学快用　1　位移观测观测点的布设

对于土坝,应选择最大坝高处、合龙段、坝内设有泄水底孔处和坝基地形地质变化较大的坝段布置观测断面,观测断面的间距一般为 50～100m,但观测断面一般不少于 3 个。上游坝坡正常水位以上至少布置一个测点,下游坝肩上布置一点,下游坝坡上每隔 20～30m 布置一点。

对于混凝土坝或浆砌石坝,一般在坝顶上每一坝块布设 1～2 个位移标点。对于拱坝,可在坝顶布置一个纵向观测断面,纵向观测断面上每隔 40～50m 设置一个测点,但是在拱冠、四分之一拱段和坝与两岩接头处必须设置一个测点。

水闸可在垂直水流方向的闸墩上布置一个纵向观测断面,并在每个闸墩上设置一个测点,或在闸墩伸缩缝两侧各设一个测点。

快学快用　2　位移观测的仪器及设备

(1)观测仪器。用视准线法观测水平位移,关键在于提供一条视准线,故所用仪器首先应考虑望远镜放大率及旋转轴的精度。坝长＜300m的中小型土坝,采用 DJ_2 型或 DJ_6 型经纬仪进行观测;坝长≥300m,则应采用 DJ_1 型经纬仪观测。

(2)观测设备。

1)工作基点及校核基点。工作基点和校核基点应与基岩相连接以保证其稳定性,一般用钢筋插入基岩浇筑成钢筋混凝土观测墩(图 14-1),墩面上埋设不锈钢强制对中底板(图 14-2)使每次仪器对中误差不大于 0.2mm。

2)位移标点。位移标点的标墩应与坝体联结,从坝面以下 0.3～

0.4m 处起浇筑。其顶部也应埋设强制对中设备。

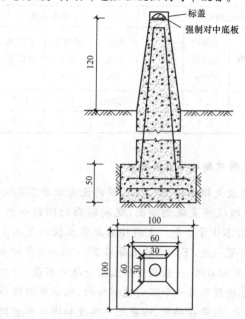

图 14-1　普通钢筋混凝土观测墩(单位:cm)

3)觇标。觇标分为固定觇标和活动觇标。固定觇标安置在工作基点上,供经纬仪瞄准构成视准线用;活动觇标安置在位移标点上,供经纬仪瞄准以测定位移标点的偏离值用,如图 14-3 所示。

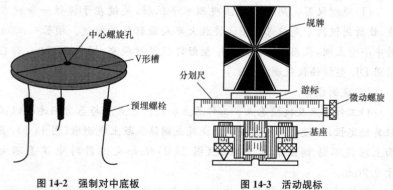

图 14-2　强制对中底板　　　　图 14-3　活动觇标

快学快用 **3** *视准线法观测水平位移*

(1)如图 14-4 所示,在工作基点 A 安置经纬仪,B 安置固定觇标,在位移标点 a 安置活动觇标,用经纬仪瞄准 B 点上固定觇标构成视准线(即观测断面)。

(2)俯下望远镜照准 a 点,并指挥司觇者移动觇牌,直至觇牌中线恰好落在望远镜的竖丝上时发出停止信号,随即由司觇标者在觇牌上读取读数。

(3)转动觇牌微动螺旋重新瞄准,再次读数,如此共进行两次,若两次读数差小于 2mm,取其读数的平均值作为上半测回的成果。倒转望远镜,按上述方法测下半测回,取上下两半测回读数平均值为一测回的成果。

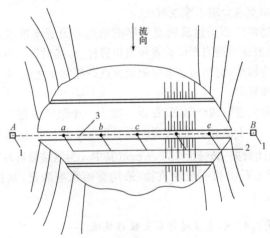

图 14-4　视准线法观测水平位移
1—工作基点;2—位移标点;3—视准线

(三)精密全站仪坐标法观测

采用精密全站仪坐标法观测时,各测回均应后视起始方向,其技术要求见表 14-4。观测时温度、气压的读取与输入以及使用特制觇牌的要求,应遵照《水利水电工程施工测量规范》(SL 52—1993)中相关的规定。

表 14-4　　　　　　　　　精密全站仪坐标法观测的技术要求

精度要求 /mm	最在边长 /m	测距中误差 /mm	测角中误差 (″)	测回数	
				盘左	盘右
±3	700	±2	±1	2	3
±5	1000	±3	±1	3	3

注:照准 1 次测坐标 4 次为一测回。

二、垂直位移观测

建筑物的垂直位移观测,宜采用水准观测法,也可采用满足精度要求的光电测距三角高程法。地基回弹宜采用水准仪与悬挂钢尺相配合的观测方法。下面重点介绍水准观测法。

在建筑物两岸不受建筑物变形影响的地方设置水准基点或起测基点,在建筑物表面的适当部位设置竖直位移标点,然后以水准基点或起测基点的高程为标准,定期用水准仪测量标点高程的变化值,即得到该标点处的竖直位移量。

每次观测应进行两个测回(往返一次为一个测回),每次测回对测点应测读三次。对于混凝土坝、大型砌石坝和重要土石坝,应采用精密水准测量,其往返闭合差 $\Delta h \leqslant \pm 0.72\sqrt{n}$ mm(其中 n 为测站数目);对于中型水库的坝、一般土石坝和一般建筑物,采用普遍水准测量,其往返闭合差 $\Delta h \leqslant +1.4\sqrt{n}$。

快学快用　4　**水准法进行垂直位移观测**

(1)人工观测法。在每个混凝土测墩上埋设有安装显微镜的底座,观测时将显微镜安置于底座上,照准浮子上的刻线,读取读数,与首次观测读数相比较,即可求得水位的变化,从而算出其位移值,该法需要逐点施测。

(2)遥测。因各测点传感器的电信号已传至观测室,只要在观测室内打开读数仪,即可瞬时获得各测点的测值,若与微机相连接,编制相关软件,并可自动算出各点的垂直位移或打印有关报表和绘制垂直位移过程线。

由于静力水准不受天气条件影响,可以实现遥测和连续观测,瞬时获得测值。静力水准的目测与遥测可互相校核。

三、倾斜观测

倾斜观测是指用经纬仪及其他专用仪器测建筑物倾斜度现状及随时间变化的工作。在建筑物变形观测中,倾斜是相对于竖直面位置比较得出的差异,倾斜度可由相对于水平面或竖直面比较差异而获得。

建筑物倾斜观测方法通常有直接观测法和间接计算法。

快学快用　5　**直接观测法进行倾斜观测**

在观测之前,要用经纬仪在建筑物同一个竖直面的上、下部位,各设置一个观测点,如图 14-5 所示。M 为上观测点、N 为下一个观测点。如果建筑物发生倾斜,则 MN 连线随之倾斜。观测时,在距离大于建筑物高度的地方安置经纬仪,照准上观测点 M,用盘左、盘右分中法将其向下投测得 N' 点,如 N' 与 N 点不重合,则说明建筑物产生倾斜,N' 与 N 点之间的水平距离 d 即为建筑物的倾斜值。若建筑物高度为 H,则建筑物的倾斜度为:

$$i = \frac{d}{H}$$

快学快用　6　**间接计算法进行倾斜观测**

建筑物发生倾斜,主要是地基的不均匀沉降造成的,如通过沉降观测测出了建筑物的不均匀沉降量 Δh,如图 14-6 所示,则偏移值 δ 可由下式计算:

$$\delta = \frac{\Delta h}{L} \cdot H$$

式中　δ——建筑物上、下部相对位移值;

　　　Δh——基础两端点的相对沉降量;

　　　L——建筑物的基础宽度;

　　　H——建筑物的高度。

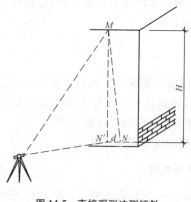

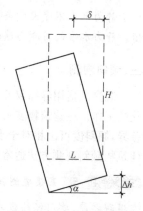

图 14-5　　直接观测法测倾斜　　　　图 14-6　　间接观测法测倾斜

第四节　裂缝与挠度观测

一、裂缝观测

1. 水工建筑物裂缝观测

当水工建筑物上的裂缝缝宽度大于 5mm 时,缝宽虽然小于 5mm,但缝长和缝深较大,或者是穿过建筑物轴线的裂缝,弧形缝、竖直错缝,需要进行观测。

> **快学快用　7　水工建筑物裂缝观测的内容**

水工建筑物的裂缝观测,主要是对裂缝所在的位置、长度、宽度和深度进行观测。

(1)裂缝长度的观测,可在裂缝两端打入小木桩或用石灰水标明,然后用皮尺沿缝迹测量出缝的长度。

(2)裂缝宽度的观测,可选择有代表性的测点,在裂缝两侧每隔 50m 打入小木桩,桩顶钉有铁钉,用尺量出两侧钉头的距离及钉头距缝边的距离,即可算出裂缝的宽度。

(3)裂缝深度的观测可采用钻孔取土样的方法进行观测,也可采用开挖深坑和竖井的方法观测裂缝的宽度、深度和两侧土体的相对位移。

2. 混凝土建筑物裂缝观测

(1)混凝土建筑物的裂缝观测应测定建筑物上的裂缝分布位置,裂缝的走向、长度、宽度及其变化程度。观测的裂缝数量视需要而定,主要的或变化的裂缝应进行观测。

(2)对需要观测的裂缝应统一进行编号。每条裂缝至少应布设两组观测标志,一组在裂缝最宽处,另一组在裂缝末端。每组标志由裂缝两侧各一个标志组成。

(3)裂缝观测标志,应具有可供量测的明晰端面或中心。观测期较长时,可采用镶嵌或埋入墙面的金属标志、金属杆标志或楔形板标志;观测期较短或要求不高时可采用油漆平行线标志或用建筑胶粘贴的金属片标志。要求较高、需要测出裂缝纵横向变化值时,可采用坐标方格网板标志。使用专用仪器设备观测的标志,可按具体要求另行设计。

(4)对于数量不多,易于量测的裂缝,可视标志形式不同,用比例尺、小钢尺或游标卡尺等工具定期量出标志间距离求得裂缝变位值,或用方格网板定期读取"坐标差"计算裂缝变化值;对于大面积且不便于人工量测的众多裂缝宜采用交会测量或近景摄影测量方法;当需连续监测裂缝变化时,还可采用测缝计或传感器自动测记方法观测。

(5)裂缝观测的周期应视其裂缝变化速度而定。通常开始可半月测一次,以后一月左右测一次。当发现裂缝加大时,应增加观测次数。

(6)裂缝观测中,裂缝宽度数据应量取至0.1mm,每次观测应绘出裂缝的位置、形态和尺寸,注明日期,并拍摄裂缝照片。

二、挠度观测

1. 建筑物挠度观测

挠度观测包括建筑物基础和建筑物主体以及独立构筑物(如独立墙、柱等)的挠度观测,应按一定周期分别测定其挠度值。建筑物基础挠度观测,可与建筑物沉降观测同时进行。

快学快用 8 水工建筑物挠度观测方法

(1)观测点应沿基础的轴线或边线布设,每一基础不得少于3点。标

志设置、观测方法与沉降观测相同。挠度值 f_c 可按下列公式计算(图14-7):

$$f_c = \Delta S_{AE} - \frac{L_a}{L_a + L_b} + \Delta S_{AB}$$

$$\Delta S_{AE} = S_E - S_A$$

$$\Delta S_{AB} = S_B - S_A$$

式中　S_A——基础上 A 点的沉降量(mm);

　　　S_B——基础上 B 点的沉降量(mm);

　　　S_E——基础上 E 点的沉降量(mm),E 点位于 A、B 两点之间;

　　　L_a——A、E 之间的距离(m);

　　　L_b——E、B 之间的距离(m)。

　　跨中挠度值 f_z 为:

$$f_z = \Delta S_{10} - \frac{1}{2} \Delta S_{12}$$

$$\Delta S_{10} = S_0 - S_1$$

$$\Delta S_{12} = S_2 - S_1$$

式中　S_0——基础中点的沉降量或位移量(mm);

　　　S_1、S_2——基础两个端点的沉降量或位移量(mm)。

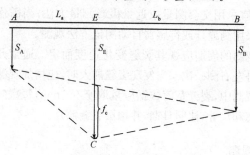

图 14-7　挠度观测

　　(2)建筑物主体挠度观测,除观测点应按建筑物结构类型在各不同高度或各层处沿一定垂直方向布设外,其标志设置、观测方法按有关规定执行。挠度值由建筑物上不同高度点相对于底点的水平位移值确定。

　　(3)独立构筑物的挠度观测,除可采用建筑物主体挠度观测要求外,当观测条件允许时,亦可用挠度计、位移传感器等设备直接测定挠度值。

三、大坝挠度观测

大坝的挠度,即大坝垂直面内不同高程处的点相对于底部的水平位移量。其观测方法是在坝体的竖井中设置一根铅垂线,用坐标仪测出竖井不同高程处各观测点与铅垂线之间的位移。根据垂线的固定方式不同,观测又有正垂线与倒垂线两种形式。

快学快用 9　大坝正垂线挠度观测

(1)如图 14-8 所示,将直径为 0.8～1.2mm 的钢丝 1 固定于顶部 3。弦线的下端悬挂 20kg 重锤 4。重锤放在液体中,以减少摆动。

(2)将整个装置放入保护管 2 中;坐标仪放置在与竖井底部固连的框架 5 上;沿竖井不同高程处埋设挂钩 6。

(3)观测时,自上而下依次用挂钩钩住垂线,则在坐标仪上,测得的各观测值即为各观测点相对于最低点的挠度值。

快学快用 10　大坝倒垂线挠度观测

如图 14-9 所示,倒垂线的固定点在底层,用顶部的装置保护弦线铅垂。装置的组成为以锚锭 1 将钢丝 2 的一端固定在深孔中,能过连杆与十字梁将弦线上端连接在浮筒 3 上。浮筒浮在液槽中,靠浮力将弦线拉紧,使之处于铅垂状态。钢丝安装在套筒 4 中,其内沿不同高程处还设有框架和放置坐标仪用的观测墩 5。

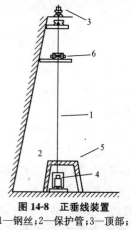

图 14-8　正垂线装置
1—钢丝;2—保护管;3—顶部;
4—重锤;5—框架;6—挂钩

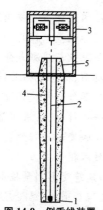

图 14-9　倒垂线装置
1—锚锭;2—钢丝;3—浮筒;
4—套筒;5—观测墩

第五节　变形观测资料整理与分析

一、观测资料整理

通过对建筑物的变形观测资料进行整理,可以分析变形是否正常,对建筑物产生什么影响,是否能危害建筑物的稳定和安全。

快学快用 11　变形观测成果整理

(1)建筑变形测量的观测记录、计算资料及技术成果均应有有关责任人签字,技术成果应加盖成果章。

(2)根据建筑变形测量任务委托方的要求,可按周期或变形发展情况提交下列阶段性成果:

1)本次或前1~2次观测结果。

2)与前一次观测间的变形量。

3)本次观测后的累计变形量。

4)简要说明及分析、建议等。

(3)当建筑变形测量任务全部完成后或委托方需要时,应提交下列综合成果:

1)技术设计书或施测方案。

2)变形测量工程的平面位置图。

3)基准点与观测点分布平面图。

4)标石、标志规格及埋设图。

5)仪器检验与校正资料。

6)平差计算、成果质量评定资料及成果表。

7)反映变形过程的图表。

8)技术报告书。

(4)建筑变形测量技术报告书内容应真实、完整,重点应突出,结构应清晰,文理应通顺,结论应明确。技术报告书应包括下列内容:

1)项目概况。应包括项目来源、观测目的和要求,测区地理位置及周边环境,项目完成的起止时间,实际布设和测定的基准点、工作基点、变形观测点点数和观测次数,项目测量单位,项目负责人、审核审定人等。

2)作业过程及技术方法。应包括变形测量作业依据的技术标准,项目技术设计或施测方案的技术变更情况,采用的仪器设备及其检校情况,基准点及观测点的标志及其布设情况,变形测量精度级别,作业方法及数据处理方法,变形测量各周期观测时间等。

3)成果精度统计及质量检验结果。

4)变形测量过程中出现的变形异常和作业中发生的特殊情况等。

5)变形分析的基本结论和建议。

6)提交的成果清单。

7)附图、附表等。

(5)建筑变形测量的观测记录、计算资料和技术成果应进行归档。

(6)建筑变形测量的各项观测、计算数据及成果的组织、管理和分析宜使用专门的变形测量数据处理与信息管理系统进行。

二、观测资料分析

建筑物变形观测资料经过整理后,可以根据实际观测条件,利用各种平差方法获取较合理的成果值,包括点的沉降量、平面坐标等,进而根据各期的观测平差值来分析变形的影响大小、趋势等。

快学快用 12　变形观测数据平差计算

(1)每期建筑变形观测结束后,应依据测量误差理论和统计检验原理对获得的观测数据及时进行平差计算和处理,并计算各种变形量。

(2)变形观测数据的平差计算,应符合下列规定:

1)应利用稳定的基准点作为起算点。

2)应使用严密的平差方法和可靠的软件系统。

3)应确保平差计算所用的观测数据、起算数据准确无误。

4)应剔除含有粗差的观测数据。

5)对于特级、一级变形测量平差计算,应对可能含有系统误差的观测值进行系统误差改正。

6)对于特级、一级变形测量平差计算,当涉及边长、方向等不同类型观测值时,应使用验后方差估计方法确定这些观测值的权。

7)平差计算除给出变形参数值外,还应评定这些变形参数的精度。

(3)对各类变形控制网和变形测量成果,平差计算的单位权中误差及变形参数的精度应符合相应级别变形测量的精度要求。

(4)建筑变形测量平差计算和分析中的数据取位应符合表14-5的规定。

表14-5　　　　　　变形测量平差计算和分析中的数据取位要求

级别	高差/mm	角度(″)	边长/mm	坐标/mm	高程/mm	沉降值/mm	位移值/mm
特级	0.01	0.01	0.01	0.01	0.01	0.01	0.01
一级	0.01	0.01	0.1	0.1	0.01	0.01	0.1
二、三级	0.1	0.1	0.1	0.1	0.1	0.1	0.1

快学快用 13　变形测量几何分析

(1)变形测量几何分析应对基准点的稳定性进行检验和分析,并判断观测点是否变动。

(2)当基准点按相关规定设置在稳定地点时,基准点的稳定性可使用下列方法进行分析判断:

1)当基准点单独构网时,每次基准网复测后,应根据本次复测数据与上次数据之间的差值,通过组合比较的方式对基准点的稳定性进行分析判断。

2)当基准点与观测点共同构网时,每期变形观测后,应根据本期基准点观测数据与上期观测数据之间的数值,通过组合比较的方式对基准点的稳定性进行分析判断。

(3)当基准点可能不稳定或可能发生变动但使用上述第(2)条的不能判定时,可以通过统计检验的方法对其稳定性进行检验,并找出变动的基准点。

(4)在变形观测过程中,当某期观测点变形量出现异常变化时,应分析原因,在排除观测本身错误的前提下,应及时对基准点的稳定性进行检测分析。

(5)观测点的变动分析应符合下列规定:

1)观测点的变动分析应基于以稳定的基准点作为起始点而进行的平差计算成果。

2)二、三级及部分一级变形测量,相邻两期观测点的变动分析可通过比较观测点相邻两期的变形量与最大测量误差(取两倍中误差)来进行。当变形量小于最大误差时,可认为该观测点在这两个周期间没有变动或变动不显著。

3)特级及有特殊要求的一级变形测量,当观测点两期间的变形量 Δ 符合下式时,可认为该观测点在这两个周期间没有变动或变动不显著:

$$\Delta < 2\mu \sqrt{Q}$$

式中　μ——单位权中误差,可取两个周期平差单位权中误差的平均值;

　　　Q——观测点变形量的协因数。

4)对多期变形观测成果,当相邻周期变形量小,但多期呈现出明显的变化趋势时,应视为有变动。

快学快用 14　变形观测建模与趋势预报

(1)对于多期建筑变形观测成果,根据需要,应建立反映变形量与变形因子关系的数学模型,对引起变形的原因作出分析和解释,必要时还应对变形的发展趋势进行预报。

(2)当一个变形体上所有观测点或部分观测点的变形状况总体一致时,可利用这些观测点的平均变形量建立相应的数学模型。当各观测点变形状况差异大或某些观测点变形状况特殊时,应对各观测点或特殊的观测点分别建立数学模型。对于特级和某些一级变形观测成果,根据需要,可以利用地理信息系统技术实现多点变形状态的可视化表达。

(3)建立变形量与变形因子关系数学模型可使用回归分析方法,并应符合下列规定:

1)应以不少于 10 个周期的观测数据为依据,通过分析各期所测的变形量与相应荷载、时间之间的相关性,建立荷载或时间-变形量数学模型。

2)变形量与变形因子之间的回归模型应简单,包含的变形因子数不宜超过 2 个。回归模型可采用线性回归模型和指数回归模型、多项式回归模型等非线性回归模型。对非线性回归模型,应进行线性化。

3)当只有一个变形因子时,可采用一元回归分析方法。

4)当考虑多个变形因子时,宜采用逐步回归分析方法,确定影响显著的因子。

(4)对于沉降观测,当观测值近似呈等时间间隔时,可采用灰色建模方法,建立沉降量与时间之间的灰色模型。

(5)对于动态变形观测获得的时序数据,可使用时间序列分析方法建模并加以分析。

(6)建立变形量与变形因子关系模型后,应对模型的有效性进行检验和分析。用于后续分析的数学模型应是有效的。

(7)需要利用变形量与变形因子关系模型进行变形趋势预报时,应给出预报结果的误差范围和适用条件。

第十五章　竣工测量

第一节　竣工测量概述

一、竣工测量的概念

竣工测量是指对各种工程建设竣工验收时所进行的测量工作,是一项贯穿于施工测量全过程的基础性工作。在施工过程中产生的设计变更,使得工程的竣工位置与设计时发生变化,为便于日后顺利进行各种工程维修,修复地下管线故障,需要把竣工后各种工程建设项目的实际情况反映在竣工总图上。

竣工测量所形成的竣工测量数据文件和图纸资料,是评定和分析工程质量以及工程竣工验收的基本依据。竣工测量资料必须是实际测量成果。

二、竣工测量的内容

竣工测量应包括反映工程竣工时的地表现状,建(构)筑物、管线、道路的平面位置与高程及总平面图与分类专业编制等内容。具体应包括下列主要项目:

(1)测绘主体建筑物基础开挖建基面的1∶200～1∶500竣工地形图(或高程平面图)。

(2)测绘主体建筑物关键部位与设计图同位置的开挖竣工纵、横断面图。

(3)测绘地下工程开挖、衬砌或喷锚竣工断面图。

(4)测量建筑物过流部位或隐蔽工程的形体。

(5)测量建筑物各种主要孔、洞的形体。

(6)测绘外部变形监测设备埋设、安装竣工图。

(7)收集、整理金属结构、机电设备埋件安装竣工验收资料。

(8)其他需要竣工测量的项目(例如测绘高边坡部位的固定锚索、锚杆立面图和平面图、测绘施工区竣工平面图等)。

三、竣工测量作业方法

竣工测量作业方法有以下两种:

(1)随着施工的进程,按竣工测量的要求,逐渐积累竣工资料。

(2)待单项工程完工后,进行一次性的测量。

对于隐蔽工程、水下工程以及垂直凌空面的竣工测量,宜采用第一种作业方法。对于需要竣工测量的部位,应事先与设计、施工管理单位协商,确定测量项目,防止漏测。

第二节　土石方工程

一、开挖竣工测量

(1)主体工程开挖至建基面时,应及时实测建基面地形图,也可测绘高程平面图,比例尺一般为 1∶200。图上应标有建筑物开挖设计边线或分块线。

(2)开挖竣工断面测量的技术要求(包括主体工程建基面和地下洞室开挖),应符合表 15-1 的规定。

(3)对于高边坡部位的固定锚杆,视需要测锚杆立面图或平面图。

二、填筑竣工测量

(1)土石方单项填筑工程竣工时,应测绘建筑物的高程平面图,或纵横断面图,其比例尺不应小于施工详图。

(2)土、石坝在心墙、斜墙、坝壳填筑过程中,每上料二层,须进行一次边线测量并绘成图表为竣工时备用。

表15-1　　　　　　　　　　开挖竣工断面测量的技术要求

类别		横断面				纵断面			
	坝块宽度/m	间距/m	方向	测点间距/m	绘图比例尺	断面布设	施测条数	测点间距/m	绘图比例尺
坝闸及厂房	≥10	1条	—	0.5~1.0	1:50~1:200	—	3	0.5~1.0	纵1:50 横1:200
	<10						2		
隧洞	直线段	5	垂直洞中线	一般1~2	1:50~1:100	沿纵向洞顶、洞底	2	1~2	纵1:50~1:100 横1:1000~1:2000
	曲线段 渐变段 斜直段	3~5	径向						
地下大体积洞室		2~5	垂直洞中线	一般0.5~1	1:50~1:200	沿纵向洞顶、洞底、拱肩	4	1~2	纵1:50~1:100 横1:1000~1:2000
泄水建筑物		5	垂直轴线	1~2	1:50~1:200	沿轴线	1	2~3	1:50~1:100

注:上表系一般规定,如遇到开挖截面突变时,应加测断面。

第三节　混凝土工程

一、形体测量部位及要求

混凝土工程需要进行形体测量的部位有:溢洪道、泄水坝段的溢流面、机组的进水口、蜗壳锥管、扩散段;闸孔的门槽附近,闸墩尾部,护坦曲线段、斜坡段、闸室底板及闸墙等。

过流部位的形体测量,其断面布设应符合表15-2的规定。

表 15-2　　　　　　　　过流体部位形体断面测量布设及测量精度

工程部位		断面布设		测点中误差/mm	
		横断面间距/m	纵断面间距/m	平面	高程
闸、孔溢流段	护坦	—	20	±15	±10
	闸墩室	3~5	(每孔1~3条)		
	消力坎	—	3		
	过流底板	3~5	20		
	导墙	5~10	—		
	胞墙	—	3		
厂房	进口段	3~5	(每孔1~3条)		
	主机段	1~5	—		
	尾水段	3~5	(每孔1~3条)		
隧洞	混凝土衬砌段	10	—	±20	±20
	混凝土喷锚段	20	—	±40	±40

二、过流部位的形体测量方法

过流部位的形体测量,可采用光电测距仪极坐标法或免棱镜全站仪坐标法测量散点的三维坐标。散点的密度可根据建筑物形体特征确定,水平段可稀,曲线段、斜坡段宜密。

过流部位的形体测量,也可采用断面法(沿着某一条结构线或轴线)采用光电测距仪测量断面点的三维坐标,用解析法建立断面数据文件,并与设计数据进行比较,计算尺寸差值。

对于电梯井、倒垂孔等孔、洞竣工测量,应随施工进展根据立模放线点逐层进行形体测量。

三、竣工测量的成果

竣工测量的成果,除了整理绘制成果表外,还必须按解析法的要求计算各测点的三维坐标值。在提供成果时,除提供图纸外,还应提供坐标实测值。

第四节　竣工测量资料整编

一、竣工测量资料整编要求

（1）竣工图的整绘应与设计平面布置相对应，图表按竣工资料管理部门的统一图幅规格选用，分类装订成册，并附必要的文字说明。

（2）竣工地形图应该注明图幅的坐标系统、高程系统、测图方法、比例尺、制图日期等基本数据。对于竣工纵、横断面图，必须注明断面桩号、断面中心桩坐标、比例尺，并附有断面布置示意图。

（3）混凝土工程的过流部位或隐蔽部位的竣工资料，应提供记录三维坐标的数据文件。

（4）竣工地形图绘制完成后，应提供数据文件、图形文件和数据比较文件。

（5）施工期变形监测资料，除应提供原始观测数据文件外，还应提供观测成果分析资料及其相关电子文件。

（6）整编后的竣工资料应进行会签。

二、竣工测量资料整编内容

水利水电工程竣工时应整编下列施工测量资料：

（1）施工控制网原始观测手簿、概算及平差计算资料。

（2）施工控制网布置图、控制点坐标及高程成果表。

（3）竣工建基面地形图和纵、横断面图。

（4）建筑物实测坐标、高程与设计坐标、高程比较表。

（5）实测建筑物过流部位及其他主要部位的竣工测量成果（坐标表、平面、断面图）。

（6）施工期变形观测资料。

（7）测量技术总结报告。

（8）施工场地竣工地形图、平面图。

三、竣工总平面图的编绘

编绘竣工总平面图应遵守以下一般规定：

(1)竣工总平面图系指在施工后，施工区域内地上、地下建筑物及构筑物的位置和标高等的编绘与实测图纸。

(2)对于地下管道及隐蔽工程，回填前应实测其位置及标高，作出记录，并绘制草图。

(3)竣工总平面图的比例尺，宜为 1∶500。其坐标系统、图幅大小、注记、图例符号及线条，应与原设计图一致。原设计图没有的图例符号，可使用新的图例符号，并应符合现行总平面图设计的有关规定。

(4)竣工总平面图应根据现有资料，及时编绘。重新编绘时，应详细实地检核。对不符之处，应实测其位置、标高及尺寸，按实测资料绘制。

(5)竣工总平面图编绘完后，应经原设计及施工单位技术负责人的审核、会签。

快学快用 1　竣工总平面图编绘准备工作

(1)决定竣工总平面图的比例尺。竣工总平面图的比例尺，应根据企业的规模大小和工程的密集程度参考下列规定：

1)小区内为 1/500 或 1/1000。

2)小区外为 1/1000～1/5000。

(2)绘制竣工总平面图图底座标方格网。为了能长期保存竣工资料，竣工总平面图应采用质量较好的图纸。聚酯薄膜具有坚韧、透明、不易变形等特性，可用作图纸。

(3)展绘控制点。以图底上绘出的坐标方格网为依据，将施工控制网点按坐标展绘在图上。展点对所邻近的方格而言，其允许偏差为±0.3mm。

(4)展绘设计总平面图。在编绘竣工总平面图之前，应根据坐标格网，先将设计总平面图的图面内容按其设计坐标，用铅笔展绘于图纸上，作为底图。

快学快用 2　竣工总平面图编绘步骤

(1)绘制竣工总平面图的依据。

1)设计总平面图、单位工程平面图、纵横断面图和设计变更资料。

2)定位测量资料、施工检查测量及竣工测量资料。

(2)根据设计资料展点成图。凡按设计坐标定位施工的工程,应以测量定位资料为依据,按设计坐标(或相对尺寸)和标高编绘。

(3)根据竣工测量资料或施工检查测量资料展点成图。在工业与民用建筑施工过程中,在每一个单位工程完成后,应该进行竣工测量,并提出该工程的竣工测量成果。

(4)展绘竣工位置时的要求。根据上述资料编绘成图时,对于厂房应使用黑色墨线绘出该工程的竣工位置,并应在图上注明工程名称、坐标和标高及有关说明。对于各种地上、地下管线,应用各种不同颜色的墨线绘出其中心位置,注明转折点及井位的坐标、高程及有关注明。

快学快用　3　竣工总平面图绘制方法

(1)分类竣工总平面图的编绘。对于大型企业和较复杂的工程,如将厂区地上、地下所有建筑物和构筑物都绘在一张总平面图上,这样将会形成图面线条密集,不易辨认。为了使图面清晰醒目,便于使用,可根据工程的密集与复杂程度,按工程性质分类编绘竣工总平面图。

(2)综合竣工总平面图。综合竣工总平面图即全厂性的总体竣工总平面图,包括地上地下一切建筑物、构筑物和竖向布置及绿化情况等。

(3)竣工总平面图的图面内容和图例。竣工总平面图的图面内容和图例,一般应与设计图取得一致。图例不足时,可补充编绘。

(4)竣工总平面图的附件。为了全面反映竣工成果,便于生产管理、维修和日后企业的扩建或改建,与竣工总平面图有关的一切资料,应分类装订成册,作为竣工总平面图的附件保存。

(5)随工程的竣工相继进行编绘。工业企业竣工总平面图的编绘,最好的办法是随着单位或系统工程的竣工,及时地编绘单位工程或系统工程平面图;并由专人汇总各单位工程平面图编绘竣工总平面图。

参考文献

[1] 国家标准.GB 50026—2007 工程测量规范[S].北京:中国计划出版社,2007.

[2] 行业标准.SL 52—1993 水利水电程施工测量规范[S].北京:中国水利水电出版社,1994.

[3] 行业标准.DL/T 5173—2003 水电水利工程施工测量规范[S].北京:中国电力出版社,2003.

[4] 钟孝顺.测量学[M].北京:交通出版社,2004.

[5] 许能生.工程测量[M].北京:科学出版社,2004.

[6] 刘普海,梁勇,张建立.水利水电工程程测量[M].北京:中国水利水电出版社,2005.

[7] 岳建平,邓念武.水利工程测量[M].北京:中国水利水电出版社,2008.

[8] 李仕东.工程测量[M].北京:交通出版社,2002.

[9] 赵桂生.水利工程测量[M].北京:科学出版社,2009.

[10] 孔达.水利工程测量[M].北京:中国水利水电出版社,2007.

[11] 靳祥升.水利工程测量[M].郑州:黄河水利出版社,2008.